测绘地理信息发展战略文库

测绘地理信息发展战略研究报告

测绘地理信息发展战略研究课题组　编

测绘出版社

·北京·

图书在版编目(CIP)数据

测绘地理信息发展战略研究报告/测绘地理信息发展战略研究课题组编. −北京:测绘出版社,2012.12

(测绘地理信息发展战略文库)

ISBN 978-7-5030-2726-0

Ⅰ. ①测…　Ⅱ. ①测…　Ⅲ. ①测绘工作−地理信息系统−研究报告−中国　Ⅳ. ①P208

中国版本图书馆 CIP 数据核字(2012)第 254154 号

| 责任编辑 | 田 力 | 封面设计 | 李 伟 | 责任校对 | 董玉珍 |

出版发行	测绘出版社	电　话	010-83060872(发行部)
地　址	北京市西城区三里河路 50 号		010-68531609(门市部)
邮政编码	100045		010-68531160(编辑部)
电子信箱	smp@ sinomaps.com	网　址	www.chinasmp.com
印　刷	北京柏力行彩印有限公司	经　销	新华书店
成品规格	169mm×239mm		
印　张	17.25	字　数	227 千字
版　次	2012 年 12 月第 1 版	印　次	2012 年 12 月第 1 次印刷
印　数	0001−3000	定　价	75.00 元

书　号　ISBN 978-7-5030-2726-0/P・620

本书如有印装质量问题,请与我社门市部联系调换。

测绘地理信息发展战略研究
指导组

组　　长：徐德明

副组长：王春峰

成　　员：李维森　宋超智　闵宜仁　张荣久　吴兆琪　李朋德
　　　　　胥燕婴

专家咨询委员会

主　　任：陈俊勇

副主任：李德仁　高　俊　刘先林

委　　员：宁津生　刘经南　张祖勋　杨元喜　龚健雅　李建成
　　　　　杨　凯　范恒山　廖小罕　孙丕龙　董宝青　刘保全
　　　　　顾行发

编　委　会

凝聚智慧 谋篇布局
推动测绘地理信息事业科学发展
（序）

党的十八大明确提出建设美丽中国,到 2020 年全面建成小康社会的宏伟目标。新的目标催人奋进,蕴含无限机遇。测绘地理信息事业必须融入到经济社会发展全局中去考量,科学谋划未来发展蓝图,推动测绘地理信息事业全面、协调、可持续发展,不断提升保障经济社会发展的能力和服务国计民生的水平。

一、以十八大精神为指导加快推动测绘地理信息事业发展

测绘地理信息的基础性和先行性地位决定,在实现十八大描绘的宏伟蓝图的奋斗进程中,我们要提早谋划、科学谋划、长远谋划,为十八大确定的战略目标提供及时、高效、准确的测绘地理信息保障服务。近年来,我们根据党中央国务院对测绘地理信息事业科学发展作出的一系列指示精神,深入总结科学发展的实践成果,对测绘地理信息事业的未来发展提出了"构建智慧中国、监测地理国情、壮大地信产业、建设测绘强国"的总体战略。这一总体战略是测绘地理信息人的理论创新、理念创新和实践创新,是将测绘地理信息事业放在国际国内大环境、经济社会发展全局中全面谋划,放在科技日新月异、迅猛发展的进程中系统考量,放在测绘地理信息事业实现新突破新跨越的历史基点上长远规划的思想结晶。总体战略为我们全面把握机遇,沉着应对挑战,赢得主动,赢得优势,赢得未来,提供了强有力的理论和理念支撑。测绘地理信息行业深入贯彻落实党的十八大精神,就是要以更大的勇气和智慧,以测绘地理信息人特有的眼光和激情,抢抓机遇,深化改革,勇于破除一切妨碍测绘地理信息科学发展的思想观念和体制机制弊端,以"强基础、提能力"为主线,以改革创新为动力,把基础做牢,把能力做强,把产业做大,把科技做优,把民生做实,把监管做严,建设一流的队伍、一流的装备、一流的管理、一流的技术、一流的产品、一流的服务,实现测绘地理信息科技自主创新能力、地理信息资源服务能力、地理国情监测能力、地理信息产业核心竞争能力、地理信息安全监管能力的国际领先,加快建设测绘地理信息强国,为全面建成小康社会提供更加有力的服务保障。

二、统筹全局,加快建设测绘地理信息强国

(一)创新思维,以新的理念引领测绘地理信息转型发展。

测绘地理信息人勇于实践,大胆创新,勇敢地举旗亮剑,提出24字总体战略,成为测绘地理信息发展新坐标。新理念的形成,让我们突破传统思维的桎梏,实现了由"测绘"向"测绘地理信息"的嬗变;让我们更加与时俱进,推动数字中国向智慧中国迈进;让我们打破了传统的测绘工作模式,开辟了地理国情监测新领域;让我们加快转变发展模式,真正实现了公益性测绘地理信息事业和地理信息产业两条腿走路。只有敢于打破常规,突破惯性思维的束缚,才能形成测绘地理信息文化"快"的灵魂、"干"的精神、"好"的品质,才能发扬好"热爱祖国、忠诚事业、艰苦奋斗、无私奉献"的测绘地理信息精神。

(二)科学谋划,以新的目标指引测绘地理信息蓬勃发展。

当前及未来一段时期,国际国内形势都在发生着快速变化。国际测绘地理信息发展逐步实现了天空地一体化的对地观测,"智慧地球"建设热潮涌动,各国政府高度重视地理信息资源的战略性和基础性作用,着力获取全球地理信息,抢占地理信息产业制高点。这既为我国测绘地理信息事业加快发展带来了契机,也对我国国家安全造成了威胁,对我国测绘地理信息事业发展构成了严峻挑战。如何有效地应对这些压力和挑战,充分发挥测绘地理信息在我国发展关键期、改革攻坚期、矛盾凸显期的基础性、先行性作用,满足全面建成小康社会提出的新要求,需要我们立足于测绘地理信息发展实际,始终坚持发展这一第一要义,始终坚持"快"字当头,着力夯实基础、提升能力,超前经济社会各领域先行发展,实现到 2030 年建成测绘地理信息强国的目标。

(三)系统设计,以新的任务助推测绘地理信息跨越发展。

新的理念、新的目标,催生新的任务。测绘地理信息要实现大发展、大跨越,需要大项目、大工程的支撑。我们完成了国家基础测绘设施项目、国家西部测图工程、国家基础地理信息数据库更新工程等重大工程,正在加快实施地理国情监测、海岛(礁)测绘、卫星测绘应用系统、现代测绘基准体系建设等重点项目。这些项目的实施推动了我国测绘地理信息事业朝着测绘地理信息强国的目标迈出了坚定的步伐。测绘地理信息要有大作为,作出大贡献,必须紧紧围绕党的十八大提出的建设中国特色社会主义总目标,紧紧围绕经济、政治、文化、社会、生态文明建设五位一体总体布局,紧紧围绕优化国土空间开发格局、全面促进资源节约、保护自然生态系统和环境等重大任务,改革创新,夯实基础,主动服务,超前服务,推动测绘地理信息实现新跨越,赢得新发展。

三、科学发展,再创测绘地理信息事业新辉煌

(一)夯实发展基础,争取测绘地理信息事业新突破

当前,我国发展仍处于可以大有作为的重要战略机遇期。我们要抢抓机遇,一是夯实事业发展的组织基础,着力健全测绘地理信息组织机构建设,促进地方测绘地理信息部门提规格、强职能、建机构,加快形成模式统一、机构健全、主体合法、责权一致的行政管理体制;二是夯实承载事业发展的资源基础,加快实现测绘基准现代化,着力建设内容丰富、现势性强、覆盖面广的地理信息数据资源体系,实现信息资源由覆盖陆地国土向海洋国土拓展,由国内向国外拓展,由地球向月球、深空拓展;三是夯实支撑事业发展的装备基础,建设基于天基、空基、地基、水下的全方位、一体化地理信息数据获取、处理和服务装备体系,形成对全国、全球持续实时对地观测能力,同时具备智能化处理能力和网络化服务能力。

(二)推动服务转型,开创测绘地理信息事业新格局

我们要坚持科学发展、转型发展。一要推动测绘地理信息发展模

式转变,由注重地理信息资源的生产和管理,向地理信息资源生产、管理、利用并重转变,工作重心由生产为主向服务为主转变,服务对象由政府为主向政府、企事业单位和社会公众并重转变。二要推动测绘地理信息由单一的事业发展向事业和产业并重转型,坚持公益性测绘地理信息事业和地理信息产业两条腿走路,大力发展公益事业,实现由地理信息产业大国向地理信息产业强国的重大转变。三要推动测绘地理信息由管理决策的支撑者向参与者转型,实现测绘地理信息由幕后走向前台,直接服务于管理决策,为国家宏观调控、空间规划管理等提供科学决策依据。

（三）构建和谐测绘,营造测绘地理信息事业新环境

和谐环境是凝聚力量、汇集智慧、合力共进的必要条件。我们要营造和谐的外部环境,以业务为纽带,巩固与相关部门的协作合作机制,强化重大项目、规划政策等方面的合作,妥善处理好部门之间、国家与地方之间、军民之间的关系,营造共同推进测绘地理信息事业发展的良好局面。构建和谐法规环境,建立顺畅高效的测绘地理信息行政执法机制,保障测绘地理信息市场的规范发展、有序竞争,形成促进测绘地理信息事业和谐发展的法规环境。积极形成和谐文化环境,坚持以文化建设引领事业发展,大力繁荣测绘地理信息文化,提升测绘地理信息文化"软实力",以文化塑造人、培养人、引导人,形成一支高素质的测绘地理信息人才队伍。

风起浪涌,正是测绘弄潮时。测绘地理信息发展必须要始终坚持发展第一要义,牢牢把握全面建成小康社会的黄金战略机遇,以新的理念为指引,以新的目标为动力,以新的任务为支撑,坚持创新发展、转型发展、科学发展,推动测绘地理信息事业大发展、大繁荣、大跨越。

徐德明

二〇一二年十二月三日

目 录

第1章 测绘地理信息发展战略背景

测绘地理信息是经济社会发展和国防建设的一项基础性工作。党和国家高度重视测绘地理信息事业发展。胡锦涛同志对测绘地理信息工作作出重要指示，要求加强测绘统一监督管理和基础测绘工作，推进"数字中国"地理空间框架建设，加快信息化测绘体系建设，提高测绘保障服务能力；温家宝同志欣然为中国测绘创新基地题词"中国测绘"，并强调，测绘和地理信息产业关系到经济社会发展和国防建设，测绘地理信息局是国家不可缺少的要害部门，在信息化时代越来越重要；李克强同志对测绘地理信息工作提出明确要求，要深入贯彻落实科学发展观，加强基础测绘和地理国情监测，着力开发利用地理信息资源，丰富测绘产品和服务，提高测绘生产力水平，更好地发挥服务大局、服务社会、服务民生的作用，为推动经济发展方式转变，全面建设小康社会作出新贡献。国务院印发了《国务院关于加强测绘工作的意见》，国务院办公厅转发了《全国基础测绘中长期规划纲要》。国民经济和社会发展"十二五"规划和全国主体功能区规划对测绘地理信息事业发展提出了具体要求。党中央、国务院的重视和支持对于推动测绘地理信息事业科学发展、全面提高测绘地理信息保障能力和服务水平具有十分重要的意义。

未来20年，国际经济政治格局和发展环境将进一步发生巨大变化，信息化、现代化、全球化将渗透到经济社会发展的方方面面。党的十八大明确提出"在中国共产党成立一百年时全面建成小康社会，在新中国成立一百年时建成富强民主文明和谐的社会主义现代化国家"的宏伟目标。中国的经济规模将会有显著的增长，经济质量将大为提高,社会发展也将达到一个较高水平,综合国力将大幅提升。在这样一个大的背景下,各领域、各方面对测绘地理信息服务的需求会越来越旺盛,城市规划建设、资源环境管理、工程勘测设计等传统测绘保障领域对测绘技术、产品和服务的要求会更高,各行各业的信息化建设对地理信息的现实需求会更加迫切。政府管理、科学决策、公共应急等领域对测绘保障服务提出了新的需要,特别是应对气候变化、转变发展方式、构建和谐社会,人们生产生活方式会发生重大变化,测绘地理信息事业将面临巨大的发展机遇。如何把握机遇,加快发展,需要我们认真分析、准确判断和科学谋划。

未来20年,地球科学、环境科学、空间技术、信息技术等更加交叉融合,物联网、数字地球、智慧地球迅速兴起和发展,测绘对象从陆地到海洋、从国内到国外、从地球到太空不断拓展,地理信息获取实时化、处理自动化、服务网络化、应用社会化的需求十分迫切,测绘地理信息工作面临着业务领域持续拓展、技术手段不断创新、装备设施大幅改善以及体制机制改革创新的重大挑战。在面临国内挑战的同时,国外测绘地理信息的快速发展,也对我国测绘地理信息工作产生重要影响。一方面为我国测绘地理信息发展提供了重要经验和有益借鉴;另一方面由于高精度卫星导航定位、先进对地观测系统、地理信息网络化服务等快速发展,在技术进步、安全管理等方面对我国测绘工作形成了巨大挑战。如何应对挑战,推动发展,需要我们认真研究、准确把握和科学规划。

为此,必须以邓小平理论、"三个代表"重要思想、科学发展观为指导,把测绘地理信息事业的发展放在快速变化的国际国内大环境中进行全面谋划,放在经济、社会、科技日新月异的迅猛发展中进行系统考量,统筹规划好测绘地理信息事业全局,准确认识和妥善处理好需求与供给、发展与监管、应用与安全等方面的矛盾和问题,在解决人类面临的资源枯竭、环境恶化、灾害频发等可持续发展重大问题中发挥重要作用,有效满足转变发展方式、推动科学发展的需求,是测绘地理信息工作面向未来、特别是进入"十二五"的关键时期,必须认真分析和深入研究的一项重要课题。

一、现代化建设加快推进对测绘地理信息提出更高要求

到2020年,我国将全面建成小康社会,工业化、信息化、城镇化、农业现代化同步发展,经济实力显著增强,社会事业协调发展,国防实力大幅提升,科技创新实现重要突破,文化大发展大繁荣,人民生活富裕,生态文明建设取得重大进展。随着我国现代化建设的加快推进,经济社会发展对测绘地理信息的需求越来越旺盛和迫切,为测绘地理信息事业又好又快发展提供了更加广阔的前景和发展空间。

(一)保持经济发展强劲动力需要提供更加全面的测绘地理信息服务

未来20年,我国经济总量将快速扩大,人均拥有经济量将达到世界中等发达国家水平,人民群众对交通、水利、能源、通信和电力等基础设施建设和完善提出了新的更高要求,以满足日益增长的物质文化消费需求。基础设施建设的全面推进对测绘地理信息在优化工程设计、保障工程质量、降低工程成本以及工程后期的监测服务等方面提出了更高要求。人口稳定增长与我国资源人均相对不足的矛盾日益凸显,决定我国经济社会的快速发展与土地、水资源、能源、矿产等资源短缺之间的矛盾日益成为制约我国可持续发展的突出问题。为有效缓解人与自然之间的矛盾,需要开展地理国情监测,全面掌握我国自然资源以及资源消费主体的空间位置信息,为自然资源和资源消费主体空间布局的优化,降低资源开发利用的过程性消耗,实现资源的集约节约开发利用提供地理信息和技术保障。

未来10~20年,我国将处于工业化逐步完成、城镇化快速发展、城乡一体化加快推进的阶段,人民群众对物质文化的需求仍是推动经济发展的内在动力。城镇布局及规模化发展逐步与区域经济发展、主体功能区规划要求相协调相适应,城市的功能和结构趋向合理,城市化率将达到60%以上。城镇化快速发展导致城乡变化加剧,要求掌握现势

性更强的地理信息,全面反映城乡变迁情况,为城乡规划、土地管理等方面的工作提供科学依据。人民群众对科研、教育、文化、卫生、体育、新闻以及社会公共事业管理等方面的追求,作为推动经济社会发展的潜力将进一步释放,要求测绘地理信息部门以更加灵活的方式、更加多样的产品形式提供更加丰富的地理信息服务。

(二)推动经济社会科学发展要求测绘地理信息提供更加坚实的保障

未来20年,在科学发展观的指导下,以人为本的理念将全面融入经济社会活动中,贯穿到经济社会建设和管理的各个方面,生态文明建设将成为全面建设小康社会和美丽中国的重要内容。人的生存和发展将成为解决一切问题的出发点和落脚点,人类生存环境的保护和发展将成为经济社会发展的重要议题,空气质量、水环境、生态环境、土地环境等将形成制度化保障机制,推动国家和地区政策制定、措施实施的方式方法等发生根本性转变。坚持节约资源和保护环境的基本国策,建设资源节约型、环境友好型社会,要求资源集约开发和保护同步推进、发展水平和环境质量同步提高、生态效益和经济效益同步提升,从而需要全面地掌握我国资源的分布和动态变化情况,实时监测我国环境的变化和污染源的迁移,科学评估资源、环境条件,促进经济结构调整和经济发展方式转变。这需要利用现代测绘技术手段,监测土地退化、草地退化、沙漠化、冰川消融、地面沉降、海平面上升、重大污染分布与变化等,获取资源、环境、生态等方面的地理统计信息,为各级政府及有关单位全面、客观地了解地理国情、省情,准确评估环境保护状况及资源开发利用情况,以及推动经济社会可持续发展等提供重要的地理信息数据支撑。

未来10~20年,在国家和区域经济政策制定、资源配置、宏观调控、政策评估等方面,统筹协调可持续发展的理念将有效落实到国家政策和人们的行动中。国家统筹协调能力大大提升,经济宏观调控能力不断加强。规划计划在宏观调控中的引导作用明显增强,将逐步成为实现经济社会统筹发展的重要手段,成为协调各种矛盾的重要途径。随着国家主体功能区规划以及一系列的优化国土空间开发格局措施的颁布实施,地区发展不平衡状况将有效缓解,进一步加快城镇化发展,推进城乡一体化进程,区域经济协调发展的格局逐步形成,国家经济整体战略布局趋于合理。地理信息是支撑优化国土空间开发的基础,利用现代测绘技术手段获取一定空间单元内的地理国情数据,能够实现以地理国情数据为媒介整合空间单位内资源、环境、生态以及经济社会发展数据信息,满足国家和地区国土空间战略规划及其政策效果评估需要,准确、客观、综合反映规划政策的科学效果,为政策的修订、区划调整提供坚实的数据和技术支撑。

(三)中国融入全球化进程要求测绘地理信息进一步拓展服务领域和深度

未来20年,我国经济社会发展将融入更多全球化要素,并在经济全球化过程中发挥更为重要的作用,社会组织管理也将融入更多的国外先进理念和方式,生产要素的全球化水平进一步提高。同时,我国发展也必将受到日益突出的资源枯竭、能源紧张、环境恶化以及粮食安全、气候变化、灾害救援、疾病防治等全球性重大问题的影响,对中国的发展提出了更多考验,要求我国积极发挥大国的作用和责任。在全球事务中履行大国责任,需要以全球、重要地区、热点地区的基础地理信息数据资源为支撑,强化对全球地表变化的监测,分析经济、环境、资源、灾害等内在的相互作用方式、变化规律和趋势,为我国更好地应对全球性重大问题提供决策依据和技术支持。随着我国资源、能源等对外依存度逐渐增强,掌握全球资源、能源状况,深入开发海外市场,要求测绘地理信息拓展地理信息资源的覆盖领域和范围,提供更加详细、准确、现势性强的全球尺度地理信息支持。

未来20年,经济全球化推动生产环节的全球化分工步伐加快,各国各地区在全球化产业链条中的地位逐步明确,我国企业将更加深入的参与到全球化分工中。未来20年,我国企业在全球化产业链条中的位置将显著提高,由产业链的低端向中高端发展。同时,市场层次划分国家化趋势更加显现,随着各国经济实力的提升,产品市场、服务市场的层次划分也将逐步变化,为我国企业参与市场全球化的分工带来了更多机遇和挑战。越来越多的企业随着我国"走出去"战略的实施和深化,直接或间接地参与国外重大工程建设,这需要掌握相关国家和地区以及全球的基础地理信息,要求测绘地理信息部门能够提供更大范围、更深层次、更多领域融合的测绘地理信息,为开展全球商业布局、占领行业发展的战略制高点提供信息和技术支持。

(四)服务型政府建设要求加快转变测绘地理信息发展方式

未来20年,我国改革的重点之一即是政府职能转变,由管理型政府向服务型政府转变。要实现政府职能的转变,不但应该有相关的政策措施、实施办法,更需要形成政府职能转变监督机制和手段方法。建立面向科学发展观落实的政绩考核量化标准,并通过第三方或上级机关实施考核是实现政府职能转变的重要环节。随着政治文明、精神文明建设的大力推进,居民对民主政治、信息公开、高效廉洁政府等方面的诉求快速上升。服务型政府建设也要求政府部门向社会公众常态化公布我国经济社会发展状况及自然资源与环境等情况,满足社会公众对国情信息的知情权。为此,政府部门必须保证地理国情数据的准确、客观、规范、全面和实时。实现政务信息化、推行政务公开,要求测绘地理信息部门加快推进地理信息公共平台建设,会同相关职能部门开展跨部门、跨领域的综合性监测及分析工作,强化地理国情监测信息和经济统计信息的集成,客观反映资源、环境、生态、经济要素的空间分布及变化规律,动态展示国家重大战略、重大工程实施进展成效。

未来20年,覆盖城乡的社会保障体系日益健全,我国就业社会保障等涉及居民生活质量的问题将逐步得到解决,在城镇居民医疗保险全面覆盖的基础上,逐步向深度发展。基于地理信息的重大疾病疫情信息统计发布系统已经在卫生防疫方面发挥了重要作用,也进一步要求测绘地理信息部门提供更加现势的地理信息数据和更加先进的测绘地理信息技术支持,进一步健全和完善覆盖全国的卫生医疗等社会保障信息服务系统。我国的应急保障体系将基本完善,应急管理内容进一步清晰和具体化,覆盖应急工作各领域的物质基础、体制机制、应急调度、应急评估与应对等显著加强。应急物资和人力资源的空间调配需要及时、准确的地理信息,要求测绘地理信息部门为有效应对频发的各类自然灾害提供现势性强、准确的地理信息数据。

(五)国土资源可持续开发利用要求测绘地理信息部门提供更加翔实的数据支撑和技术支持

未来20年,我国人口数量将达到峰值,受消费需求的影响,我国粮食供求将长期处于紧平衡状态,呈现出人口、粮食和资源瓶颈对土地更加刚性约束的趋势。我国经济社会的高速发展凸显了资源的瓶颈约束,越来越多的矿产资源依赖于国际市场,要求加大对地质矿产的勘探开发力度,以有效保障我国经济建设可持续发展。要进一步加强对土地监测和矿产资源的勘探开发力度,利用航空航天遥感和地面观测网点的有效结合,对城乡变化、工矿用地、林地草场和湿地等实施有效监测,监控土地流失、风蚀沙化等现象,构建涵盖资源环境要素的土地利用和生态环境监测平台。国家立体地质填图、能源和重要矿产资源保障等要求测绘地理信息部门提供更加翔实的地理信息数据支撑和先进的测绘技术支持。

海洋是人类未来的发展空间。我国将建成海洋科技先进、海洋经济发达、海洋力量强大的世界一流海洋强国,使海洋成为战略性资源基地、走向世界的战略通道。为开发海洋资源,保护海洋生态环境,以及海洋的勘界划分和专属经济区划分等我国海洋权益的维护,解决与邻国之间的海洋权益争端,保证国家安全和利益不受损害,需要掌握我国海洋海底地形信息、海岛(礁)及边界的准确位置,要求测绘地理信息部门建立海陆统一的大地基准、深度基准,提供准确的海底地形地貌信息和大陆架信息,以及海洋表面数字模型等方面的服务保障。

二、测绘地理信息的地位和作用越来越突出

测绘地理信息是经济社会发展和国防建设的一项基础性工作,具有基础先行、服务保障、应急救急、统筹协调、管理监督、维护安全等作用,在加强和改善宏观调控、促进区域协调发展、转变经济发展方式、构建资源节约型和环境友好型社会等方面,测绘地理信息工作的地位越来越凸显,对于促进转变发展方式、构建社会主义和谐社会等具有非常重要的影响。

(一)测绘地理信息是管理决策的重要辅助者

测绘地理信息工作是准确掌握国情国力、提高管理决策水平的重要手段。形式多样的测绘地理信息成果,是各级政府和有关部门制定国家和区域发展战略与规划、应对突发公共事件的重要基础数据资源。以地理信息为基础的集成各类经济社会信息,是开展国民经济统计、土地利用规划和监测、矿产资源开发、生态环境保护等工作的重要基础依据。基于地理信息构建的空间辅助决策支持系统,是各级政府和有关部门研究战略、形成决策、制定规划及应急反应的基础信息平台,为管理者提供科学的决策依据和手段。

(二)测绘地理信息是工程建设的基础先行者

测绘地理信息在工程建设的各个阶段发挥重要的基础先行作用。各种工程的前期规划设计需要翔实的、现势性强的地理信息提供保障,卫星影像为工程建设前期的拆迁安置、文物保护、环境评估提供科学的判定依据,并为工程施工提供持续的测绘技术支持,为大型工程的地质灾害监测建立预警地理信息系统。测绘地理信息可以为工程建设和竣工后的运营管理等提供全程性的测绘地理信息成果服务与技术支持,促进工程的优化设计,保障工程质量。

(三)测绘地理信息是国家安全稳定的重要保障者

测绘地理信息高新技术和成果已经成为现代战争的基本要素或支

撑条件。卫星导航定位、高分辨率遥感技术等在现代化战争中发挥着至关重要的作用,精确的地理信息数据是战略方案制定和部署、战场上指挥控制、敌方目标的精确定位、武器的精确制导、战后损毁评估等方面的支撑。反恐维稳同样离不开测绘地理信息保障,基于地理信息的各类公安、警用信息系统和国民经济动员系统等在维护国家安全和社会稳定中发挥着重要作用。

(四)测绘地理信息是应急救急的关键支撑者

现代测绘地理信息技术和成果,是全面准确地监测、分析和处置各种突发公共事件的基础工具和基础数据,支持政府防灾减灾决策,提高灾害治理工程的规划设计和实施水平。在灾害监测中,通过建立各类卫星对地监测系统,以及基于遥感和地理信息系统技术的变形观测、灾害监测、预警等系统,发挥卫星定位、遥感、地理信息系统等测绘地理信息高新技术和地理信息在辅助灾情评估、救灾部署中的重要作用。灾后恢复重建中,测绘地理信息在各项规划的编制以及交通、能源、电力、通信、水利、供水等基础设施建设中发挥着重要的支撑作用。

(五)测绘地理信息是百姓生活的紧密相关者

经济发展和技术进步使地理信息应用不断深入,测绘地理信息逐步走进千家万户,成为广大人民群众生活需求。普通百姓既可以通过网络地图服务,寻找日常工作学习、休闲娱乐、投资消费等方面的位置信息,还可以进行多种形式的交通路线查询,获得日常交通出行服务。越来越多的人使用车载导航、手机定位等产品和服务。城市中与百姓生活密切相关的110报警指挥系统、120急救指挥系统、自来水管网管理系统等的建设,都离不开测绘地理信息的保障和支持。地籍测绘、房产测绘等为保障人民群众的切身利益提供了技术支持。

(六)测绘地理信息是信息社会的积极推动者

基础地理信息资源为国民经济和社会信息化提供统一、标准、权威的地理信息数据基底,促进各行各业各类信息的集成、整合和共享。离开了准确、丰富的地理信息,就不可能实现经济社会各领域的信息化。测绘地理信息以国家地理信息公共服务平台为依托,以地理信息资源为基础,实现各种与空间位置相关的社会信息资源的叠加、融合,促进各种社会信息资源集中到数字中国建设中。测绘地理信息促进社会信息资源的深层次开发利用,从而提高社会信息共享水平,降低社会成本,将信息复用的理念带到各个领域,促进社会合作和协作机制的建立,加快国民经济和社会信息化建设。

(七)测绘地理信息是科学发展的重要促进者

测绘地理信息是"低碳"行业,科技含量高,产品和服务附加值高,不受能源短缺、环境污染等发展瓶颈制约。作为测绘地理信息事业重要组成部分的地理信息产业,一直保持了良好的发展势头,创造了大量就业岗位,为促进创业就业作出了应有的贡献,具有国家战略性新兴产业特征。地理信息产业具有较长的产业链和较强的关联效应,对国民经济众多领域具有辐射作用,可以带动计算机、汽车、通信设备、航空航天、测绘地理信息技术装备制造等关联产业的发展,起到经济"助推器"的作用,对于促进经济发展方式转变具有重要意义。

三、科技进步为测绘地理信息发展提供强大动力

未来 20 年,计算机技术向高、精、尖的方向发展,使得海量地理信息的实时处理成为可能,云计算技术为海量测绘地理信息处理、搜索、查询等提供了技术基础,以 IPV6 为核心的下一代互联网以及物联网将各种传感器连接成一个庞大的观测体系,实现各种信息的及时传输,能够时刻监测和反映地表变化,使得智慧地球的理念得以实现。

(一)科技进步使测绘地理信息工作业务领域持续拓展

1. 科技进步不断拓展测绘地理信息对象范围

伴随着计算技术、网络技术和空间技术的飞速发展,人们突破了近距离、以地基为主的测绘模式,利用合成孔径雷达、激光雷达等多种传

感器,可以全天候全天时地从各种航天、航空平台上获取地表信息。技术的进步使得测绘的范围不再局限于某一国家,而是拓展到世界热点、重点地区,甚至监测全球的地表变化,为经济、社会、外交、国防等各领域的发展提供地理信息和技术支持。测绘地理信息利用现代高新技术,由静态测绘,向监测、获取、客观表述基于空间位置的自然资源环境与人文要素信息及其变化情况转变,并进一步强化了地理信息及其变化情况的统计、分析和预测功能。这不仅拓宽了测绘地理信息的监测领域与范围,也极大地丰富了地理信息要素内容。随着深空探测技术的不断发展,推动着测绘对象由地球扩展到了月球、火星等其他星球。

2. 科技进步使测绘地理信息业务主体趋于多样化

测绘地理信息高技术特点决定了早期的测绘门槛相对较高,具有开展大规模测绘地理信息业务能力的测绘单位相当有限,能够开展测绘地理信息业务的主体仅限于测绘地理信息和其他部门所属的测绘单位。随着遥感技术、全球定位技术、计算机技术、网络通信技术、物联网等高新技术相互融合和发展,测绘卫星的成功发射和应用,大大提升了地理信息获取能力;测绘地理信息装备的智能化、自动化水平越来越高,设备的小型化和简捷化使得人们只要经过简单的培训就能进行测量任务,极大地降低了测绘地理信息的技术门槛,越来越多的企业和人员参与到测绘地理信息中,能够开展测绘地理信息业务并提供测绘地理信息服务的主体越来越多。各种模块化的计算机工具软件为人们制作各种个性化的地理信息产品提供了有力的工具,让传统接受地理信息服务的对象也能够成为地理信息产品的提供者,这进一步扩大了测绘地理信息服务的主体范围。

3. 科技进步不断扩大测绘地理信息应用领域

随着卫星导航定位系统建设的不断推进以及芯片技术的发展,导航定位终端的尺寸越来越小、功能越来越强大、价格越来越便宜,推动智能交通、车辆导航、宠物定位等各种基于位置的服务层出不穷,为人们的生产、生活提供了极大的便利。越来越多的终端厂商开始将卫星导航芯片植入手机、MP4 等终端产品中,将导航定位作为产品的一项基本功能,使得导航定位技术的应用范围扩展到娱乐和通信领域。网络技术以及三网融合等推动测绘地理信息的信息化加速发展,公众可以更加便捷的访问和获取各种数字化的测绘地理信息成果,"天地图"的建设和发展带来了巨大的社会效益,带动了相关产业的发展。越来越多的企业意识到利用地理信息技术、辅助决策技术、人工智能技术可以提高管理决策的科学性和有效性,开始利用测绘地理信息成果和技术开发各类管理决策信息系统。

(二)技术装备发展使测绘地理信息业务能力不断提升

1. 技术装备发展推动地理信息获取精确化和实时化

遥感影像获取朝着多平台、多传感器、高分辨率方向发展,遥感影像的空间、光谱、时相分辨率,以及遥感影像自动判读的精确性、可靠性都将有较大提高。航天航空遥感平台、地面测量系统形成了互为补充的天基、空基、地基相结合的地理信息获取体系,具备时空协调、全天候全天时获取全球范围地理信息的能力,并能够根据需要对局部地区实施连续监测。各种信息获取平台逐步集成了地理信息获取技术手段,使得地理信息内容更加丰富,数据的空间、时间分辨率更高、更精确。卫星导航定位系统性能越来越强,系统定位精度、可用性、连续性、完好性、抗干扰能力、安全性等不断提高。对地观测体系的不断完善,将有力推动地理信息获取向着从静态到动态、从地基到天基、从区域到全球的方向发展,地理信息的精度将显著提高,应用领域将更为广泛。

2. 技术装备发展加快地理信息处理自动化和智能化

科学技术的发展促使遥感信息的解译处理进一步向定量化、自动化和实时化的方向发展。数据挖掘、人工智能等技术的发展将推动地理信息数据处理由人工干预为主、自动化为辅的方式向自动化和智能化方向发展,航空航天遥感数据自动化、智能化信息解译与信息提取将得以实现。虚拟现实技术、多媒体技术等将进一步融入地图制图技术方法和工艺流程中,从而构成新的地图制图技术体系。可以预见,随着越来越多的数据处理工作在轨完成,从数据获取到人工处理再到提供服务的传统工作流程将逐渐被打破,地理信息服务的时效性将大大增强,达到准实时的程度。

3. 技术装备发展提升地理信息服务网络化和全球化水平

互联网、物联网的发展为随时随地的地理信息服务奠定了坚实基础,使得任何人可以在任何时间、任何地点获取所需地理信息服务。地理信息服务内容进一步趋于个性化,地理信息产品丰富多彩,包括矢量的或栅格的、图形的或影像的、二维的或三维的、静态图像或连续动画视频图像、多媒体或流媒体、虚拟现实或可量测的实景影像,以及上述各种形式产品的融合与集成。在各种卫星和空间通信装备的支持下,地理信息服务范围不再局限于本国范围以内,而是面向全球用户提供全球甚至外星球的地理信息服务。更多的地理信息服务商将提供更大范围、更高精度、更好现势性的地理信息服务。

四、测绘地理信息工作发展成就奠定加快发展坚实基础

改革开放以来,特别是近年来,测绘地理信息工作紧密围绕经济社会发展大局,不断加强基础测绘,着力测绘地理信息科技自主创新,加快测绘装备与基础设施建设,强化测绘地理信息人才队伍支撑,测绘地理信息服务经济建设、社会发展以及国防建设的能力和水平不断提高,测绘地理信息事业发展的内外部环境不断改善,为测绘事业更好更快的发展奠定了坚实基础。

(一)测绘地理信息保障服务成效显著

1. 政府科学管理决策测绘地理信息服务不断深化

紧密结合政府工作需要,协同配合中央领导机关和国务院各部门开发了服务于行政管理、事务管理和信息发布等需求的电子政务地理信息应用系统、地理信息公共服务平台以及系列地理信息业务辅助管理与决策支持系统,提供了大量地理信息与测绘技术服务,有力地促进了管理和决策的科学化。积极开展数字城市建设试点与推广工作,为

政府科学决策和信息化管理提供了有力支撑。建成了中越边界谈判信息系统、行政勘界信息系统、国家级人口地理信息系统、广播电视的综合业务管理信息服务系统、环境保护与监测信息系统、公安侦破信息服务系统等，为提高业务部门的综合管理和决策水平作出了重要贡献。

2. 重大战略与重点工程测绘地理信息服务成效突出

紧密围绕国民经济和社会发展大局，为促进西部大开发、振兴东北等老工业基地、中部崛起、全国主体功能区规划、国土资源调查、交通运输布局等提供了重要数据和基础资料，为经济社会的又好又快发展提供了重要保障。在三峡、葛洲坝、小浪底等水利水电工程中，为库区建设、移民安置、地质灾害监测和生态环境监测等提供了测绘地理信息支持。为南水北调、西气东输、西电东送等重大工程以及秦山、大亚湾等核电站的方案论证、工程勘测、规划设计和建设施工等提供了测绘保障。为我国青藏、京九、京广、粤海、沪宁、陇海、京津城际铁路、上海磁悬浮列车运营线等铁路建设和改造提供了各种基础地理信息和测绘技术服务。为全国土地资源调查、地质调查以及极地考察等重点工作提供了有效的测绘服务。

3. 突发公共事件应急处置测绘地理信息服务及时有力

颁布实施《国家测绘应急保障预案》，不断健全测绘地理信息应急保障工作机制，加强测绘地理信息应急保障管理。充分发挥测绘地理信息技术优势，全力制作专用地图，着力建设地理信息公共应急系统，积极提供地图、地理信息和测绘技术服务，及时地满足了防汛抗洪、疾病防控、反恐维稳等突发公共事件对测绘地理信息成果的急需。在汶川抗震救灾中，累计提供灾区地图 5.3 万张，基础地理信息数据约 12 TB，研制了灾区三维地理信息应急服务系统、抗震救灾综合服务地理信息平台，建立了灾情监测与评估数据库，在灾后重建等工作中发挥了重要作用。在新疆"7·5"暴力事件中，快速启动测绘应急保障预案，开通测绘地理信息成果绿色通道，迅速准备现势性强的测绘地理信息产品，为武警、公安等部门无偿提供各种最新的测绘图件资料，为平息暴乱提供了强有力的应急测绘保障。在青海玉树地震、甘肃舟曲特大泥石流灾害中,迅速调遣无人飞机获取灾区高分辨率航空影像,向多个部门和单位提供灾区地形图、行政区划图、影像地图等测绘成果,研建了灾区三维地理信息系统,为科学救灾、灾情评估和灾后重建提供了科学依据。

4. 新农村建设测绘地理信息保障服务深入开展

出台《国家测绘局关于做好社会主义新农村建设保障服务的意见》,推动新农村建设测绘服务进入一个新阶段。各省、市、县测绘地理信息部门将测绘地理信息服务城乡协调发展、新农村建设作为重点,为新农村建设规划、涉农重大工程、农村基础设施建设、农业综合信息服务平台建设及提高农业生产力水平和农民生活质量等提供测绘地理信息保障服务,如福建省为 85 个县(市、区)、543 个乡镇编制了公开版地形图;江西省共为近 1 万个自然村测制了大比例尺数字化地形图;浙江省实施新农村一镇(乡)一图工程,每年为 100 个乡镇提供地图、地理信息服务;湖北省开展 100 个重点镇的地图编制,反映全省重点镇的自然地理分布、社会经济发展状况,为优化区域资源配置,加快区域产业发展提供测绘保障。

5. 人民群众生活质量改善测绘地理信息服务作用显著

着力加强地理信息资源的开发利用,大力开发测绘地理信息产品,地图品种和数量大幅增长,地图内容和文化内涵越来越丰富,更加贴近了百姓生活。开发生产了多种比例尺的全国地图集(册),大量人文历史、行政区划、土地利用、环境保护、农业、林业、地质、石油、海洋、教学、旅游、交通、气象、奥运、世博等专题地图,语音、触觉、丝绸等各种形式独特、功能特殊的国家地图产品。相继推出了生活地图册、置业地图、城市多媒体电子地图、网上地图、三维虚拟旅游可视化平台、导航地图等多种新型地图产品,以及餐饮、就医、就业、上学、日常出行等特色地图。"天地图"通过互联网以门户网站和服务接口的形式为公众、企业免费提供 24 小时不间断的"一站式"地理信息服务。形式各样、内容丰富的地图产品为社会大众日常出行、旅游休闲、购房置业等带来了诸多便利，促进了人民群众生活质量的不断提高。

(二)基础测绘建设取得重大突破

1. 测绘基准体系现代化建设积极推进

不断改造传统测绘基准体系，着力推进测绘基准现代化建设，已基本建立了较为完整的测绘基准体系，包括由 2 500 余点组成的 2000 国家 GPS 大地控制网和由近 5 万点组成的 2000 国家大地控制网，由 19 个基准点和 119 个基本点构成的国家重力基本网。不断加强区域性测绘基准体系建设，全国有 25 个省区市完成了 C 级 GPS 网的全域覆盖，有 26 个省区市完成了精化大地水准面的全域覆盖，建成了 1 000 余个卫星定位连续运行基准站(CORS)，有 20 个省市完成了 CORS 网的全域覆盖，空间定位的精度和速度显著提高。建立了极地科考地区测绘基准。

2. 航空航天遥感资料获取逐步加强

逐步拓展遥感资料获取方式和渠道，积累了比较丰富的遥感影像资源。实施国家基础航空摄影计划，不断加大航空摄影和卫星遥感数据获取力度，航片积累已逾 500 万张，覆盖陆地国土面积超过 80%。多种分辨率卫星影像覆盖陆地国土超过 7 000 万平方千米(含重复覆盖面积)，实现了不同分辨率、不同时相的卫星遥感影像对全部陆地国土的交叉覆盖。通过多渠道、多方式获取的 10～30 米分辨率卫星影像覆盖全部国土，优于 5 米分辨率的卫星影像基本实现了对重点地区的必要覆盖。建成了 1 米或 2.5 米分辨率、现势性较强的国家正射影像数据库。

3. 基本比例尺地形图覆盖获得历史性突破

加快推进基本比例尺地形图测制工作，基本比例尺地形图的覆盖范围不断扩展，数量快速增长，现势性逐步提高。1∶100 万、1∶50 万、1∶25 万、1∶10 万、1∶5 万地形图已经覆盖全部陆地国土。1∶1 万地形图测制和更新工作快速推进，已覆盖 50% 以上国土面积，其中，17 个省、自治区、直辖市、计划单列市实现了陆地国土全覆盖。19 个省、自治区、直辖市、计划单列市城镇建成区 1∶2 000 及更大比例尺地图覆盖率超过 60%,4 个省市实现了县级以上城镇建成区 1∶2 000 及更大比例尺地形图 100% 覆盖,10 余个省市实现了县级以上城镇建成区高分辨率基础地理信息 100% 覆盖。2009 年启动了海岛(礁)测绘工程,该工程完成后,将实现国家基本比例尺地形图从陆域到海洋的全面覆盖。海岸带和海岛地形测绘工作全面开展。

4. 基础地理信息数据资源日益丰富

一批基础地理信息数据库相继建成,基础地理信息资源的数量不断增长,内容日益丰富。已建成国家大地测量数据库和全国 1∶100 万、1∶25 万、1∶5 万基础地理信息数据库。实现了对全国 1∶100 万、1∶25 万数据库的多次更新,以及全国 1∶5 万基础地理信息数据库的首次更新。各级地方测绘地理信息部门也积极开展基础地理信息数据库建设,初步形成了多要素、多尺度、多时态的基础地理信息数据资源,其中,20 个省、直辖市已完成了本地区省级基础地理信息数据库建设工作并已开始更新。100 多个城市建成市级基础地理信息数据库,150 多个县建成县级基础地理信息数据库。

(三)地理信息产业快速发展

随着测绘地理信息技术进步和地理信息应用拓展,我国地理信息产业快速发展,正在成为我国现代服务业新的经济增长点。目前,地理信息产业从业主体超过 2.2 万家,从业人员超过 40 万人,其中,形成了一批拥有了导航电子地图核心技术的骨干企业,有 10 家地理信息相关企业成为上市公司。从事互联网地理信息服务的网站超过 900 个,相关企业已超过 1 000 家。地理信息产业产值多年保持超过 20% 的增长速度,2011 年全国地理信息产业产值总规模达到 1 500 亿元。地理信息产业集聚度不断提高,北京国家地理信息科技产业园一期工程已经竣工,被国家科技部认定为国家高新技术产业化基地;目前各地已有黑龙江地理信息产业园、西安导航产业基地、武汉地球空间信息产业化基地等地理信息产业基地,贵州、江苏、浙江、广东、广西等地正在筹划或建设地理信息产业基地。

(四)测绘地理信息支撑能力得到大幅提升

1. 测绘地理信息科技自主创新能力逐步增强

积极推进测绘地理信息科技体制改革,逐步完善科研运行机制,健全科技管理政策,不断提高自主创新能力,不断加强创新基地建设,相继成立了1个国家综合性测绘科研机构、1个国家重点实验室、1个国家工程技术中心、14个部门重点实验室、3个部门工程技术研究中心等测绘地理信息科技创新实体,全国200多所高校、20多所职业学校相继设立了测绘地理信息类专业,有200多个科研机构开展测绘地理信息相关研究工作,形成了由测绘地理信息科研机构、大学、重点实验室、工程技术中心、测绘地理信息企事业单位等多元化主体组成的科技创新组织体系和产学研相结合的科技创新格局。逐步提升测绘科技研发能力,先后涌现出4项成果获国家自然科学二等奖,3项成果获国家科技进步一等奖,30余项成果获国家科技进步二等奖等。

2. 测绘地理信息技术装备与设施水平显著提高

通过加强地理信息获取、处理、管理和服务等关键技术攻关,形成了数字化测绘技术体系和相应软硬件装备。研究发展了北斗导航定位系统,并已实现亚太区域导航定位功能。研制开发具有自主知识产权的 JX-4、VirtuoZo 数字摄影测量工作站,航空数码相机、低空无人机航摄系统、三维激光扫描仪、机载合成孔径雷达系统等测绘仪器装备,数字摄影测量网格(DPGrid)、高分辨率遥感影像处理系统(Pixel Grid)、MapGIS、GeoStar、SuperMap、Geoway 等软件产品实现商品化和产业化。全站仪、GPS 接收机、超站仪、无人机航空摄影、LiDAR 系统等逐步成为现代测绘重要的技术装备,高分辨率立体测绘卫星"资源三号"成功发射、运行,实现了测绘装备从传统模拟、解析为主向以数字化、自动化、多功能、高精度与小型化为特征的新一代测绘技术装备的重大跨越。建成了中国测绘地理信息创新基地。各地测绘地理信息单位办公环境逐步得到改善,测绘地理信息生产生活设施水平不断提高。

3. 测绘地理信息人才队伍整体实力持续提升

通过建立和完善测绘地理信息生产、测绘地理信息科技创新、信息管理服务、产品质量监督、测绘地理信息教育培训以及测绘地理信息管理等组织机构,形成了较为完善的测绘地理信息组织体系。加强测绘地理信息人才培养,建立了注册测绘师制度,开展了职业技能鉴定工作,测绘地理信息纳入了国家职业规划,已有近 12 万人获得职业资格证书。测绘地理信息人才队伍不断发展壮大,从事地理信息采集、处理和服务以及相关软硬件开发制造的企事业单位约 2 万家,测绘从业人员约 40 万人,其中专业技术人员已超过 16 万人。涌现出了以国家测绘地理信息局第一大地测量队、刘先林院士为代表的一大批先进集体和先进个人。一支门类齐全、布局合理、素质优良、能打硬仗的人才队伍逐渐形成,为测绘地理信息事业持续快速健康发展提供了强大的智力支持和人才保障。

(五)测绘地理信息发展环境得到明显改善

1. 测绘地理信息管理体制逐步健全

根据党中央、国务院的决策部署,不断强化测绘地理信息规划、公共服务、市场监管等职能,逐步形成了由国家、省、市、县四级管理机构组成的测绘地理信息行政管理体系,为测绘地理信息事业的稳定健康发展提供了重要的组织保障。国家测绘局更名为"国家测绘地理信息局",更准确反映了测绘事业向测绘地理信息事业的发展。新的"三定"规定进一步明确和强化了国家测绘地理信息局的主要职责,健全了内设机构,其中明确地理信息市场监管是测绘地理信息部门的重要职责,增设科技与国际合作司及总工程师职位等,对于深化测绘管理体制改革、完善测绘地理信息管理运行机制、保障测绘地理信息事业全面协调可持续发展具有重要作用。省、自治区、直辖市等地方测绘地理信息行政管理机构的进一步健全,县市级测绘地理信息部门管理职能进一步落实,强化了地理信息监管方面的职能。

2．测绘地理信息法规政策不断完善

形成了以《中华人民共和国测绘法》(以下简称《测绘法》)为核心，由《中华人民共和国测绘成果管理条例》《中华人民共和国地图编制出版管理条例》《中华人民共和国测量标志保护条例》《基础测绘条例》等组成的测绘法规体系；先后颁布了《国家基础地理信息数据使用许可管理规定》《房地产测绘管理办法》《地图审核管理规定》等一系列部门规章以及各省、自治区、直辖市颁布的 30 多部地方法规、100 余部地方政府规章以及一系列重要规范性文件。继 2007 年《国务院关于加强测绘工作的意见》印发以后，各省、自治区、直辖市纷纷出台了贯彻《国务院关于加强测绘工作的意见》的实施文件，测绘地理信息工作统筹协调力度逐步加大，发展方向更加明确。2007 年国家测绘局与国家发展和改革委员会联合印发了《基础测绘计划管理办法》，进一步规范了基础测绘计划管理的程序和内容，为完善基础测绘运行机制、促进基础测绘发展提供了重要的制度保障。

3．测绘地理信息市场更加规范有序

强化对测绘地理信息资质单位的监管，测绘地理信息市场准入和退出机制更加规范；完善测绘地理信息成果汇交、保管、提供、使用、安全保密、测量标志保护以及重要地理信息数据审核与公布管理制度和机制建设，有效地保障了国家安全；积极组织开展测绘地理信息行业质量普查、工程测量产品行业统检、全国房产测绘、基础测绘成果和重点测绘工程等测绘质量专项监督检查，测绘地理信息产品质量不断提高；联合多部门整顿和规范地图市场秩序，强化对互联网地图和地理信息服务网站的动态监管；全面推进测绘依法行政，加大行政执法检查力度，依法查处了一批无资质或超资质范围测绘、测绘地理信息成果泄密、违法出版和展示地图、损毁测量标志、涉外非法测绘等违法违规案件，测绘地理信息市场秩序持续改善。

4．测绘地理信息工作影响力显著提升

随着测绘地理信息在经济建设、社会发展和国防建设中发挥的作

用越来越重要,国民经济各部门和各行业越发意识到测绘地理信息的重要性,积极将各类测绘成果和现代测绘技术应用于相关领域的建设。测绘地理信息事业的大发展大转变带来了测绘产品走进千家万户的良好局面,现代测绘产品更加贴近社会,更加贴近百姓生活,为社会大众日常出行、旅游休闲、购房置业等带来了诸多便利,社会各界对测绘地理信息的关注度和认知度在不断提高,越来越多的民众开始关心和关注测绘地理信息。测绘地理信息部门精确测定并公布了珠穆朗玛峰、黄山、泰山、华山等名山高程,获取了雅鲁藏布大峡谷的长度、深度等重要地理信息,精确测定和发布了明长城的长度,测绘地理信息工作引起了全社会的广泛关注。通过展览会以及各种媒体的宣传报道等途径,使测绘地理信息的影响力得到了显著提升。

五、测绘地理信息发展历程积累宝贵经验

测绘地理信息工作始终坚持以邓小平理论、"三个代表"重要思想、科学发展观为指导,紧密围绕党和国家中心工作,服务改革发展稳定大局,在测绘地理信息事业发展取得了巨大进步和显著成就的同时,形成了以下重要经验。

(1)领导重视是根本。党中央、国务院对测绘地理信息工作高度重视、亲切关怀,为测绘地理信息事业发展指明了方向、明确了目标、优化了环境、创造了机遇。测绘地理信息工作历年来取得的显著成就,是党中央国务院领导高度重视的结果,是党中央国务院领导同志亲切关怀和指导的结果。

(2)科学发展是指针。科学发展观是指导党和国家全部工作的强大思想武器,必须自觉把科学发展观贯彻落实到测绘地理信息工作的各个方面,坚持统筹兼顾、协调发展,正确认识和妥善处理发展中的重大关系,推进测绘地理信息事业全面协调可持续发展。

(3)改革创新是动力。必须坚持解放思想、锐意进取,着力解决阻碍事业发展的深层次问题,抓紧建立和完善与社会主义市场经济体制

相适应、富有活力的测绘地理信息工作新体制新机制,以改革创新精神开创事业发展新局面。

(4)敢于担当是关键。必须"把党和人民赋予的职责看得比泰山还重",面对测绘地理信息事业跨越发展的机遇和挑战,要敢为人先、敢闯敢试、敢抓敢管、敢于负责,以大视野、大胸襟、大手笔的气魄和经得起历史检验的担当,为测绘地理信息工作助推经济社会科学发展勇挑重担、奋发有为、不辱使命。

(5)保障服务是宗旨。必须坚持服务大局、服务社会、服务民生的宗旨,夯实测绘工作基础,大力加强测绘地理信息公共服务,促进地理信息产业发展,不断拓展保障服务领域,提升服务水平,提高服务质量。

(6)科技人才是支撑。必须坚持"科技兴测"和"人才强测"战略,大力提升测绘地理信息科技自主创新能力,培养造就一支结构合理、素质优良、作风扎实、善于创新的人才队伍,推动事业全面发展。

(7)依法行政是保障。必须立足行业,面向社会,坚持依法行政,加强统一监管,培育统一、公平、竞争、有序的测绘地理信息市场,为测绘地理信息事业科学发展创造有利的市场环境、政策环境和法制环境。

(8)文化建设是根基。必须高举中国特色社会主义伟大旗帜,大力弘扬以爱国主义为核心的民族精神,以改革创新为核心的时代精神,以无私奉献为核心的测绘精神,继续强化以"快、干、好"为核心的测绘文化理念,以科学的文化理念启迪思想、凝聚力量、激发活力,用不断繁荣发展的测绘地理信息文化增强队伍的凝聚力、创造力和战斗力。

六、国外测绘地理信息发展对我国产生重要影响

发达国家在地理信息资源、测绘技术装备与基础设施、测绘地理信息服务等方面突飞猛进的发展,对我国测绘地理信息发展产生了积极的推动作用,与此同时,利用先进测绘技术与装备等方面的优势占领测绘地理信息发展制高点,获取和提供我国范围的地理信息,对维护国家安全、发展地理信息产业形成了巨大的压力。

(一)国外测绘地理信息发展对我国测绘地理信息工作提供了有益借鉴

1. 不断丰富测绘地理信息产品内容和种类

发达国家在加快国土范围基础地理信息数据资源建设的同时,加快了全球地理信息资源建设。美国获取了覆盖全球地表 80% 陆地面积的干涉雷达数据,生产出空间分辨率 30 m、高程精度 16 m 的全球地形数据;构建了一个覆盖全国、标准统一、持续更新的基础地理信息数据库,提供无缝、一致、现势强、高精度的正射影像、高程、水文、交通、境界、土地覆盖、地名等数据。英国军械测量局推出了 MasterMap 的大比例尺数据库,包括建筑物、构造物、道路、土地、行政边界、水系、遗迹、高程、铁路等 9 方面专题数据,测定了全英国 4 亿个地理要素,从根本上提高了英国地理信息数据的质量和功能。日本已建成了覆盖全国的 1∶2.5 万矢量地图数据库、部分地区的 1∶2.5 万数字正射影像数据库以及城市 1∶2.5 万和乡村 1∶5 万数字道路图等。2009 年 6 月,美国航天局(NASA)与日本产经省(METI)共同推出了 1″间隔全球数字高程数据。美国和加拿大已经联合完成了北极地区海底地形图的测制工作,并启动了一个名为"透明地球"的项目以测制全美地下三维结构图,同时,拟获取和生产全球城市分辨率为 30 cm(全色)和 60 cm(彩色)遥感影像产品。美国谷歌和微软公司正在实施全球三维地图服务。瑞士测绘局正在开发三维地形景观模型(3DTLM)。

2. 加快测绘地理信息技术装备与基础设施建设

卫星导航定位系统建设势头正劲,美国 GPS 全面实施现代化计划,俄罗斯在不断完善 GLONASS 系统,欧洲伽利略系统正在加快建设,印度和日本等国家也在积极发展区域卫星导航定位系统。在建立现代化的卫星导航系统的同时,美、英、澳、日本等国家利用全球卫星导航定位系统建设了国家卫星定位连续运行基准站网。美、法、德、以等发达国家推出了新一代智能对地观测卫星系统,多个国家发射了 CHAMP、GRACE、GOCE 等重力卫星。商用遥感卫星重访周期已达到

1.6天,分辨率为亚米级,图像的周转时间即从下达成像指令到接收到影像所需的时间仅为几个小时。印度在轨卫星已达 10 多颗,遥感卫星 Cartosat-2B 空间分辨率也达到了 0.8 米。微波雷达、激光雷达、光学立体成像仪等先进传感器系统不断涌现。配备体积小、重量轻、探测精度高的新型传感器的无人机航空摄影系统,具有机动快速、使用成本低、操作维护简单的特点,已经广泛应用于高分辨率航空影像获取。对地观测体系的不断完善,使得部分发达国家已实现地理信息获取准实时化。

3. 积极推进测绘地理信息技术创新进步

连续运行基准站系统技术不断取得突破,大量的全球卫星导航定位(GNSS)连续运行基准站系统逐渐代替传统的测绘基准系统以满足定位和导航需求。航空航天遥感逐步实现了多传感器、多平台、多角度和高空间分辨率、高光谱分辨率、高时相分辨率、高辐射分辨率。新一代智能对地观测技术,将实现多传感器的高空、中空和低空航空遥感系统的集成,完全基于影像的测图和地理信息采集将全面实现。影像融合技术呈现了高、中、低空间分辨率共存,多光谱、高光谱、SAR 共存的趋势。数字摄影测量技术已经结合了计算机视觉的先进成果,形成一个新的分支——摄影测量的计算机视觉。地理信息处理与管理向自动化智能化发展,三维空间数据管理成为研究热点,基于网格计算、云计算理论的 GIS 解决方案逐渐成熟。

4. 大力拓展测绘地理信息服务领域

随着下一代互联网、网格计算和云计算等技术的出现,谷歌、微软都推出了基于可量测遥感影像的真三维影像服务。通过各类地理信息服务网站提供的地理信息编辑工具,用户可以按照自己的需求设计编辑地图,使测绘服务对象从专业用户扩展到普通大众。地图街景服务以及博客地图等融合多媒体技术,为人们的旅游、游戏、娱乐以及金融、邮政等大众生活提供全新的地理信息服务,同时也为测绘地理信息开创了新的领域。美国俄勒冈州在州政府网站上以地图方式跟踪各地方政府对于美国经济复苏法案提供资金的使用情况;邮政部门积极引进地理信息技术,密切监督邮政汇票交易,识别金融犯罪行为。车载导航、手机地图定位、宠物定位等导航定位和各种 LBS 应用层出不穷。美国地质调查局 2008 年启动为期 5 年的"地理分析和动态监测计划"(GAM),更好地了解地表覆盖变化的成因和后果;美国国家大地测量局在其 2008—2018 年规划中,提出要实施海洋与海岸带综合测图计划。加拿大将地理、水和气候变化以及自然灾害监测作为优先考虑的重点发展领域,利用 GNSS 连续跟踪站构成的网络对地球的动态变化实施监测;加拿大大地测量署在其 2009 年制定的战略规划中,明确提出远景目标是提供高精度的定位和地球动态变化的监测服务。

5. 显现出智慧地球建设的新趋势

2009 年,"智慧地球"的理念得到美国政府高度重视并将其上升为国家战略,成为美国全球战略的重要组成部分。随即,全球范围内掀起一股智慧化潮流,许多国家积极开展了智慧城市、智慧国家建设。2009 年,美国爱荷华州的迪比克市开始建设第一个智慧城市,将城市中的水、电、气、交通等公共服务资源信息通过地理信息系统有机联系起来,为市民提供智慧化的城市服务。同年,日本政府推出了中长期信息技术发展战略,即"i-japan(智慧日本)战略 2015",大力发展以绿色信息技术为代表的环境技术和智能交通系统等重大项目。2010 年,欧盟启动了"Fireball 协同行动",确定了 5 个核心试点性智慧城市,整合数字地理空间和 ICT 信息通信技术,开展智慧能源、智能电网等建设内容。2011 年,韩国审议并通过了"第一次 U-City 综合计划",计划在 5 年时间内投入 4900 亿韩元(约合 4.15 亿美元),目前该计划已进入智能阶段。新加坡实施的"智慧国 2015 计划",利用无处不在的 ICT 将新加坡打造成一个智能化的国家、全球化的城市。据悉,目前全球已有 50 多个国家开展了智慧城市的相关业务,并有大量城市成功地将智慧的理念运用到城市管理当中。总的看来,智慧化建设都非常重视空间基础设施的使用,并将提供智能化地理信息服务作为重要内容。

(二)国外测绘地理信息发展对我国带来严峻挑战

1. 对我国地理信息安全构成严重威胁

国外卫星导航定位精度和卫星遥感影像分辨率不断提高,美国已经可以获得我国范围 0.41 米分辨率(黑白)和 1.65 米分辨率(彩色)图像,并能以优于 3 米的定位精度确定我国疆域内的目标位置。美国利用航天飞机和重力卫星获取的我国高精度 DEM 数据和重力场数据。美国企业的遥感影像网络服务系统为用户提供在线标注功能,诱导用户对重要军事设施或重大民用设施进行网上标注和讨论,造成我国涉密地理信息的失泄密,给国家安全带来了严重威胁。

2. 对我国地理信息产业形成巨大压力

国外地理信息产业快速发展,一些跨国企业集团已经在地理信息产业领域展开战略部署,进行全球范围的扩张和全球连锁经营。特别是欧美国家,利用其在卫星导航定位、遥感数据获取等方面的优势以及在数码摄像机、高端测量仪器、大型地理信息系统等方面的技术垄断,在互联网影像信息服务、导航定位产品、地理信息处理与服务软件等方面,抢先占领地理信息产业发展的战略制高点,使我国地理信息企业处于产业链中下游的不利位置,从而对我国地理信息产业发展形成了巨大压力。

七、测绘地理信息工作面临的困难和问题依然严峻

在测绘地理信息工作取得显著成绩的同时,也还存在一些结构性矛盾和问题。与经济社会发展对测绘地理信息工作的要求相比还存在较大差距,测绘地理信息保障服务能力不足,水平不高,区域测绘地理信息发展不平衡,在促进经济结构调整和发展方式转变、推动全面小康社会建设中,发挥的作用还不够充分,测绘地理信息事业科学发展空间巨大,任重道远。

（一）测绘地理信息保障服务总体水平还不能适应经济社会发展的迫切需求

1. 测绘地理信息资源不够充足

地理信息资源作为测绘地理信息保障服务的主导性资源,还不能很好地满足经济社会发展的需要。基础测绘成果覆盖不足,1∶1万及更大比例尺地形图还没有实现对陆地国土的必要覆盖,城市规划、新农村建设等需要的大比例尺测绘成果不足;测绘地理信息成果更新缓慢、现势性差;西部经济欠发达地区基础地理信息资源建设相对薄弱;世界范围和热点地区的地理信息缺乏;地理信息种类较少,信息量不够丰富,结构不合理,标准不统一,整合集成不够,还不能很好地为信息社会提供有力的支撑。

2. 测绘地理信息服务不够全面

测绘地理信息产品种类少,与经济社会发展结合不够紧密,难以满足社会各界对测绘地理信息成果的多元化需求。特别是在城市化快速发展进程中,社会各方面对地理信息资源的需求日益增长和多样化,测绘地理信息产品、技术和服务模式与实际需要的衔接还远远不够;网络化服务体系不健全,地理信息公共服务平台建设推进缓慢,大比例尺公众版地形图缺乏,网络共享的地理信息资源严重不足,地理国情信息服务不到位,测绘地理信息服务发展不平衡;为突发公共事件、防灾减灾和非传统安全问题提供测绘应急保障服务的能力有待提高;地理信息社会化服务不足,地理信息产业整体实力较弱,业务范围窄、产品同质化高;测绘服务的总体水平还难以满足经济社会发展、特别是信息化建设的需求。

（二）测绘地理信息科技创新和装备条件还不能适应测绘地理信息事业发展的需要

1. 测绘地理信息科技自主创新能力不强

自主测绘地理信息科技的支撑和引领作用不强,自主创新能力及创新成果与测绘地理信息事业快速发展的要求不相适应。测绘基础理论研究不足,缺乏深层次的、有统领性的、基础性的理论支持。测绘地理信息科技创新体系尚不完善,创新活力不足,科技创新的整体能力不强,科技创新统筹协调不够,存在各自为战、重复研究现象,研究成果集成度低,实用性亟待提高。地理信息数据获取技术自主创新不足,对外依赖程度高。产学研结合不够紧密,科研和生产单位之间缺乏有效的沟通和交流机制,科研单位的诸多成果无法有效转化为现实生产力;生产单位缺乏资金投入以及有效的技术、政策支持,其现实需求难以通过自主创新解决。

2. 测绘地理信息技术装备信息化水平不高

卫星导航定位连续运行基准站(CORS)数量不足。对地观测数据获取设施仍然薄弱,高分辨率遥感测绘卫星系统尚不健全,全天候航空影像获取能力不强,快速、机动、专业化的地理信息获取平台缺乏,难以满足新形势下对高现势性地理信息的需求。地理信息智能识别、自动提取、自动处理装备不够,海量信息资源的智能化管理手段薄弱。测绘地理信息成果存储和服务装备设施相对落后,开放式、网络化地理信息分发服务体系不完善,制约了地理信息资源的深度开发和广泛利用。基础测绘外业队伍生产技术装备和生活保障设施相对落后,缺乏野外交通运输工具、流动工作站、通信及医疗设备等必要的应急装备,装备更新机制不完备。

(三)测绘地理信息管理体制和运行机制还不能适应改革和发展的要求

1. 测绘地理信息管理体制不够健全

测绘地理信息行政管理机构不健全、设置模式不统一。省级测绘地理信息行政管理机构多样化,其设置从机构性质、级别和归口管理部门可归分为9种模式,并且相当一部分事业性质的省局可能会在国家事业单位分类改革中受到冲击。市、县测绘行政管理机构不健全,仍有5%的市、14%的县未设立测绘地理信息行政管理机构,在已明确测绘地理信息行政管理职能的县市中,测绘地理信息行政管理机构也有多种设置模式,并分属于国土资源、建设或规划系统。测绘地理信息行政执法主体不合法现象较为严重,目前约有45%的省级、16%的市级、21%的县级测绘地理信息管理使用事业编制人员或者由事业单位履行测绘地理信息行政管理职能,还有部分市县测绘地理信息行政主管部门执法职能没有明确。

2. 测绘地理信息法规政策不够完善

测绘地理信息法规政策建设还存在着测绘地理信息法律体系不够完善、法规的可操作性不强、对新兴的测绘地理信息服务规范不够及时等问题。《测绘法》规定的一些制度可操作性不强,配套规章难以贯彻实施,在测绘地理信息的内涵与外延随着经济社会与技术的发展发生了新变化的情况下,《测绘法》的修订已十分迫切。互联网地图服务、测绘监理、无人机测绘航空摄影等新兴的测绘地理信息服务规范缺失。测绘地理信息质量方面的行政法规缺乏,测绘地理信息质量管理工作的原则、监管的环节和制度有待完善;房产测绘、地籍测绘等相关法规规范过于简单,实际可操作性不强,与《物权法》等上位法的实施要求不适应。促进地理信息产业发展的法规政策有待建立健全。

3. 测绘地理信息管理机制不够健全

基础测绘投入机制不健全,尤其是部分地区还没有形成稳定的基础测绘投入机制。部门之间缺乏必要的互相支持、联动机制,尚未建立起有效的地理信息共享机制;测绘地理信息系统内部的统筹和对外的协调力度不够,有利于地理信息更新的机制亟待完善,测绘地理信息部门与相关专业部门之间、各级测绘地理信息部门之间的信息共享的可操作性不强,互利共赢机制尚不完善。利用市场机制加强测绘地理信息公共服务的机制有待建立。测绘地理信息应急保障机构不健全、机制不完善,统筹协调非常薄弱。市场动态监管长效机制没有形成,依法行政责任考核和层级监督机制不健全。

（四）人才队伍还不能适应测绘地理信息事业科学发展的要求

测绘地理信息人才的总量和人才结构等方面还存在着明显的不足，与测绘地理信息事业发展对人才的需求，特别是测绘地理信息保障服务工作与地理信息产业发展的强劲需求相比，与人才强测战略和创新型测绘地理信息建设的要求相比还存在着较大差距。各类人才队伍的发展不平衡，懂经营、会管理的复合型经营管理人才缺乏，高层次专业技术人才、创新型及领军型人才短缺，高技能人才严重不足。人才分布不均衡，东西部测绘地理信息人才无论从数量还是质量上都存在较大差距。

第 2 章　测绘地理信息总体发展思路

在党中央、国务院的正确领导下,测绘地理信息事业取得了突出的成就,测绘地理信息的地位和作用越来越突出,为未来的发展营造了良好的环境,奠定了坚实的资源、科技、人才、装备、法规制度等基础。科学技术的迅猛发展为测绘地理信息的进步提供了强大的动力,推动测绘地理信息向更快更好的方向发展。测绘地理信息的发展也存在需要克服的困难和问题,与世界测绘地理信息强国相比还有着不小的差距。基于此,提出了引领测绘地理信息未来一段时期发展的指导思想和基本原则。

一、指导思想

以邓小平理论、"三个代表"重要思想和科学发展观为指导,围绕科学发展、加快转变经济发展方式的主题主线,坚持服务大局、服务社会、服务民生的宗旨,把握构建智慧中国、监测地理国情、壮大地信产业、建设测绘强国的战略方向,健全体制机制、着力自主创新、转变发展方式、强化军民融合,加快建设信息化测绘体系,完善数字地理空间框架,加强地理国情监测,提升测绘地理信息公共服务,繁荣地理信息产业,推动测绘地理信息转型发展,为经济建设、社会发展和国防建设提供及时可靠、高效适用的测绘地理信息服务。

(一)以科学发展观统领测绘地理信息工作

科学发展观是中国特色社会主义建设必须始终坚持和贯彻的重要指导思想。以科学发展观统领测绘地理信息工作,就是要用科学发展的思想理念贯穿测绘地理信息工作全过程。始终贯彻落实发展是第一要义、发展才是硬道理的重要思想,着力把握测绘地理信息发展规律、创新发展理念、转变发展方式、破解发展难题,推动测绘地理信息事业大发展、大繁荣;始终贯彻落实全面协调可持续发展的基本要求,坚持统筹兼顾的根本方法,不断优化测绘地理信息事业总体任务布局、组织结构布局和生产力布局,推动中央与地方、区域之间以及军用与民用测绘地理信息的全面协调发展,推动公益性测绘地理信息事业与地理信息产业以及测绘地理信息工作各环节的全面协调发展;始终贯彻落实以人为本的核心立场,把实现好、维护好、发展好最广大人民的根本利益作为测绘地理信息工作的着眼点,更好地满足人民群众对测绘地理信息的多样化需求,更好地促进测绘地理信息职工的全面发展。

(二)始终坚持服务大局、服务社会、服务民生的宗旨

服务是测绘地理信息工作的本质特征。坚持服务大局、服务社会、服务民生的宗旨,就是要始终把为经济建设、政治建设、文化建设、社会建设、生态文明建设和国防建设提供有效服务作为测绘地理信息工作的基本立足点,紧紧围绕党和国家中心工作、围绕现代化建设的总体任务、围绕全面建成小康社会的战略目标,不断强化服务理念,拓展测绘地理信息保障服务的广度和深度,充分发挥测绘地理信息在促进经济社会发展、保障国家安全等方面的重要作用。要准确把握政府宏观管理决策对地理国情信息的需求,准确把握经济建设、公共应急、教育发展和文化消费等对测绘地理信息的迫切需要,准确把握调整经济结构、转变发展方式、统筹城乡发展等对测绘地理信息的新要求,着力构建信息化测绘体系,完善数字地理空间框架,加强地理国情监测,提升测绘地理信息公共服务,发展地理信息产业,为全面贯彻落实科学发展观提供及时高效的测绘地理信息服务。

(三)构建智慧中国,促进国民经济和社会信息化

"智慧中国"是以"数字中国"为基石、基底、基础,依托物联网、云计算、人工智能等高新技术,通过提高实时信息处理能力和感知响应速度,为人们提供更加精细智能的生产生活方式,推动社会的发展进步。

从国际上的经验来看,地理信息是支撑"智慧中国"的基础性、战略性信息资源,现代测绘地理信息技术是"智慧中国"建设的关键技术。因此,构建"智慧中国地理空间智能体系"是实现"智慧中国"的重要前提。构建"智慧中国地理空间智能体系",是以数字中国地理空间框架为基底,挖掘整合经济社会各类信息,利用物联网、人工智能等现代化高新技术把人类的知识充分应用到经济社会发展的各个方面,使人类的生产生活方式达到一种新的高度。"智慧中国地理空间智能体系"是数字中国地理空间框架在新阶段的深化发展与提升,侧重于更加透彻的感知,更加全面的互联互通和更加深入的智能化决策。构建"智慧中国地理空间智能体系"要紧跟国家信息化建设的整体部署,进一步丰富地理信息资源,提高地理信息实时化获取能力、自动化处理能力、网络化服务能力和智能化信息挖掘能力,大力推进云计算、物联网、下一代网络、车联网等新技术和地理信息技术的紧密结合,强化测绘地理信息工作的整体功能作用。

(四)加强地理国情监测,促进管理决策科学化

地理国情是重要的基本国情,是搞好宏观调控、促进可持续发展的重要决策依据,也是建设责任政府、服务政府的重要支撑。我国正处于工业化、城镇化、农业现代化快速发展时期,也是地表自然和人文地理信息快速变化时期。如何构建科学合理的城市化格局、农业发展格局、生态安全格局、优化国土空间开发格局,如何有效推进重大工程建设、地理国情监测至关重要。监测地理国情,就是要对地理国情进行动态地监测、统计和分析研究,并及时发布地理国情监测报告。要充分利用测绘的先进技术、数据资源和人才优势,积极开展地理国情变化监测与统计分析,对重要地理要素进行动态监测,及时发布监测成果和分析报告,为科学发展提供依据。加强地理国情监测,强化和发挥测绘地理信息工作的监督功能,是提高测绘保障和地理信息服务水平的重要举措,也是测绘地理信息事业科学发展的战略选择和重要使命。

（五）加快信息化，推动产业化，着眼国际化，推动测绘地理信息转型发展

推动测绘地理信息转型发展是坚持以科学发展为主题、以加快转变经济方式为主线的基本要求。要顺应全球化、信息化发展趋势以及社会主义市场经济发展要求，着力推动测绘地理信息转型发展，大力推动技术装备和基础设施向自动化、智能化转型，推动测绘地理信息服务从提供基础地理信息数据向地理信息综合服务转变，并充分依靠自主创新和科技进步，全面实现测绘地理信息手段现代化、产品知识化和服务网络化；加快推动地理信息产业发展，充分利用市场机制配置资源，充分体现地理信息产业作为战略性新兴产业的优势，着力做大做强地理信息产业，形成新的经济增长点；实施测绘"走出去"战略，既充分利用国外相关资源，又积极开拓国际市场、参与国际竞争。为适应测绘地理信息技术升级和装备换代，服务手段和内容的转变，测绘地理信息生产组织结构也要加快推进转型调整，向集群化、集团化、规模化发展，进而推进测绘地理信息的整体转型，全面提升测绘地理信息的服务保障水平和能力，为转变经济发展方式、推动经济社会科学发展作出重要贡献。

（六）加强军民融合，构建军民测绘地理信息合作新模式

坚持军民融合、寓军于民，是我国国防和军队现代化建设的重要指导方针，是统筹经济建设、国防建设和社会发展，实现富国强军的必然要求。胡锦涛同志在十八大报告中提出，"坚持走中国特色军民融合式发展路子，坚持富国和强军相统一，加强军民融合式发展战略规划、体制机制建设、法规建设"。要深入贯彻落实党中央关于军民融合发展的重要战略思想，进一步加强军民测绘地理信息部门协调和测绘地理信息工作统筹。建立和完善测绘地理信息军民双方信息会商交换、国防动员合作、应急保障合作、重大项目协作等机制。加强军民测绘地理信息部门在北斗卫星导航系统测绘应用、高分辨率遥感卫星建设与应用、国家现代测绘基准体系建设、基础地理信息数据库更新及全球地理信息资源获取、科技创新及标准化等方面的协作,充分发挥军民测绘地理信息部门的整体优势,推动测绘地理信息事业全面协调可持续发展。

(七)完善体制机制,着力自主创新,实现建设测绘强国总体目标

我国是测绘地理信息大国,但测绘地理信息工作的现代化水平还不高,国际竞争力还不强。要加快健全体制、完善机制、强化职责,更好地发挥测绘地理信息主管部门的作用。积极推进服务型政府建设,着力解决制约测绘地理信息事业发展的体制机制等问题,全面满足经济社会发展以及国防建设对测绘地理信息的需要。进一步加快科技自主创新步伐,加强测绘地理信息科技攻关,突破前沿技术、关键技术和核心技术,加快建设北斗卫星导航定位系统、高分辨率遥感测绘卫星、航空遥感平台等空间基础设施,形成全天候、全天时和全球范围地理信息获取、处理和服务能力,全面实现地理信息获取实时化、处理自动化、服务网络化以及应用社会化,形成较为强大的先进装备控制力、先进技术创新力、基础资源支撑力、产业核心竞争力、人才与标准影响力和软实力,基本实现由测绘地理信息大国向强国的转变,在国际测绘地理信息领域占有重要地位,发挥重要作用,产生重要影响。

二、基本原则

(一)坚持解放思想、深化改革

解放思想、改革创新是发展中国特色社会主义的一大法宝,也是测绘地理信息事业发展必须坚持的基本方针。要系统分析测绘地理信息事业发展进程中出现的诸多矛盾和问题,不断解放思想,创新发展理念。思想不解放、禁区很多,就不可能形成深化改革、创新发展的思路,就不可能提出强有力的举措,就什么事情都干不成。测绘地理信息事业发展进步的过程应该是一个不断解放思想、深化改革的过程,是一个不断创新发展思路、不断解决新的矛盾和问题的过程。解放思想,深化改革,需要站在战略高度和全局视野,用前瞻和长远发展的眼光,着力解决影响和制约测绘地理信息事业发展的思想观念问题,着力突破思想领域的各种障碍。要根据建立和完善社会主义市场经济体制的要求,进一步深化测绘地理信息体制改革和机制创新,进一步调整测绘地理信息组织结构和生产力布局,不断为测绘地理信息事业科学发展注入新的活力。

(二)坚持需求牵引、科技推动

需求是最大的拉动力,科技是最大的推动力,要充分凝聚两股力量,合力推进测绘地理信息事业科学发展。坚持需求牵引,就必须在任何时候都要充分了解经济社会发展对测绘的需求,没有需求就没有发展的基础。要不断以需求为导向发展测绘地理信息,不断培育需求推动测绘地理信息发展。坚持科技推动,就是要切实贯彻科学技术是第一生产力的重要思想,把测绘地理信息科技创新进步作为推动测绘地理信息事业发展的不竭动力。要整合测绘地理信息科技资源,提高测绘地理信息科技自主创新能力,加快原始创新、集成创新、引进消化吸收再创新,充分依靠科技进步推动解决测绘地理信息事业发展滞后于经济社会发展需求的矛盾和问题。在促进测绘地理信息科技创新进步中,要更多依靠企业、依靠社会,更加注重发挥企业和生产型事业单位在技术创新中的重要作用。与此同时,要切实加强测绘地理信息科技创新人才培养,增强测绘地理信息事业持续发展的后劲。

(三)坚持创新机制、提升管理

机制和制度具有根本性和决定性作用,测绘地理信息工作中存在的突出矛盾和诸多问题,需要靠制度创新、机制创新来解决。要以效率、效益、秩序为核心,进一步健全测绘地理信息法制,完善测绘地理信息管理体制和运行机制,切实把管理的重点放在完善制度、优化环境上,放在疏通障碍、理顺关系上。要加快完善基础测绘管理制度,建立能够充分发挥中央和地方两个积极性,全面实现基础地理信息资源共建共享的基础测绘管理机制;完善测绘地理信息市场准入制度,有效规范地理信息市场秩序;加快制定高分辨率遥感影像统筹管理制度,加强基础航空摄影和高分辨率卫星影像获取与分发的统筹规划和分工协作。进一步转变政府职能,着力管宏观、管政策、管方向,少些管控思维,多些服务理念,努力建设服务型政府。在发挥测绘地理信息行政管理决定性作用的同时,也要发挥非政府非营利组织的服务、沟通、协调、公正和监督等作用。

(四)坚持统筹协调、全面发展

测绘地理信息工作涉及经济建设、社会发展以及国防建设的众多领域和诸多方面,因此,必须按照科学发展观的要求,统筹规划测绘地理信息事业发展的全局,服务经济社会发展的大局。注重统筹协调、全面发展,就是要统筹兼顾全国基础测绘工作的全面和协调发展,强化全国基础地理信息资源的整合和集成,形成全国统一和共享的一个网——卫星导航定位连续运行基准站网、一张图——以基础地理信息数据库为载体的基本地形图、一个平台——地理信息公共服务平台,不断提高全国基础测绘的综合效率。要统筹兼顾公益性测绘与地理信息产业、政府测绘地理信息公共服务与企业市场化服务的发展,推动测绘地理信息事业各领域、各方面、各环节的全面协调发展。要统筹协调军事测绘与民用测绘的发展,形成测绘地理信息工作中寓军于民、军民结合的良好局面。

三、战略方向

按照党中央、国务院对新时期测绘地理信息工作的新要求,着眼经济社会发展大环境,瞄准国家发展战略要求,瞄准社会民生需求,瞄准测绘地理信息科技前沿,凝练形成了"构建智慧中国、监测地理国情、壮大地信产业、建设测绘强国"的战略方向。

测绘地理信息总体发展战略是一个"三位一体"的有机整体,缺一不可。从测绘地理信息事业的组成来看,主要包括了生产、服务和管理三方面的工作。智慧中国建设对应着地理信息资源生产建设和开发应用,地理国情监测对应着服务经济社会发展大局和事业本身的转型发展,壮大地信产业对应着服务社会和民生,这三个组成目标的全面提升将极大推动我国从测绘大国向测绘强国的转变。

构建智慧中国是建设测绘强国的重要基础。智慧中国地理空间智能体系将依托不断完善的数字中国地理空间框架,更加强化信息挖掘、知识挖掘,从而把测绘地理信息的资源和技术与人类的工作生活更加紧密的结合起来,推动测绘地理信息保障服务向更高层次、更广范围、更加便捷以及更加多样化、灵性化的方向发展,为测绘地理信息技术创新提供源泉,为发展壮大地理信息产业开拓市场,为测绘地理信息事业转型发展创造条件。

地理国情监测是实现测绘强国建设目标的重要内容。测绘地理信息作为提高管理决策水平、促进可持续发展的基本工具,地理国情监测工作的开展是推动经济社会科学发展的历史使命。地理国情监测工作的开展将推进测绘实现由静态向动态、由印刷纸图向网络服务、由地形图向地情图、由提供测绘成果向报告监测信息的转变,是拓展测绘地理信息服务功能、提高测绘地理信息服务水平的客观需要,必将大幅提升测绘地理信息的作用和地位。

地理信息产业的发展壮大是建设测绘强国的重要保障。通过增强地理信息企业的科技创新能力,提高测绘地理信息装备的国产化率,提高地理信息产业的国际竞争力,不断提升地理信息的经济价值,创造出更多的社会价值。积极促进地理信息应用社会化,满足经济社会和人民生活对地理信息及技术的多样化需求,大力发展智能交通、现代物流、互联网地图等基于地理空间位置的服务,让测绘地理信息发展成果走进千家万户,成为全社会的需要。

测绘强国是测绘地理信息事业发展的阶段性总体目标,其成功实现离不开前面三项重要工作的顺利推进。所谓测绘强国,就是要在地理信息资源储备、保障服务能力、科技创新能力、地理信息产业竞争力等方面具备较高的水平,具备先进装备控制力、先进技术创新力、产业核心竞争力、信息资源支撑力、人才与标准影响力,从而形成国际领先的测绘地理信息综合实力,为全面建成小康社会、加快推进社会主义现代化建设、实现中华民族伟大复兴提供有力的测绘地理信息保障。

四、战略目标

(一)总体目标

到2030年,基本建成拥有丰富地理信息、高效网络运行、信息及时更新的智慧中国地理空间智能体系,地理国情监测成为测绘地理信息工作的重要内容和政府科学管理的重要手段,地理信息资源有效覆盖全球,测绘地理信息服务全面及时高效,测绘地理信息科技总体水平进入世界前列,地理信息产业成为推动国民经济增长的重要力量,中国测绘地理信息的国际影响力显著提升,基本建成测绘强国,并具备五个方面的核心能力。

(1)先进装备控制力:全面形成信息化测绘装备体系,拥有国际先进的高精度卫星导航定位系统、8颗以上在轨系列遥感测绘卫星、30架以上中高空遥感测绘飞机、数量足够的遥感测绘轻型飞机和无人飞行器,自主知识产权的高精度卫星定位、高分辨率卫星遥感以及高端测绘仪器装备的国内市场占有率达到70%以上,并服务国外市场。

(2)先进技术创新力:全面形成信息化测绘技术体系,自主知识产权的地理信息获取、处理、服务与应用等相关软件国内市场占有率超过90%,成为先进测绘地理信息技术的创新者、引领者和重要出口国,自主创新能力和科技整体水平进入世界前列。

(3)产业核心竞争力:拥有5个左右大型地理信息国际知名企业和5个左右世界著名品牌,形成一批具有鲜明特色和国际影响力的地理信息产业园区,在国际地理信息产业发展中发挥引领和推动作用。

（4）信息资源支撑力：建成全国统一和共享的一个网、一张图和一个平台，地理信息资源有效覆盖全球，信息及时更新和高效共享利用，具有在任何时候和任何地方、对任何人和任何事的测绘地理信息服务能力，基于多网融合的地理信息服务覆盖全国95%以上人口。

（5）智能服务作用力：建成能够提供实时信息服务的时空信息云平台，实现智能化的交互方式、智能化的任务解析、智能化的功能选择、智能化的分布处理、智能化的信息反馈、智能化的分析决策和智能化的远程控制，在智慧交通、智慧城管、智慧社区等领域得到成熟应用。

（6）人才与标准影响力：拥有10～15名在国际测绘地理信息领域具有重要影响的测绘地理信息人才，5～8名测绘地理信息科学家在各国际测绘地理信息组织中担任重要职务，拥有一支超过4万人的注册测绘师队伍，技能人才总量超过25万人。5～10个测绘地理信息标准成为国际测绘地理信息标准。

（二）阶段目标

到2015年、2020年的测绘地理信息发展阶段目标见表1。

表1　测绘地理信息发展的阶段目标

序号	项目	2015 年发展目标	2020 年发展目标
1	测绘保障和地理信息服务	全面建成地市级以上地理信息公共服务平台，实现各部门各地区地理信息资源共建共享，地理信息服务全面进入家庭，较好满足经济社会发展对测绘地理信息的需求	建成完善的地理信息公共服务平台及相应运行机制。具备全天候和全天时应急测绘服务能力。适用高效的地理信息产品为全社会所知共享。测绘保障和地理信息服务较好地满足经济社会发展各方面需求
2	测绘基准体系建设	完成测绘基准基础设施的改造升级，新建改建1 000个以上卫星导航定位连续运行参考站，建成国家陆海统一的新一代卫星大地控制网、覆盖全部陆地国土和海岛（礁）的新一代高精度高程控制网以及我国精细重力场模型	全面实现测绘基准现代化，建成国家平面、高程、重力网三网合一的全国统一和共享的现代测绘基准网，在基础设施、技术手段以及信息服务等方面达到国际先进水平，实现测绘基准形式和功能的重大转变

续表

序号	项目	2015 年发展目标	2020 年发展目标
3	基础地理信息资源建设	国家级基础地理信息数据库覆盖全部陆地和大部分海岛,省级及全部地级市的基础地理信息数据库基本完成,县级基础地理信息数据库建设全面推进,全球地理信息数据库初具规模;基础地理信息要素类型进一步拓展,内容更加丰富,动态更新机制初步形成,信息现势性增强	基础地理信息资源有效覆盖全球,形成标准统一、网络互联的基础地理信息数据体系,基础地理信息要素和内容更加丰富,信息及时更新,基本实现各种尺度基础地理信息资源的协调一致,形成全国统一的一张图的良好局面
4	地理国情监测	地理国情监测能力显著提高,地理国情监测标准体系以及中央与地方上下联动、密切协作的地理国情监测机制基本形成,重点领域地理国情监测报告及时发布	地理国情信息成为政府管理决策的重要依据,形成地理国情监测技术体系和良好运行机制,具备对重要区域和重要领域的地理国情变化准实时监测的能力,地理国情监测成果和分析报告及时发布
5	测绘地理信息技术装备建设	测绘地理信息科技创新体系进一步完善,在数码航空摄影、激光雷达测量、遥感影像处理以及高端测绘仪器等方面形成一批具有自主产权的重大技术装备。发射测绘卫星 2～3 颗,遥感影像数据自主保障率达到 30%,基本满足国家应急测绘保障的需求。地理信息数据处理效率提高 5 倍以上,实现多源地理信息数据准实时处理	基本形成由系列测绘卫星、航空摄影平台、智能化测绘仪器等组成的地理信息快速获取体系,掌握大型地理信息系统和遥感影像处理系统等核心技术,一体化、自动化、集群式地理信息处理系统和装备成为各生产单位的主流配置。地理信息公共服务通过各种网络和平台惠及政府、企事业单位和社会公众,初步实现地理信息获取实时化、自动化处理和服务网络化
6	地理信息产业发展	地理信息产业规模显著扩大,产业结构趋于合理,全行业所需主要软件的国产化率达到 60% 以上,地理信息产业总产值达到 3 000 亿元以上,带动相关产业产值 20 000 亿元以上。5 年每年的增长率为 20% 左右	建成地理信息产业大国,形成一批具有国际竞争力的龙头企业,地理信息产品和服务较好满足社会需求。主要软件国内市场占有率 70% 以上,高端测量仪器国内市场占有率 50% 以上。地理信息产业总产值达到 6 000 亿元以上,带动相关产业产值 60 000 亿元以上

序号	项目	2015 年发展目标	2020 年发展目标
7	管理体制机制	测绘地理信息管理体制进一步健全、职能进一步强化、统一监管能力显著增强；基本完成《测绘法》《地图条例》等法规的修订，法规政策进一步完善；测地理信息绘事业队伍结构更完整、布局更合理、功能更完善	建立基本适应测绘地理信息现代化要求的行政管理体制、测绘地理信息法律体系以及测绘地理信息事业组织体系，统一、竞争、有序的测绘地理信息市场基本形成
8	人才队伍建设	形成 20 名左右测绘地理信息科技领军人才，5 名左右具有国际影响的测绘地理信息科学家和企业家、2.5 万人左右的注册测绘师，技能人才达到 15 万人左右，测绘地理信息人才队伍基本适应测绘地理信息发展的需要	形成分布更加协调、结构更加合理、适应测绘地理信息事业科学发展需要的测绘地理信息人才队伍。造就 10 位左右国际知名的测绘地理信息科学家和企业家，拥有一支 3.5 万人左右的注册测绘师队伍，技能人才总量达到 20 万人以上

五、战略任务

（一）建设信息化测绘体系

信息化测绘体系是地理信息获取、处理、管理、提供等业务流程及其应用服务信息化的具体体现，其本质是在现代技术装备支撑下，实现测绘地理信息为经济社会提供实时、准确、适用的服务。要按照政府主导、自主创新，多方共建、协调发展的基本方针，加强测绘地理信息技术自主创新，加快测绘地理信息装备和基础设施的更新换代，推动地理信息获取实时化、处理自动化、服务网络化，实现速度更快、精度更高和范围更广的测绘。

1. 发展地理信息实时化获取技术装备和基础设施

快速获取地理信息数据是提高测绘地理信息保障服务能力的基础和前提。要进一步加强统筹协调，建立多平台、多传感器和全天候、全天时对地观测体系，形成天、空、地立体化和一体化的全球地理信息获取能力，提高数据获取的及时性，满足地理信息更新和应急救灾等需要。加快北斗卫星导航定位系统在测绘地理信息领域的应用，发射满足测绘地理信息工作要求的高分辨率遥感卫星、激光测高卫星、重力卫星等系列测绘卫星,发展高、中、低空多种遥感测绘平台和高分辨率、高清晰度传感器系统,开发地面车载三维测量系统等数据获取装备,加快基于网络的地理信息数据采集系统以及水面、水下地理信息数据获取装备设施建设,形成地理信息数据快速获取装备体系,实现快速对全球或区域尺度的大范围数据获取和影像采集,提高地理信息获取精细度和测量精度。

2. 提升地理信息自动化处理和网络化服务装备与设施水平

地理信息处理自动化和服务网络化是测绘地理信息领域信息化水平的重要体现,也是提高地理信息处理能力和服务水平的基本要求。要适应地理信息影像化的需要,着力装备大规模并行处理及网络环境下遥感数据处理软件,突破光学遥感、合成孔径雷达、激光雷达等多种遥感平台数据处理瓶颈,实现遥感影像智能解译与变化信息提取、遥感影像多尺度分析等,从而形成高速网络模式下的并行分布式、一体化多源对地观测数据处理能力,有效提高各类地理信息数据处理的质量和效率。根据地理国情监测的要求,发展地理信息自动提取、综合统计和分析等软件平台。建立全国纵向联动、横向协同、互联互通、安全可靠的地理信息服务网络,提供网络化的地理信息快速访问、检索、浏览、下载等功能,全面实现地理信息"一站式"服务和全方位共享。

3. 推进测绘地理信息标准化建设

测绘地理信息标准是实现地理信息资源共建共享的重要前提。要进一步完善测绘地理信息标准化投入机制,加强标准化研究和制修订工作。重点加快制定信息化测绘体系、数字地理空间框架以及地理国情监测、测绘基准现代化、地理信息公共服务平台、海洋与海岛(礁)测绘、卫星测绘应用等方面的术语标准、技术标准和产品标准。根据测绘地理信息事业发展的新要求,修订现有基本地形图、基础地理信息数据等方面的获取、处理、存储、服务等标准,不断完善测绘地理信息标准体系,提高标准的时效性和适用性。建立统筹全国测绘地理信息标准化新机制,完善测绘地理信息标准形成与协调机制,建立健全测绘地理信息标准管理、测试与评价体系。积极参与国际标准化组织相关活动,增强我国测绘地理信息标准的国际化程度和影响力。

(二)完善数字地理空间框架

根据构建智慧中国、监测地理国情以及服务国防建设的要求,遵循着眼长远、关注全球,合理布局、分工协作的基本方针,着力统筹协调全国基础测绘工作,建设覆盖全球、内容丰富、现势性强的基础地理信息资源,不断完善国家级、省区级、城市级以及县级的数字地理空间框架。

1.加快测绘基准现代化进程

测绘基准现代化是测绘基准在形式和功能上发生重大变革的综合体现。要加强测绘基准建设的统筹规划和实施协调,充分发挥中央与地方的积极性,利用先进测绘地理信息高新技术手段,建立适应测绘地理信息化发展的平面控制网、高程控制网和重力基准网,最终实现平面、高程、重力网三网合一,形成由数量充足、布局合理、全国统一和共享的"一个网"(CORS网)的良好局面。大力推进国家2000大地坐标系(CGCS 2000)应用,加快建设卫星定位连续运行基准站网,构建高精度、三维、具有动态更新能力的平面基准。进一步精化似大地水准面,并在卫星定位连续运行基准站赋予高程信息,建设分布合理、动态稳定的国家现代高程基准。通过卫星、航空、绝对重力等手段建设高分辨率的重力测量基准。建设测绘基准信息管理服务系统,提升测绘基准数据处理、分析和服务能力。

2.积极推进基础地理信息有效覆盖

基础地理信息是综合自然、人文、社会信息资源的公共平台,具有很强的公益性,是全社会的宝贵财富。加强基本地形图无图区域的基础测绘,实现基础地理信息资源对我国全部国土的有效覆盖。要充分分析经济社会发展对基础地理信息数据的多尺度、多样化需求,特别是要围绕兴边富民、新农村建设、城镇化发展等方面的急需,加快陆地国土基础地理信息数据采集,实现各种尺度基础地理信息资源对陆地国土的必要覆盖,其中较大尺度的基础地理信息数据覆盖全部地级城市和一半以上的县(市)。要围绕海洋资源开发利用的需要,开展海洋测绘,实施海岸带测绘、管辖海域范围内海岛(礁)测绘以及相应基础地理信息资源建设;开展我国海域适当尺度的海底地形数据采集。要充分依靠测绘地理信息技术进步,逐步实现依比例尺和分级的地形图测绘向依地理实体的全要素全内容的基础地理信息数据采集的转变。

3．不断丰富基础地理信息数据内容

基础地理信息的要素类型、信息内容及其现势性,对于其广泛应用具有决定性意义。要加快建设有效覆盖全部国土的多类型、多尺度基础地理信息数据库以及高分辨率、多时相的遥感影像数据库。不断完善数字省(区)、数字城市地理空间框架,逐步形成由国家、省、市三级地理信息资源构成的数字中国地理信息资源体系。在丰富现有地形地貌、交通、水系、境界、地表覆盖、地名等核心要素基础上,进一步拓展地下管线、地名地址、地籍、三维街景以及生态、经济等方面的地理要素。与此同时,进一步拓展和细化各类基础地理信息要素的内容,适当增加相关属性信息,不断丰富基础地理信息数据体系。大力推进全国基础地理信息资源的优化整合、无缝连接和协调一致,建设全国统一、权威、共享的"一张图"。通过统筹协调全国基础测绘力量,完善测绘地理信息部门的基础地理信息层级联动更新机制,加快推进以大尺度基础地理信息数据更新小尺度基础地理信息数据;利用地理信息公共服务平台的服务机制,充分利用相关部门的专题地理信息数据促进基础地理信息更新;充分利用地理国情监测成果,推进基础地理信息数据更新。通过创新基础地理信息动态、持续更新的方法和模式,建立"一次数据采集,多级同步更新"的动态更新机制,实现基础地理信息的及时更新,显著提高基础地理信息的现势性。

4．大力丰富全球地理信息资源

掌握全球地理信息资源,是我国扩大对外开放,充分利用国际市场和资源,以及更广泛参与国际事务的必然要求,也是加强国防现代化建设的重要保障。要加快开展全球测图工作,构建覆盖全球范围的综合

地理信息数据库。要充分利用全球高分辨率、多源卫星遥感影像资料,并采取购买、合作、交换等多种方式,采集全球范围、特别是边境地区、南北极地区等重点和热点地区的影像和地理信息数据,建立全球较高分辨率和较高精度的遥感影像数据库以及地理信息数据库,并适时进行更新。

(三)加强地理国情监测

地理国情信息是科学管理与决策的重要依据。充分利用测绘地理信息先进技术、数据资源和人才优势,开展地理国情监测,为管理决策提供可靠和权威的地理国情信息,是测绘地理信息工作的重要使命。要按照反应迅速、真实权威、服务大局、有序推进的总体思路,加强地理国情信息的获取、处理、统计分析和及时发布,为各级政府、企业和社会各方面提供有力的管理决策支撑。

1. 构建地理国情信息本底数据库

在现有基础地理信息数据资源基础上,加快构建地理国情信息本底数据库。整合、分析现有基础地理信息数据及相关专业部门数据,充分利用现代测绘地理信息技术和信息技术手段,开展地形地貌、交通路网、地表覆盖、地理界限等重要地理国情信息普查。在地理信息普查成果的基础上,构建时点统一、标准一致的地理国情本底数据库。

2. 大力推进地理国情信息获取

充分利用现代测绘地理信息技术和信息技术手段,全面获取地形地貌变化、交通路网发展、地表覆盖演变(如耕地、林地、草地等变化)、城市扩张、水系变迁、环境污染、生态变化、地壳升降、海岸进退、冰川消融、沙漠化等地理要素变化信息。对各类主体功能区开发密度、资源环境承载能力、开发潜力及其主要指标进行动态监测和评价,监测城市群的发展变化情况、国家重点支持的水利基础设施建设情况、农业大宗产品主要优势产区的面积变化情况等,获取准确、丰富的地理国情信息。

3. 开展地理国情综合分析服务

根据管理决策的需要,着力开展国土面积、土地利用、道路、水资源、生产力空间布局以及生物多样性、自然灾害影响等各种自然地理、人文地理要素信息的集成整合与统计分析,揭示地理实体的数量情况和分布特征;加强与地理空间位置相关的经济社会信息的空间变化分析,揭示经济社会发展在地理空间上的内在联系及发展规律,动态展示国家重大战略、重大工程实施进展成效,为管理决策提供综合、客观、准确的地理国情数据支持,促进管理决策的空间化和科学化。

4. 建立健全地理国情监测工作机制

地理国情监测是一项持续的、复杂庞大的系统工程,需要建立顺畅有效的工作机制。要加快调整基础测绘工作内容,切实把地理国情监测作为测绘地理信息工作的重点任务,放在特别突出的位置大力推进。要按照长、中、短不同周期和大、中、小不同尺度以及国家、省、市、县不同范围,建立健全各级测绘地理信息部门既分工明确、又统筹协调的工作机制。调整重要地理信息数据审核和发布机制,强化测绘地理信息部门相关职能,由测绘地理信息部门适时发布地理国情监测报告。加强与有关部门的沟通协调,建立地理国情监测标准体系,科学制定地理国情信息分类和编码、监测工艺和技术规程、产品体系与产品模式等标准规范。建设一支覆盖全国、分布合理、满足地理国情监测要求的专业化人才队伍,确保地理国情监测的顺利实施。

(四)提升测绘地理信息公共服务

测绘地理信息公共服务是各级政府履行公共服务职能的重要体现,主要是由测绘地理信息部门提供的非营利性测绘地理信息公共产品和服务。要紧密围绕经济社会发展大局、特别是对基本公共服务的需要,按照需求牵引、重点突出,上下协同、科技推动的基本方针,不断加强测绘地理信息公共产品开发,着力提高测绘地理信息公共服务水平。

1. 发展地理信息公共服务平台

地理信息公共服务云平台是未来测绘地理信息公共服务中最重要、最普遍和最有效的机制与模式,是测绘地理信息转型发展的重要标志,在测绘地理信息公共服务中具有十分突出的地位,对于转变测绘地理信息发展方式、提升测绘地理信息工作的地位和作用具有非常重要的意义。要按照统一设计、分建共享,统一部署、分级投入的原则,建设由国家、省、市、县多级平台组成的全国地理信息公共服务云平台,形成全国统一、共享的"一个平台"。建设广域网络接入、数据存储备份与安全保密的软硬件环境,建成基于电子政务内、外网的网络化运行环境,纵向上实现国家、省、市、县多级平台的互联互通、信息共享和协同服务,横向上为政府及有关部门、军队测绘部门和社会公众提供在线地理信息服务,更好地满足国民经济和社会信息化建设的需要。

2. 加强应急测绘地理信息保障服务

充分发挥测绘地理信息在突发公共事件应急处置中的作用,为自然灾害、事故灾难、公共卫生事件、社会安全事件等突发公共事件的防范处置提供及时、有效的测绘地理信息保障服务,是测绘地理信息部门的重要职责。要进一步加强全国测绘地理信息应急服务的统筹协调,不断健全应急服务机构,创新服务机制,建立完善的应急测绘地理信息服务体系。着力加强应急服务能力建设,充分利用信息化测绘地理信息技术、装备和基础地理信息资源,快速实施灾情监测,紧急制作现势性强、精度高的测绘地理信息产品,及时发布灾情地理信息,开发基于地理位置的公共应急管理指挥系统,为抗灾救灾和灾后重建提供决策依据和手段支撑。成立专门的测绘地理信息应急机构,加快建设从中央到地方多级互联、专兼职结合的测绘地理信息应急保障队伍,强化测绘地理信息与应急、减灾、防汛抗旱等部门的协调和信息共享,确保在重大公共事件发生时,能够有序和高效地进行地理信息的统一获取、快速处理和及时提供。

3. 创新测绘地理信息公共服务内容与方式

充分利用各级基础地理信息数据及相关成果资料,着力开发品种类型齐全、要素内容丰富、使用方便快捷、有效覆盖全部国土的地形图数字产品及纸质产品,不断推出适用、好用的公众版系列地形图以及国家和区域地图集等,更好地满足全社会对测绘地理信息公共产品的需要。依托国家现代化测绘基准体系,提供更加丰富的测绘基准信息产品,满足经济社会发展对高精度、全覆盖、三维、动态测绘基准信息的需求。进一步加强测绘地理信息档案资料数据库建设,强化测绘地理信息档案信息化服务,充分发挥测绘地理信息档案资料在地理国情分析、测绘地理信息项目规划设计等工作中的基础参考作用。充分利用网络通信技术,提供在线地形图与基础地理信息服务,全面实现提供基础地理信息数据向提供地理信息综合服务的转变。进一步增强通过手机、电视、电脑以及各种便携式设备等媒介提供测绘地理信息服务的能力,建立便捷高效的测绘地理信息公共服务新模式。

(五)壮大地理信息产业

地理信息产业是高新技术业和高端服务业,具有发展快、效益高、贡献大以及需求广、潜力足、前景好等特点,是高速增长的战略性新兴产业,对于促进经济发展方式转变具有重要作用。要积极发展地理信息新型服务业态,按照政策引导、市场推进,培育需求、拓展消费的基本方针,着力推动地理信息企业发展,提高地理信息社会化应用水平,满足经济社会发展对全方位地理信息服务的需求。

1. 推进地理信息资源开发利用

加强地理信息资源开发利用是地理信息产业发展的核心内容之一,对于推动现代服务业发展具有重要意义。要根据政府、企业、社会以及人们生活的实际需要,大力开发地理信息社会化应用产品,加快发展车载导航、手机定位、便携式移动导航、互联网地理信息服务以及电子商务、智能交通、现代物流等方面的位置服务产品,不断拓展地理信息应用的深度和广度,提高地理信息产品附加值,充分满足经济社会发展对地理信息服务日益增长的现实需求。要充分利用现代高科技产品、特别是消费电子产品承载地理信息服务的能力,积极创造和培育新的需求、新的市场,开发基于地理信息的电子游戏产品、地理信息电视频道或栏目、基于数码相机的位置服务产品以及物联网位置服务产品等,满足各类个性化需求和大众需要,全面拓展地理信息消费市场。

2. 加快技术自主创新步伐

发展拥有自主知识产权的先进测绘地理信息技术,是推动地理信息资源开发利用的重要基础,也是增强地理信息产业核心竞争力、占领地理信息产业制高点的重要途径。要紧紧围绕测绘地理信息事业发展的战略任务,坚持"自主创新、重点跨越、支撑发展、引领未来"的基本方针,不断完善创新体系,提高创新能力。进一步确立企业在自主创新中的主体地位,充分发挥市场配置科技资源的基础作用,尤其要为企业参与科研活动创造经费、政策等支撑条件。要按照地理信息获取实时化、处理自动化、服务网络化、应用社会化的总体趋势和要求,切实加强相关领域的前沿技术和关键技术攻关,大力发展卫星导航定位、全天候对地观测和影像快速处理、移动测量、虚拟现实、时空网格地理信息系统以及地理信息安全保密处理等方面的核心技术,为推动测绘地理信息事业科学发展提供有力的科技支撑和强大动力。

3. 发展自主产权的装备与设施

引导和推进现代高端测绘地理信息技术装备制造业的资源整合,形成若干具有自主创新、集成创新能力的核心技术装备研发中心,促进技术装备制造业的合理布局。重要科研、产业化示范项目等方面经费要大力支持专、精、特以及中、高端测绘地理信息技术装备发展,不断扩大国内市场份额,拓展国际市场空间,彻底改变测绘地理信息领域装备制造业落后的局面。要切实加强自主品牌构建,集中力量发展航天、航空、低空等对地观测数据快速获取技术装备与设施,发展地理信息自动化处理、网络化服务技术装备,形成一批具有自主知识产权的重大技术装备和重要基础设施生产基地,推进"中国制造"向"中国创造"转变。完善促进测绘地理信息领域技术装备制造业发展的政策措施,在政府采购中加大选择具有自主知识产权技术装备的力度,为加快测绘地理信息领域技术装备制造业发展营造更加有利的环境条件。

4. 积极开拓国际测绘地理信息市场

通过资源、技术、政策等方面的支持,以地理信息产业园区为依托,发展一批具有国际竞争力的测绘地理信息龙头企业,提高地理信息产业的整体水平和核心竞争力。积极实施测绘地理信息"走出去"战略,举办和参加测绘地理信息领域的国际展览展会,通过交流与合作,开拓企业的国际视野,引进先进技术、产品与服务,为企业全方位参与国际市场竞争创造条件。充分利用我国人力成本优势和地理信息产业资源优势,大力发展地理信息外包服务,积极接纳发达国家的地理信息产业外包业务,努力打造地理信息数据加工等信息服务外包特色品牌,全方位、多层次开拓国际市场。扩大地理信息产品出口,输出具有自主知识产权和高附加值的地理信息产品、技术和装备,不断提高国际市场占有率。支持有条件的企业到境外开展并购、合资、参股等投资业务,收购相关技术和品牌,带动地理信息产品和服务出口。

六、战略行动

(一)测绘基准现代化

测绘基准是一切测绘地理信息活动的基础。随着我国经济社会发展以及国防现代化建设步伐的加快,各方面对现代化测绘基准的需求越来越迫切。实施测绘基准现代化行动,就是要全面推广地心坐标系统,统筹解决测绘基准现势性差、陆海基准不统一、动态服务功能不完善等突出问题,形成全国统一、高精度、地心、动态测绘基准体系。通过全国一个网,为地球科学、空间科学、海洋学、气象学等科学研究,以及资源开发利用、生态环境保护、人们生产生活等提供精准的地理空间参照基准。

测绘基准现代化行动的主要任务是:在全国建立总规模为2 500个左右、分布合理的国家级 GNSS 连续运行基准站,建立覆盖全国的 10 000 个左右卫星大地控制点,建设 VLBI 与增强 SLR 台站;建设国家高等级高程控制网,形成由 27 400 个一等水准点组成的路线全长

12.2 万千米的国家高程控制网；完成全国厘米级似大地水准面精化，实现陆海高程统一；对 48 个 1°×1° 重力获取困难地区进行重力梯度测定。最终形成全国统一和共享的现代化测绘基准一个网。建设现代化测绘基准通信网络服务设施。建立测绘基准数据处理分析服务中心，发展测绘基准信息服务。完善我国自主导航卫星系统广域差分定位功能，建立自主导航卫星系统的地面测试、运行和维持系统，建设配套的产业基地。

"十二五"期间，在全国新建 1 810 个卫星导航定位连续运行参考站，整合其中约 1 500 个参考站资源。进行高等级高程控制网的布设和改造，完成国家大地水准面的精化和细化，开展国家重力基准基础设施建设，建立测绘基准数据处理分析服务中心和综合导航定位服务平台。

（二）海洋测绘

21 世纪是海洋的世纪，是全世界大规模开发利用海洋资源、扩大海洋产业、发展海洋经济的新时期。海洋已经成为全面建设小康社会的战略资源基地和中华民族长远生存发展的重要空间。海洋基础地理信息是进行海洋开发利用的必要支撑。加强海洋测绘工作，就是要获取现势性好的海洋基础地理信息数据，构建覆盖全部我国管辖的海洋数字地理空间框架，为海洋开发利用和海洋权益保护等提供基础地理信息资源支持。

开展海洋测绘工作的主要任务如下：

（1）实施海岛（礁）测绘工程。建设与陆地统一的海岛（礁）测绘基准，包括至大陆架、外大陆架区域的测绘基准建设，为海洋测绘、海域划界、远洋开发等提供统一的测绘基准。完成我国主张管辖的海岛（礁）精确定位和大比例尺地形图测绘工作，建设我国海岛（礁）基础地理信息数据库。

（2）实施海岸带测图工程。进一步完善海岛（礁）测绘基准体系，将国家平面、高程、深度和重力基准的首级控制扩展到南沙群岛，实现

海岛（礁）测绘基准覆盖我国海洋国土的工程目标。全面开展
1：2 000 至 1：1 万海岛（礁）大比例尺测图,建立海岸带基础地理信
息数据库。

（3）实施大陆架海底测绘工程。开展我国管辖海域海底基本地形
图测绘工作,建设相应的基础地理信息数据库。

"十二五"期间,进一步完善海岛（礁）测绘基准体系,完成我国主
张管辖海域的海岛（礁）精细识别定位;完成 1：2 000 至 1：1 万海岛
（礁）大比例尺测图 28 500 多幅;编制出版海岛（礁）系列图与专题地
图;完善海岛（礁）空间数据库与数据系统,建设数字海岛和海岛（礁）
测绘多层次应用服务系统。

（三）地理国情监测

未来 20 年将是我国进一步大发展、大建设时期,也是地表自然和
人文地理要素快速变化的时期。充分利用测绘地理信息技术优势、资
源优势和人才优势,开展地理国情监测与统计分析,为政府、企业和社
会各方面的管理和决策提供可靠和权威的地理国情信息,是新时期测
绘地理信息工作的重要任务。开展地理国情监测,获取地表与空间位
置相关的各种自然和人文地理要素变化信息,是测绘地理信息工作重
心由静态地理信息获取向地理信息变化的动态监测、统计分析和综合
服务的重大转变,也是创新测绘地理信息服务方式和内容、拓展测绘地
理信息服务于国家宏观调控的力度和深度的必然要求。地理国情监测
的主要任务包括:

（1）建立地理国情监测的技术规范和标准体系。着力研究地理国
情监测有关重大科技问题,开发针对地理国情监测、统计、分析的技术
方法、工艺流程以及相应的软件系统。建立地理国情监测标准体系,确
定地理国情信息内容和分类编码、数据模型、监测技术规程以及监测周
期等。

（2）实施重点领域和地区的地理国情监测工程。充分利用测绘地
理信息技术、装备、资源、人才等条件,确立不同周期、尺度及范围的地

理国情监测机制,开展对经济发展空间布局、生态环境变化、城镇化演变以及全国地形、水系、沙漠等典型要素的专题监测和分析,为政府、企业和社会各方的管理和决策提供可靠、权威的地理国情信息。开展与基础地理信息更新同步的地理国情信息常规监测和变化分析,实现对重要区域、自然灾害影响、地壳沉降以及海岸进退等地表形态变化,开展按年度或一定周期的监测与分析,形成实时监测与分析能力。

(3)丰富和完善地理国情信息产品体系。根据监测对象以及监测内容,形成地理国情监测的专题报告或综合报告,出版各类地理国情信息图集,构建网络化地理国情信息服务平台,形成种类丰富、形式多样、表现灵活的地理国情监测系列产品。

"十二五"期间,主要开展基础地理信息数据库更新维护、国家基础遥感影像数据库建设,实施重要地理信息统计分析,开展全国地理国情普查和地理国情监测试点,建立地理国情监测相关机制、技术体系和标准规范,发布重点领域地理国情监测报告。

(四)智慧城市建设

城市是政治、经济、社会、文化、生态等诸多要素最集中、发展最活跃、信息最丰富的区域,也是对测绘地理信息保障服务需求最迫切、要求最高的区域。未来20年,我国城市化率将快速提升,城市将成为大多数国民的生活空间。要以智慧城市建设为突破口,进而加快智慧省区、智慧中国建设。开展智慧城市建设行动,主要目的是为城市信息化建设、政府部门间信息共享、政府宏观管理决策、经济社会可持续发展和人民日常生活等提供智能化的地理信息服务和技术支撑。主要任务包括:

(1)加快地理信息资源的全覆盖。满足城市、城镇、乡村智慧运行与管理的需要,加快推进1:1万及更大比例尺地理信息资源建设,加快城市和乡村地理信息的有效覆盖,实现基础地理信息的按需更新,大力提高地理信息资源的适用性。

(2)扩大地理信息资源战略储备。通过实施地理国情动态监测,分类开展地理信息资源建设,着力开发有利于促进各行各业特别是民生、环保、公共安全、应急救急、工商业等领域能够迅速做出智能响应和智慧决策的地理信息资源,不断增加地理信息资源储备。

(3)加强智能化地理信息技术装备建设。以实现地理信息获取实时化、处理高效化、服务智慧化为重点,紧密结合物联网、云计算以及新一代信息技术等发展情况及演变趋势,加强智能化地理信息技术装备研制与建设,推进时空信息云平台建设,切实提高地理信息生产水平和服务水平。

(4)大幅提升地理信息交互能力和水平。围绕智慧城市建设中各行业发展需要,不断完善地理信息公共服务平台(公众版、政务版、涉密版)服务内容和功能,并以其为基础构建地理信息实时交互平台,与国家物联网形成对接,以最快的网络速度提供行业应用所需资源和信息,大幅提升地理信息的传输效率,能以最佳速度上传下载接收各类信息资源。

(5)加快建立智慧城市建设的标准体系。围绕智慧城市建设目标任务,针对地理信息资源集约化建设、地理信息高效交互、地理信息服务智能化的具体要求,加强与部门行业的沟通和互动,结合各行各业各领域实现智慧运行与管理对测绘地理信息(技术、系统、产品和服务)的现实需要,加快建立地理信息资源建设、服务应用等方面的统一标准。

"十二五"期间,完成全国地级以上和有条件县级城市数字城市建设工作,开展数字城市应用推广工作,每个城市地理信息公共平台应用增加到10个以上。积极提升技术水平,完善智慧城市技术方案,开展10~20个智慧城市建设试点。

(五)地理信息公共服务

大力开发公共产品,完善公共服务体系,是切实转变政府职能、加快建设服务型政府的基本要求。《国务院关于加强测绘工作的意见》明确提出,要大力提高测绘地理信息公共服务水平。实施测绘地理信息公共服务多样化行动,就是要充分发挥各级测绘地理信息部门的力量,为经济社会发展和人民群众生产生活提供更加多样、更加可靠、更加实用和更加高效及时的测绘地理信息公共产品和服务,这是推进服务型政府建设的重要举措,也是不断提升测绘地理信息公共服务能力和水平的基本要求。主要任务如下:

(1)构建全国地理信息公共服务平台。稳步推进国家地理信息公共服务平台"天地图"建设,以及平台运行支持系统,包括网络接入系统、服务器与存储系统、安全保密系统等建设。制订公共服务平台建设技术规范及共享、服务、运营管理办法。整合基础地理信息数据,开发地理信息公共服务平台数据体系以及基于涉密网的政务版和基于非涉密网的公众版地理信息在线服务系统,向各级政府、专业部门及公众提供"一站式"地理信息服务,使其成为各级政府及相关业务部门日常工作的基础平台和重要工具。

(2)开发各种基于地理信息的政府管理决策支持系统。结合各级领导机关以及政府部门的实际工作需要,充分利用地理信息资源整合其他各类专题信息资源,大力开发多样化、智能化的地理信息辅助决策支持系统,为各类管理决策提供重要工具。

(3)编制各类公益性地理信息产品。编制领导机关专用地图(集),推出系列公开版地形图、国家和区域大地图集以及地理国情监测专题图(集),编制行政区域界线标准画法样图和系列标准地图等。

(4)开展农村地区基础地理信息服务。紧密结合新农村建设需要,实现比例尺大于1∶2 000的地形图对乡村的有效覆盖,推进"一乡一图"、"一村一图"工程。大力开发各种适农惠农测绘地理信息产品,加快农村基础地理信息系统和农村地理信息公共服务平台建设,为社会主义新农村建设提供及时、可靠、实用的测绘保障服务。

(5)加快边疆地区基础地理信息资源建设。加快边疆地区基础地理信息数据获取、建库与更新,实现边疆地区的基础地理信息资源充分覆盖,提高产品现势性和适用性,满足边疆建设与发展需要。

"十二五"期间,推进地理信息公共服务平台"天地图"建设,并实现分别基于涉密与非涉密网络的互联互通,向全社会提供"一站式"地理信息服务。积极推进政府管理与决策测绘地理信息保障服务、公益性地图编制、兴边富民测绘地理信息保障服务以及新农村建设测绘地理信息保障服务。

(六)地理信息产业

大力推进地理信息的社会化利用,形成一批特色鲜明、创新能力强、产业配套完备、产值规模超过百亿元的地理信息产业基地,培育百亿元规模的龙头企业,发展知名品牌,带动一大批充满活力、专业性强、有特色的中小企业发展。形成全国统一、多级联动的地理信息安全管理与监控体系,实现对地理信息分发、审批、应用跟踪与监控全过程信息化,全面提高地理信息管理、分发与服务过程中的安全防范能力和快速响应能力。

(1)开展地理信息应用示范。稳步推进自主知识产权的地理信息技术创新、装备制造、新产品开发和应用示范,大力推进地理信息在智能交通、现代物流、物联网、三网融合等方面的应用,积极开展地理信息电视频道或栏目、基于地理信息的电子游戏、实景地图、三维地图等方面的应用示范,发展地理信息创意产业,带动关联产业发展,促进经济转型升级。

(2)推进地理信息产业基地建设。加强对全国地理信息产业基地建设的统筹规划,积极推进国家以及地方地理信息产业园区或产业基地建设,形成一批具有一定规模和影响的地理信息产业园区。推动地理信息企业向特色园区集中,通过多种形式,将具有自主创新技术和产品优势的企业引入产业园区,发挥园区的企业孵化器作用和产业集群效应。

"十二五"期间,形成较为完整的地理信息产业发展促进政策,地理信息资源的开发利用取得明显进展,基本形成互联网地理信息安全监管平台,初步建成8~10个地理信息产业园区。

（七）全球地理信息资源建设

建立军民测绘地理信息统筹建设、融合发展的管理体制和运行机制，建设多元、多尺度、多分辨率的全球地理信息数据库，较好满足国民经济建设和社会发展对全球地理信息资源的需求。

（1）加快多尺度全球基础地理信息资源建设。测制121个边境口岸和重点城镇的1：2 000、1：1 000、1：500地形图；获取我国周边和重点关注地区1：5万、1：1万、1：5 000基础地理信息数据；测制全球1：25万矢量地图。

（2）开发全球30米分辨率地表覆盖数据产品。根据全球气候变化研究对土地覆盖数据的需要，研究解决基于基准年度的全球30米地表覆盖遥感信息规模化分类提取、样本采集以及精度评价中的有关工程组织技术问题，建立能满足全球地表覆盖制图需求的训练和检验样本库。利用多源遥感影像数据和参考资料，按照2~3年生产一期数据的频度，生产全球30米地表覆盖遥感数据产品。

（3）开展极地测绘工作。建立并持续精化极地测绘基准框架；发展极地冰雪环境下地图测绘技术，利用星载、机载、地面不同时间和空间尺度的多源观测数据，实现重点地区的大中比例尺覆盖和1：25万比例尺全覆盖。为研究南极在整个地球系统中的作用以及和平开发利用南极资源提供有效的测绘地理信息服务。

"十二五"期间，获取我国海岸带及边境周边和城市口岸的大比例尺地形图数据，开展全球测绘，获取高质量遥感影像数据及矢量数据。开展极地测绘基准建设与维持、多源数据获取、不同比例尺数据生产和数据产品应用服务技术研究和生产性实验。

（八）测绘卫星建设

针对航天遥感影像获取能力与测绘地理信息事业发展需要不相适应的现状，积极推动我国测绘卫星事业的发展，建成多种分辨率、多种覆盖宽度、多种重访周期、稳定运行的全天时、全天候航天测绘对地观测体系。除导航定位卫星国家已有规划外,系列测绘卫星建设行动的主要任务是,研制发射高分辨率光学卫星、干涉雷达卫星、激光测高卫星和重力卫星,全面提升我国自主知识产权的高分辨率卫星遥感影像获取能力,建立我国自主卫星遥感影像分发服务体系。

(1)加快形成测绘卫星系列。大力发展资源三号卫星的后续卫星,推进多光谱、多实相的高分辨率立体测图卫星、干涉雷达卫星、激光测高卫星、重力测量卫星建设,形成由高分辨率光学卫星、干涉雷达卫星、激光测高卫星、重力卫星和导航定位卫星组成的、具有长期稳定运行能力的测绘卫星系列。

(2)推动测绘卫星应用体系建设。建设多种对地观测卫星地面几何检校场,建设测绘卫星的运行管理、高精度标定以及卫星影像业务化处理、规模化生产、存储与管理、产品分发和服务等方面的硬件和软件系统。强化卫星测绘技术支持、数据生产以及应用服务机构。

(3)促进北斗导航卫星的测绘地理信息应用。突破北斗卫星导航产业链各个环节的关键技术,建立并维持我国基于北斗卫星导航系统的自主地心动态大地测量基准,实现卫星大地测量技术自主性。开发基于北斗卫星导航定位的系列终端和系统软件,形成一批具有民族品牌和国际竞争力的卫星导航软硬件产品,实现对国内外四大 GNSS 系统的集成应用。

"十二五"期间,推动资源三号立体测图卫星后续星的立项,建成相应地面应用系统并投入使用。开展激光测高卫星和重力卫星的前期论证、研制。开展北斗导航终端关键技术研究与测试、基于北斗的我国自主地球参考框架的建立与维护、北斗地理信息服务技术开发等。

(九)测绘地理信息科技创新与装备现代化

装备决定能力,技术决定水平。实施测绘地理信息科技创新与装备现代化行动,大力提高测绘地理信息技术与装备支撑能力,是加快推进信息化测绘体系建设、全面增强测绘地理信息保障能力和服务水平的重要举措。要以自主创新为主线,不断完善测绘地理信息科技创新体系,加强测绘地理信息基础理论研究和关键技术攻关,显著增强地理信息实时获取、快速处理、应急测绘保障、野外安全生产和生活保障等方面的测绘地理信息装备能力,全面提升测绘地理信息生产力水平。主要任务包括:

(1)实施测绘地理信息科技自主创新工程。通过国家和部门重大专项支持,开展高精度测绘基准建设、航空航天遥感以及地理信息系统等方面的关键技术研究,在重要核心技术领域取得突破性进展。推动产、学、研、用的有机结合,降低关键领域技术对外依存度,全面缩小与国际先进水平的差距,实现测绘地理信息科技由引进吸收再创新向全面自主创新转变。

(2)建设现代化测绘地理信息技术装备及应急测绘保障能力。通过高新技术设备配置,建设卫星遥感数据获取系统、航空遥感数据获取系统、地面测量数据获取系统以及水下测量数据获取系统等。应急测绘保障系统重点建设应急数据获取、处理、提供和服务等方面的技术装备和基础设施。野外安全生产和生活保障系统重点建设野外安全生产监控、救援和保障等方面的系统。辅助支持系统重点建设测绘地理信息成果质量检测系统、测绘地理信息仪器检定系统、协同化业务管理系统等。

(3)发展航空遥感测绘平台。建设中空、低空飞行平台,配备兼容应急、航空摄影测量、科研实验需要的中空长航时测绘遥感飞机和无人驾驶飞艇测绘遥感系统,装备满足测绘需要的大面阵、宽覆盖、高几何精度智能传感器、低空轻小型摄影测量相机、无人驾驶飞艇用空中视频监控与传输设备。建立航空遥感检校场以及地面模拟飞行测试的实验室和实验装置。

(4)提高测绘地理信息仪器和测绘质量检测能力。从布局全国测绘计量检测能力着手,对检测环境、标准器具状况和人员业务素质等构成检测能力的相关要素进行评估,建设布局合理、功能完备的测绘计量中心站。

　　"十二五"期间,主要开展现代化测绘地理信息技术装备及应急测绘保障能力项目建设,大幅度提高外业测绘技术装备水平,显著改善外业测绘地理信息人员的生活条件和安全生产条件。

第3章　基础地理信息资源建设

　　物质、能源与信息是社会文明的三大支柱,是推进社会发展的基本要素。基础地理信息资源是重要的信息资源,是国家信息化基础建内容之一。数字地理空间框架是基础地理信息数据资源的集中体现,是国家空间信息基础设施的重要组成部分,对于构建智慧中国、智慧城市,推进信息化、城市化以及国防现代化建设等具有广泛和深刻的意义。作为数字地理空间框架核心内容的基础地理信息数据,是最基本、最重要、最常用的基础地理信息资源,一方面为研究与观察地球、进行经济社会活动的地理空间分析提供了最基础的公用数据集,另一方面为用户添加多种与位置有关的其他信息提供了空间定位参考。建立和不断完善数字地理空间框架是基础测绘的核心任务。

　　为了适应构建智慧中国、监测地理国情的要求,基础地理信息资源建设要立足于基础地理信息资源的基础性、公益性特征,强化政府的职责和主导作用,加强全国基础测绘的统筹协调和军地合作,推进全国基础地理信息资源的优化整合、无缝连接和协调一致,形成全国统一、权威、共享的"一张图"。不断丰富基础地理信息内容,提高信息现势性,对内满足经济建设、社会发展、国防现代化的需要,对外满足经济全球化、应对全球环境变化和突发性事件的需求。

一、现状和趋势

　　美国于1993年提出建设国家信息高速公路(NII),1994年接着提出建设国家空间数据基础设施(NSDI),其初衷就是为了加速地理信息数据交换标准化、加快地理信息资源整合、建立大范围的地理信息交换网络,同时通过建设"空间数据基础设施",为信息高速公路上的数据传输提供地理信息资源,使得全社会能对地理信息数据实行充分的利用和共享;1998 年 1 月,美国又提出了"数字地球"的构想,以多分辨率、海量地理数据来支撑真实地球的三维表示。由此,国际上揭开了建设"国家空间数据基础设施"与"数字地球"的序幕,2004 年美国 Google(谷歌)公司推出 Google Earth,随后 NASA 的 World Wind、日本的 GlobeBase 等许多数字地球共享平台相继出现;2005 年,国际地球观测组织宣布,将用 10 年时间建成全球对地观测系统,全球空间数据基础设施进入发展的高峰。

有关数字地球、空间数据基础设施、地理空间框架的国家战略意义得到了党和国家领导人的高度重视。1998 年 6 月,江泽民同志在接见两院院士时特别谈到"数字地球"的意义;2003 年 3 月胡锦涛同志在中央人口资源环境工作会上明确提出"推进数字中国地理空间框架建设,加快信息化测绘体系建设,提高测绘保障服务能力";温家宝同志要求"加快国家基础地理信息系统建设,构建数字中国地理空间框架。积极促进国民经济和社会信息化,全面提高测绘保障能力和服务水平";2011 年,李克强同志在视察中国测绘创新基地时强调,要丰富基础地理信息资源,推进数字城市建设。党和国家领导人的讲话,推动了我国数字地理空间框架建设步伐。

(一)国外发展现状

1. 加快测绘基准现代化改造

全球大地坐标框架建立并不断完善,向世界各国提供了精密、动态的地心坐标。为满足经济社会的需求,许多国家纷纷对本国测绘基准进行了现代化改造,主要是结合全球及区域性大地坐标框架提供的数据建立本国的地心坐标,并使用各种手段进行高程基准的精化。

全球地心坐标参考框架 ITRF 从 20 世纪 90 年代初到目前已经发布了 10 多个版本,目前最新的版本为 ITRF 2008。与传统的大地测量参考框架不同,ITRF 提供一种动态的地心坐标框架系统,这种动态地心坐标框架通过分布全球的一组 GPS 跟踪站的站坐标和站速度来体现。而这种站坐标和站速度则是通过高精度的空间大地测量观测手段（如 GPS、SLR、VLBI 等）获得。

由于高精度水准测量目前还没有其他技术可以替代，因此高精度的高程基准传递仍然需要采用水准测量技术，水准点至今仍是传播高程基准的主要设施。但是美国准备采用 GPS 的连续运行站（CORS）和时变的重力大地水准面模型相结合的技术来解决或缓解这个难题。欧洲提出建设欧洲联合大地网（ECNG），在 ECNG 的点上进行多种卫星定位、超导重力仪测量、定期的水准和绝对重力复测，这些点可以通过 GPS 水准和全球重力场模型的结合，将欧洲高程基准系统（EVRS）和全球高程系统联系起来。

2. 形成更加丰富的地理信息资源

世界各国政府都十分重视基础地理信息数据的生产、更新及其建库工作。20 世纪 70 年代以来，各国先后开展了基本比例尺数字地形图的测绘，迄今为止，已有 100 多个国家启动了基础地理信息数据库的建设。总体上看，发达国家的基础地理信息数据库的完整性好、一致性强、信息量大，数据现势性好、精度高。

美国地质调查局（USGS）已经建成了全国 1：2.4 万地形、高程、地名、土地覆盖数据库以及 1 米分辨率的正射影像数据库。USGS 最近发布了最新的美国地形图（US Topo）。US Topo 数字地图设计类似传统纸质地图，与纸质地图不同的是，US Topo 利用技术优势，可以支持更快速、广泛的公共传播，用户可以在屏幕上进行基本的分析。主要的数据图层包括正射影像、道路、地名、等高线以及水文数据等。2009 年 6 月，美国航天局（NASA）与日本产经省（METI）共同推出了最新的全球数字高程数据，它是根据 NASA 的新一代对地观测卫星 TERRA 的详尽观测结果制作完成的。这一全新地球数字高程模型包含了日本先进星载热辐射和反辐射计（ASTER）搜集的 130 万个立体图像。NASA 的科学家称，这是世界上迄今为止可为用户提供的最完整和一致的全球数字高程数据。此前,最完整的地形数据是由 NASA 的航天飞机雷达地形测绘任务提供的,此项任务对位于北纬60°和南纬57°间地球80%的陆地进行了测绘,而新的 ASTER 测绘数据则将覆盖范围扩展到了地球99%的陆地(从北纬83°到南纬83°之间)。新数据中每个测量点间的间隔距离为30米。目前,美国正在测制北极地区海底地形图,并启动了一个名为"透明地球"的项目以测制全美地下三维结构图。今后,三维数据、街景数据、各类雷达影像数据等新型地理信息产品必将在各国测绘部门中日益得到普及和应用。

英国陆军测量局(Ordnance Survey)于2000年初提出了数字国家框架计划(digital national framework,DNF),其主要目的是向全国各行业提供权威的、一致的和可维护的数据框架。在 DNF 项目支持下,2001年11月英国陆军测量局推出了名为 MasterMap 的大比例尺地形数据库,包括建筑物、构造物、道路、土地、行政边界、水系、遗迹、高程、铁路等9个专题的数据,共定义了全英4亿个自然和人工要素。DNF从根本上提高了英国地理空间数据的质量和功能。目前英国军械测量局已完成全国范围1∶5万、1∶25万以及城市地区1∶1 250、农村地区1∶2 500、山区及荒地1∶1万矢量地图。

加拿大地理信息署(Geomatics Canada)已完成1∶25万地形数据库和南部人口稠密地区的1∶5万地形数据库。2009年,加拿大成功绘制了世界上首张北极地区综合地图。加拿大政府计划未来5年内绘制加拿大北部能源和矿藏地图。

法国国家地理院建成了内容详尽的全国1∶2.5万地形数据库(BDTOPO)和1∶5万地图数据库(BDCARTO)。

德国建立了覆盖全国的1∶2.5万地形数据库,并以此为基础,更新建设了全国1∶20万数字线划模型(DLM)和1∶100万数字地物模型(DKM)。

瑞士测绘局正在开发新型地理信息产品——三维地形景观模型(3DTLM)。3DTLM 共包含10层要素,每个地理数据均有三维坐标,在

X、Y、Z 方向的精度都优于 1 米。3DTLM 建成后,将使瑞士地理信息数据的更新更为便捷、周期更短。

日本是亚洲地区最早开展基础地理信息数字化建库的国家,已建成了覆盖全国的 1:2.5 万矢量地图数据库、部分地区的 1:2.5 万数字正射影像数据库、1:20 万数字地图和数字正射影像数据库以及城市 1:2.5 万、乡村 1:5 万的数字道路图。

3. 加快基础地理信息数据更新步伐

地理信息数据更新是实现数据可持续性服务的前提,发达国家的基础地理信息数据现势性普遍较好。

美国地质调查局承诺在 2010 年建立实时数据更新机制,将数据的现势性保持在几天或数月之内。英国每年安排 7 万平方千米的航摄任务,基础地理信息数据约 3 年全部更新一次。2007~2008 年,英国陆军测量局开展了一个系统地更新英国乡村最详细地图的项目,所有的主要要素如居民地、工业和交通设施等在 6 个月之内完成了更新。芬兰 2008 年完成了现有 1:1 万地形图的更新,计划每 5~10 年全面更新一次地图数据和地籍数据,每年对行政区划和道路进行更新。日本利用全球卫星定位系统(GPS)和 360 度全景照相机,能够将 GPS 提供的位置信息和来自全景照相机的图像信息组合起来,自动检索出建筑物所处位置。应用这种图像识别技术,就可以在街道情况出现变化时迅速更新城市地图。

(二)国内发展现状

1. 政府积极引导

数字地理空间框架建设受到各级政府的高度重视。2000 年 5 月,国家测绘局正式提出构建数字中国地理空间基础框架的发展目标,并将其列入国家测绘事业发展第十个五年计划纲要;2001 年 7 月国务院办公厅转发了国家地理空间信息协调委员会《关于促进我国国家空间信息基础设施建设和应用若干意见的通知》(国办发〔2001〕53 号),首次明确要建设国家级、省级和地市级空间信息基础设施,并提出具体的建设内容和相关措施;2003年国家测绘局启动了"数字区域地理空间框架建设方案与示范工程"项目;2005年,国家测绘局在《中国测绘事业发展战略研究报告》中明确提出,本世纪头20年中国测绘发展的总体战略思想是:确立以信息化测绘体系建设为核心的测绘可持续发展道路,建立以数字中国地理空间框架为主体的测绘公共服务体系。

为了加大推进数字地理空间框架建设的力度,2006年,国务院信息化办公室和国家测绘局联合印发了《关于加强数字中国地理空间框架建设和应用服务的指导意见》(国测国字〔2006〕35号),从国家信息化的高度对框架建设进行了全面部署,明确提出"国家、省级和城市测绘部门联合有关部门,分别负责数字中国、数字省区和数字城市地理空间框架建设,其对应的基础地理信息数据体系分别为全国1∶5万~1∶100万,省级为1∶5000~1∶1万和城市1∶500~1∶2000等不同比例尺"。2006年,国务院发布《全国基础测绘中长期规划纲要》(国办发〔2006〕59号),明确提出了"完成国家级基础地理信息数据库建设更新,加快省级基础地理信息数据库建设更新,初步形成数字城市地理空间框架数据体系,到2020年,基本建成数字中国地理空间框架"的中长期目标;其后,国家测绘局又印发了《关于开展数字城市地理空间框架建设试点工作的通知》(国测国字〔2006〕18号)。2007年9月,《国务院关于加强测绘工作的意见》(国发〔2007〕30号)强调要"按照统一设计、分级负责的原则,全面推进数字中国地理空间框架建设"。《测绘地理信息发展"十二五"总体规划纲要》中要求,到2015年建成数字中国地理空间框架。

综上可见,自进入21世纪以来,构建数字中国地理空间框架作为测绘工作的一条主线在不断拓展、强化、延伸,其核心始终是围绕国家级、省级和城市级基础地理信息数据资源的建设、更新与应用。

2. 资源建设发展迅速

我国以资源为核心的数字地理空间框架建设,大体上可以划分为三个阶段:探索起步、加速发展和全面建成,目前正处于发展的第二个阶段,各级测绘地理信息主管部门全面推进数字地理空间框架建设,着力于国家级、省级和城市级不同尺度的基础地理信息资源建设。

1)探索起步阶段(2001～2005 年)

"十五"初期开始,首先从以下几个方面入手,推动数字中国地理空间框架建设的起步:

一是测绘基准建设。新中国成立以来,已经建立了包括国家平面控制网、国家高程控制网、国家重力基本网、国家大地水准面、国家高精度卫星定位控制网在内的国家测绘基准体系。"十五"期间,在原有1985 国家重力基本网的基础上,完成新一代国家重力基准建设。建立了我国首个分米级大地水准面模型(CQG 2000),实现利用卫星空间定位技术结合大地水准面模型快速确定海拔高程,在一定精度范围内为传统水准高程测量提供了补充手段。通过联合平差,整合国家测绘局、总参测绘局和中国地震局各自建立的 GPS 网,形成"2000 国家 GPS 大地控制网",在提供卫星定位基准控制的同时,实现与国际 IGS 全球卫星连续运行参考站网的有效联系。2004 年完成"全国天文大地网与2000 国家 GPS 大地控制网联合平差",天文大地网点的平均点位精度达到±0.11 m,极大地改善了全国天文大地网的现势性。

二是基础地理信息数据的生产与更新。2001～2003 年首先对国家级基础地理信息数据库系统中的 1:25 万数据库进行更新,随后对1:100 万数据库的主要要素进行了相应更新。同时,按计划继续推进国家 1:5 万数据库建设工程,从 1998 年至 2006 年 2 月,共采集更新了 19 000 多幅 1:5 万数据(全国约 24 000 幅,5 000 幅为空白区),正式建成了国家 1:5 万基础地理信息数据库,解决了 1:5 万数据库"从无到有"的问题。与此同时,各省(自治区、直辖市)也根据各自具备的条件与需求开展了基础地理信息数据采集,如广东、海南、江苏、山西等省率先开始了 1:1 万 DRG、DEM、DOM、DLG 数据采集。北京、上海、天津、深圳、宁波等发展较快的城市也开展了以建成区为主的 1:500、1:1 000、1:2 000 比例尺的 DLG 数据采集。

但就全国而言,"十五"期间1:1万基础地理信息数据采集与更新的进展很不平衡,表现在:完成2/3以上覆盖的大多是东部沿海省市,完成1/3至2/3覆盖的大多是中部省市,完成1/3以下覆盖的大多是西部省市自治区。大约30%以上的省区完成数量不到全省的1/10,有的甚至没有启动。

三是推动框架建设方案的探索与示范。2003年9月,国家测绘局启动"数字区域地理空间框架建设方案与示范工程"项目,选择陕西、黑龙江、江苏、浙江、山西等省以及深圳、宁波等城市作为示范单位,针对框架的建设方法、建设内容、组织管理模式、数据采集与处理工艺流程、数据建库模式、框架的应用等进行探索、实践与示范。

2)加速发展阶段(2006~2010年)

"十一五"期间,我国基础地理信息数据资源建设进入了加速发展阶段。主要体现在以下几个方面:

一是测绘基准建设取得重大进展。开展了地心坐标系的研究和实践工作。2008年7月,启用2000国家大地坐标系(CGCS 2000),在全国建立动态、三维、地心坐标系,推动由参心坐标系向地心坐标系的转变。全国有25个省(区、市)完成了C级GPS网的全域覆盖,有21个省(区、市)建成了厘米级大地水准面,有9个省(市)完成了CORS站网的建设,并投入运行。

二是基础地理信息数据覆盖率得到大幅提升。2006年,国家测绘局实施了我国西部1:5万地形图空白区测绘工程,到2010年底完成200万平方千米约5 000幅1:5万地形图的测绘任务,实现了全国1:5万及更小比例尺基础地理信息数据对陆域国土的全部覆盖。启动了海岛(礁)测绘工程。省级1:1万基础地理信息目前已覆盖约46.7%陆地国土。有20个省(区、市)实现了1:1万数据全覆盖,包括:北京、天津、河北、山西、辽宁、吉林、上海、江苏、浙江、安徽、江西、福建、山东、河南、湖南、广东、广西、海南、重庆、贵州;有6个省实现了辖区50%~70%的1:1万数据覆盖,包括:湖北、黑龙江、云南、陕西、宁夏、甘肃。至"十一五"期末,19 个省、自治区、直辖市(含计划单列市)的 1∶500～1∶2 000 基础地理信息数据对县级以上城镇建成区覆盖率超过 60%。

三是基础地理信息数据更新全面开展。《基础测绘条例》规定,基础测绘成果实行定期更新与及时更新制度,其中定期更新至少 5 年一次。目前,我国已经全面实施基础测绘成果更新。其中,2006 年启动了国家 1∶5 万数据库更新工程,到 2010 年底完成 1∶5 万数据库的全面更新工作,现势性提高到 2006 年以后。全国大约有 1/3 的省(区、市)完成了第一代 1∶1 万基础地理信息数据更新。浙江省测绘局计划在全省范围内实现 1∶1 万地形图每三年更新一次。北京基础地理信息更新是"05-1-1-4"周期,即 1∶500 地形图至少每半年更新一次;1∶2 000 地形图至少每 1 年更新一次;1∶1 万地形图,平原地区至少每 1 年、山区至少每 4 年更新一次。上海测绘确定基础测绘更新周期"05-1-2-2-2",即 1∶500 数字地形图一年更新两次、1∶1 000 数字地形图一年更新一次、1∶2 000 数字地形图两年更新一次、1∶5 000 数字地形图两年更新一次、1∶10 000 数字地形图两年更新一次。

四是基础地理信息数据库建设取得巨大进展。已建成全国 1∶400 万、1∶100 万、1∶25 万、1∶5 万基础地理信息数据库及国家大地测量数据库,以及 1∶50 万数字地理底图数据库。截至"十一五"末,全国所有省(自治区、直辖市)均开展了省级基础地理信息数据库建设工作,其中近 20 个省份已经建成。其他地区省级基础地理信息数据库建设工作预计在"十二五"中完成。大部分城市启动了 1∶2 000 或更大比例尺数据库建设。此外,测绘地理信息部门在重要地理信息数据获取方面开展了一系列工作,主要成果有城市部件调查数据、地形坡度分类数据、河流流域数据、名山主峰海拔高程数据、海岸线数据等 60 余种。

五是开展数字城市地理空间框架建设的试点与推广。为了推进地理空间框架在国家信息化和城市化进程中的应用,2006 年国家测绘局发布了《关于开展数字城市地理空间框架建设试点工作的通知》（国测国字〔2006〕18号），在全国范围内开展了数字城市地理空间框架建设的试点。截至2012年6月，全国已有260余个地级市和40多个县级市开展了数字城市建设，110多个数字城市已建成并投入使用，应用领域涵盖国土、规划、城管、公安、应急、环保、卫生、房产、工商、水利、气象以及公众服务等30多个领域，在扩大内需、促进经济增长方面起到了明显的带动作用。

六是数字地理空间框架的标准逐步完善。"十一五"期间，加大了标准制订的力度，先后制定了若干个针对地理空间框架的测绘行业标准，如《地理空间框架基本规定》《地理信息数据库基本规定》《地理信息公共平台基本规定》等，进一步完善了框架建设的标准，为框架建设提供了统一的技术规范。

二、需求和问题

（一）发展需求

为了满足全面建成小康社会、加快转变经济发展方式的要求，为建设资源节约型、环境友好型社会，为国家"走出去"战略的实施等提供更好的测绘保障服务，迫切需要夯实测绘基准保障服务基础，不断丰富和完善基础地理信息的内容，拓展基础地理信息的覆盖范围，实现基础地理信息的快速更新，提升基础测绘的服务能力。

1. 全面建成小康社会要求丰富基础地理信息资源

未来一段时间是我国全面建成小康社会的关键时期，要求加快经济发展方式转变，大力发展低碳经济，努力建设资源节约型、环境友好型社会，需要全面拓展基础地理信息资源的内容和覆盖范围，充实各种自然资源环境、人文要素等地理信息，提升推动经济社会发展、管理决策的科学水平和宏观调控的力度，要求全面掌握我国自然资源以及资源消费主体的空间位置信息，为自然资源和资源消费主体空间布局的优化，降低资源开发利用的过程性消耗，实现资源的集约化开发利用提供地理信息服务保障。

2. 海洋经济发展和经济全球化发展要求拓展基础地理信息资源的覆盖范围

当今世界,各国对海洋主权权益、资源、空间的争夺日趋激烈,海洋由于其特殊地位和战略意义,已经成为各国争夺权益、扩大资源开发的焦点。党的十八大要求,提高海洋资源开发能力,坚决维护国家海洋权益,建设海洋强国。提供海域划界支撑,提供水上水下导航定位,开发海洋资源,维护国家海洋权益,保障国家安全,支撑国民经济可持续发展,要求全面掌握海岛(礁)、海岸带、海底地形等方面的地理信息。随着我国"走出去"战略的实施,测绘要以国际视野和全球眼光,不断加强自主对地观测体系,获取全球地理信息资源、特别是热点地区和重点地区高精度地理信息资源,加强资源的战略储备,不断提升全球地理信息服务能力,为我国的"走出去"战略实施提供有力保障。

3. 科学技术的迅猛发展为基础地理信息资源建设提供了新机遇

航空航天技术的迅猛发展,促进对地观测体系日益完善,逐步实现了实时或准实时的地理信息获取,极大地提升了地理信息获取的技术手段和能力水平,使得地理信息的数据量呈现爆炸式增长,为地理信息资源建设奠定了坚实基础。云计算技术等快速处理技术的成熟和应用,使得海量地理信息数据实现分布式快速处理,促进了地理信息的社会化应用。互联网、物联网等新技术的快速发展,拓展了传统地理信息获取的渠道和范围,将各类传感器和监视器获取的信息及时地转化为地理信息,不仅丰富了地理信息的要素内容,而且为实现地理信息要素的动态更新、按需更新提供了技术支持,为地理信息数据体系建设提供了新的机遇。

(二)存在的问题

从总体上说,我国已经初步形成了相对完整的基础地理信息数据体系,各级各类数据库建设在全面推进,但是与经济社会发展对地理信息资源的丰富程度、现势性等方面的要求相比,还存在着以下几方面的不足。

1. 测绘基准现代化程度低

维持大地基准的国家 GNSS 连续运行基准站数量少,且密度分布不均匀。维持大地坐标框架所需的地球定向参数还不具备自主测定能力。以水准测量为基础的 1985 国家高程基准,因地表沉降、地壳运动和水准标志的损毁,其现势性和可靠性日益降低;基于 GNSS 技术和地球位理论的新高程基准尚未建立。重力基准存在点位密度低(数百千米)、分布不均、图形结构不尽合理、使用不便等不足,国家基本平均重力异常格网在西部困难地区尚存在重力空白区。海域测绘基准还在建设之中,包括海域似大地水准面模型、海面地形模型、海域潮汐模型、深度基准面模型等还需要统一与进一步精化。深空测绘刚刚起步,未建立独立自主的、统一规范的深空参考基准,观测台站数量少,不具备提供地面和深空基准转换的能力。绝大部分地区的地磁资料的空间分辨率较低,地磁三分量(三要素)测量仅限于地面测量,连续运行的地磁台站少且分布不均。

2. 基础地理信息数据覆盖不足

数据的覆盖区域主要在国内,境外基本是空白,根本不能满足当今经济全球化的发展需求。数据覆盖的区域主要在陆域,辽阔的海域包括众多的海岛(礁)的地理信息数据极为匮乏,无法满足开发海洋、保护海洋、保卫海洋的需要。大比例尺基础地理信息数据的覆盖集中在我国的中、东部地区,而广袤的西部覆盖率很低,难以满足西部大开发发展战略的需要。譬如,昔日的罗布泊是死亡之海,人迹罕至,今天的罗布泊已建成亚洲最大的钾盐厂,罗布泊镇应运而生,新建的公路、铁路不断向前延伸,但却没有 1:1 万及更大比例尺地图。所以,对地理信息数据的需求以及必要覆盖都是动态的,今天用不到不等于明天不需要,应该做到未雨绸缪。

3. 基础地理信息数据更新缓慢

现在的基础地理信息数据更新速度与《基础测绘条例》规定的定

期更新与及时更新的要求,还有一定的距离。区域之间基础地理信息数据更新差别较大,东部发达地区明确提出了基础地理信息的更新周期,而西部经济欠发达地区更新较为滞后。"十一五"期间,省级1∶1万比例尺基础地理信息数据库的年更新率仅为 8.65%。更新周期没有达到现有基础测绘法规提出的要求。更新方式沿用传统的全面更新的方式,增量更新、时态数据库等新技术、新方法在当代基础地理信息更新工作中还没有得到广泛应用。

4. 基础地理信息数据缺乏整合,一致性较差

不同尺度的基础地理信息数据之间,以及基础地理信息数据和专题地理信息数据之间的整合不够,地理实体编码不够全面详细,数据的一致性难以保证,距离全国统一、共享的"一个库"和"一张图"还有相当的差距。

5. 遥感影像数据明显不能满足需求

目前,中、低分辨率卫星遥感影像数据基本能保证 1～2 年覆盖全部国土。但是,对于全国大中城市及经济发达区域,需要及时提供高分辨率影像数据。高分辨率卫星遥感影像,特别是立体影像,不但价格昂贵,而且难以保证。数字航空影像同样由于种种原因,难以获取到现势性好的数据,极大地影响了基础地理信息数据的采集与更新。所以,要设法建立影像的多种获取途径和机制,使多分辨率、多时相的遥感影像获取常态化,建设具有完备时间序列的国家基础遥感影像数据库,以满足测绘与其他行业的应用需求。

三、发展目标

(一)总体目标

到 2030 年,实现测绘基准体系现代化,建成内容丰富、现势性强、空间尺度科学合理的基础地理信息数据体系,保障基础地理信息资源对全球范围的必要覆盖和及时更新,建成多尺度、多时相、多种数据构成的三维、时态数字地球,全面满足国家经济建设、社会发展、国防建设

等对基础地理信息资源的需要。

(二)阶段目标

1. 2015 年发展目标

到 2015 年,完成测绘基准基础设施的改造升级,建成 1 000 个以上、分布合理的国家卫星导航定位连续运行基准站网。实现国家级基础地理信息数据库覆盖全部陆地和大部分海岛,基本建成全国统一的省级和城市级基础地理信息数据库并实现必要覆盖,积极推进以新农村建设为核心的农村基础地理信息系统建设。全球地理信息数据库建设取得初步进展。基础地理信息数据的内容和要素类型进一步丰富;基本实现基础地理信息定期全面更新,重要地理信息按需及时更新。

2. 2020 年发展目标

到 2020 年,建成国家平面、高程、重力网三网结合的全国统一和共享的现代测绘基准网,在基础设施、技术手段以及信息服务等方面达到国际先进水平,实现测绘基准形式和功能的重大转变。基础地理信息要素类型和属性内容更加丰富,信息更新及时,基本实现各种尺度基础地理信息数据的协调一致,基本形成全国统一的一张图。航空航天遥感影像数据库、海岛(礁)和海岸带基础地理信息数据库以及全球和重点地区的地理信息数据库基本建成。

四、主要任务

(一)推进现代测绘基准建设

充分利用地方和军队现有空间基准资源,力争用 5～10 年时间建成由地球参考基准网、深空参考基准网、大空间基准信息系统构成的空间基准网络,具备天地一体的空间基准保持与服务能力。

完善我国自主导航卫星系统广域差分定位功能。实现二代北斗导航卫星系统的广域差分功能,在全国 CORS 站网的规模下,实现在全国范围提供分米至厘米级的广域定位服务能力,以西部地区发展为重点,实现大范围、高精度坐标框架成果的实时传递。建立我国自主导航卫星系统地面测试、运行和维持系统。建立二代北斗卫星系统地面测试平台,同时利用与改造国家 CORS 站网,实现北斗卫星轨道的监测与确定,提供高精度轨道服务等。建立现代大地测量和精密导航、岩石圈变化和地壳运动监测、大气参数定位卫星遥测、电离层变化遥测和预报、民用航空导航、近海船舶导航等七大分析服务中心。

VLBI 和 SLR 作为国家未来自主的坐标框架的维持技术手段,加强 VLBI 和 SLR 建设十分必要,尽快对下一代测地 VLBI 台站进行选址,展开相关技术研究。在新疆、西藏或海南、广东、广西、浙江等新建 2～3 个固定的 SLR 台站以及新建二台流动型的激光测距系统,并建立 SLR 观测数据分析应用研究中心。综合全球的 GNSS、VLBI、SLR 数据资源,处理分析形成我国高精度、动态坐标框架。

"十二五"期间,我国测绘基准现代化工作要坚持服务于我国经济的全球化发展,服务于我国国防建设的现代化,促使我国测绘基准实现三维、高精度、动态、地心、涵盖全部陆海领土、实用并与世界接轨的目标。主要任务如下:

建立覆盖我国海洋国土的国家海岛(礁)测绘基准,完成我国主张管辖海域的海岛(礁)测绘基准设施建设,开展航空和船载重力测量,实现厘米级海域大地水准面精化目标,建立与陆地一致的、覆盖我国海洋国土的国家高精度海岛(礁)平面、高程、深度和重力基准,建成陆海统一的测绘基准框架。

加快推进中国 2000 大地坐标系(CGCS 2000)的推广使用,完成现有基础地理信息数据库向 2000 大地坐标系的转换工作。进一步优化、改造和完善 2000 大地坐标系基础设施。完成现代化测绘基准体系基础设施建设;充分利用各部门、各地区现有连续运行基准站网资源,加强资源共享和整合,构建足够数量和均衡分布的国家 GPS 连续运行参考站系统;进一步加密2000国家GPS大地网点密度,保持全国天文大地网适度规模,实现区域地心坐标参考系统和国家地心坐标参考系统的统一。新建甚长基线干涉测量站。

完成新一代国家高程控制网的建设,建成覆盖全部陆地国土和海岛(礁)的现势性好的高精度高程控制网。继续精化国家2000似大地水准面(CQG 2000),全面完成国家似大地水准面精化空白区的精化任务,提升国家似大地水准面的整体精度。统一深度基准定义,建立陆海统一的国家深度基准体系。

建设我国新一代重力测量基准。对2000国家重力基本网进行必要复测,新增设一定数量的绝对重力点与重力基本点及其引点,建立点数更多、点位分布更趋合理、成果精度更高与现势性更强的新一代重力测量基准。填补我国重力测量空白区。组织研制适合我国局部重力场特征的新一代高阶地球重力场模型。

完善国家测绘基准管理服务系统,建设国家测绘基准数据中心和分中心。

(二)拓展基础地理信息覆盖空间

根据经济社会发展的需要,开发我国海洋资源、有效维护海洋权益,需要强化海洋测绘,获取全球重点地区的基础地理信息数据,为我国"走出去"战略的实施提供数据支持。

1. 着力推进海洋发展测绘保障服务

开展海洋测绘,获取我国海岸带、海岛(礁)、海底地形等高精度、全覆盖的基础地理信息,实现对海岸带、海岛(礁)的地理环境进行全覆盖的持续监测和地理信息的定期更新,建立从海岸带至大陆架边缘,从海面至海底地形为一体的蓝色国土数字地理空间框架。

继续组织实施国家海岛(礁)测绘,完成我国主张管辖海域范围内的海岛(礁)识别定位和海岛测图任务,建立我国海岛(礁)基础地理信息服务系统。

开展海岸带(滩涂)地形图测绘工程。以海岛(礁)测绘基准为基础,开展我国大陆架和管辖海域海底地形测绘工作。对精度不满足要求、现势性差的海底地形数据区域,联合有关部门按海底地形图要求进行重测。

"十二五"期间,重点完成以下任务:

(1)加快海岛(礁)测绘。继续实施海岛(礁)测绘工程,综合利用基于POS技术的航空摄影、无人机摄影及高分辨率卫星影像,完成我国主张管辖海域范围内的海岛(礁)识别定位和海岛测图任务,完成有居民岛和部分重点无居民海岛的周边水深测量工作。编制出版海岛(礁)系列地图与专题图,建设数字海岛和海岛(礁)测绘多层次应用服务系统。

(2)实施海岸带测图。全面开展海岸带大比例尺地形图测绘,测图范围以海岸线为准,向内陆延伸10千米,向海延伸平均大潮低潮线外5千米或至15米等深线,测图比例尺为1∶5 000或1∶1万,建立海岸带基础地理信息数据库;综合利用海岸带基础地理信息数据,建立海岸带地理环境监测信息通报机制。

(3)开展海底地形测绘。开展我国管辖海域海底地形测绘工作,建立海底地形基础地理信息数据库。

2. 加快建设基础地理信息数据库

加强全国基础测绘统筹协调和建设力度,加快国家、省、市、县基础地理信息数据采集和建库工作,实现各种尺度的基础地理信息资源对我国陆地国土的必要覆盖。

在1∶5万基本地形图覆盖全部陆地国土、海洋测绘全面推进的基础上,加快全国1∶5万、1∶25万、1∶100万基础地理信息数据库整合与更新,形成覆盖全国的多尺度协调一致、无缝连接基础地理信息数据库。

与国家发展战略、主体功能区规划、区域经济发展战略相适应,实现1∶1万基础地理信息数据基本覆盖丘陵、平原地区以及其他必要覆盖的区域,更大比例尺基础地理信息数据覆盖重点地区。

完善基础地理信息要素分类体系和标准,扩充基础地理信息要素种类,在丰富现有地形地貌、交通、水系、境界、地表覆盖、地名等要素基础上,适度丰富和拓展基础地理信息要素类型,例如拓展地下管线、地名地址、地籍以及生态、环境、资源等方面的地理要素。

面向城市建设、管理以及新农村建设实际需要,完成全国333个地级市和部分县(市)的数字地理空间框架建设。测绘新农村建设重点区域1:1 000~1:5 000地形图,测制农村基础影像图,编制全国乡镇区域地图,完成全国乡镇区域地图的编制,建立农村基础地理信息系统。

结合国家援藏、援疆、兴边富民行动等工作,测制121个边境口岸和重点城镇的1:2 000、1:1 000地形图。面向我国陆地边境地区的136个边境县(旗、市、市辖区)和新疆生产建设兵团58个边境团场,实现高分辨率遥感影像的全部覆盖,完成1:1万地形图必要覆盖区的数字产品测绘与更新,建设相应基础地理信息数据库。

"十二五"期间,重点完成以下任务:

不断完善国家大地测量数据库或测绘基准信息数据库,加强国家基础地理信息数据库维护力度,在不断提高传统"七大要素"数据分辨率的同时,不断扩充和丰富地理信息要素类型,为广泛应用留足空间。加快省市县级基础地理信息数据库建设步伐。全面完成省级1:1万基础地理信息数据库建设,实现1:1万基础地理信息资源对国土范围的必要覆盖。城镇建成区1:2 000、1:500基础地理信息数据库建设全面推进。开展数字省区地理空间框架建设的推广和普及,在全部地级市和有条件县级市开展数字城市建设。结合国家援藏、兴边富民等工作,根据我国新农村建设的需要,开展"一县一图"制图工程和新农村建设规划用图测绘工程。

3. 开展全球地理信息资源建设

建设多元、多尺度、多分辨率的全球地理信息数据库,建设集数据处理、管理、服务为一体的地理信息基础平台,具备全球地理信息保障能力,较好满足国民经济建设和社会发展对全球地理信息资源的需求。

地图信息方面,实现1:25万及更小比例尺覆盖全球,1:5万覆盖我国及周边地区和全球重点区域,1:1万地形图数据覆盖国内外重点地区,1:2 000及更大比例尺地形图数据覆盖国内重点城市。影像信息方面,实现5米分辨率影像覆盖全球大部分地区,2米分辨率影像覆盖我国及周边重点地区,1米分辨率影像覆盖国内外重点地区。高程模型方面,实现100米格网数据覆盖全球,25米格网数据覆盖我国周边地区和全球重点区域,10米格网数据覆盖国内局部重点地区。重力模型方面,建成重力异常精度优于2毫伽(160千米)的全球中长波重力场模型,以及精度优于3毫伽(10千米)的海洋精细重力场。

"十二五"期间,要加强对全球热点和重点地区以及我国边境区域的基础地理信息的获取,建设覆盖全球的基础地理信息数据库,开展全球基本地形图编制。基本实现1:100万基础地理信息的全球性覆盖,5米分辨率正射影像对全球主要地区的全面覆盖,1:5万地形图、2米分辨率正射影像、1:25万地形图和系列比例尺海图对中国周边重点地区的必要覆盖,1:1万地形图对中国周边地区主要目标区的必要覆盖,基本实现境外地理信息的按需动态更新,基本建立军地测绘共建共用体制机制。继续开展南、北极测绘工作,构建南北极基础地理信息数据库。结合我国的探月计划,积极研究月球地形测绘和大地测量等方面的关键技术,建立月球地理信息数据库,研发数字月面模型等。

(三)加快基础地理信息数据更新

不断提高基础地理信息的现势性是基础测绘服务经济社会发展、服务地理国情监测的现实需要和必然要求。要通过统筹协调全国基础测绘力量和推进部门间地理信息资源共建共享,创新基础地理信息动态、持续更新的方法和模式,建立"一次数据采集,多级同步更新"的基础地理信息动态更新机制,实现基础地理信息的及时更新,显著提高基础地理信息的现势性。

一是完善测绘地理信息部门的基础地理信息层级联动更新机制。

创新多元信息集成与处理技术,多尺度数据库联动更新的技术方法,优化信息更新工艺流程以及标准规范,建立国家、省、市、县各级基础地理信息数据同步更新的技术模式。加强各级基础测绘的组织协调和密切配合,加快推进以大尺度基础地理信息数据更新小尺度基础地理信息数据,形成市县级、省级、国家级数据库联动更新的业务模式。

二是利用部门间信息共享机制实现基础地理信息更新。加快建设地理信息公共服务平台,并通过平台服务建立部门间协调合作机制,大力推进以有关部门掌握的权威地理信息数据更新基础地理信息数据,实现测绘地理信息部门与有关部门的地理信息资源共建共享。测绘地理信息部门不断完善地理信息公共服务平台,有关部门在充分利用平台的同时,负责提供本部门最新、最权威的地理信息变化情况,作为基础地理信息数据库更新的依据;或通过平台管理技术支持,直接更新本部门的专题地理信息要素层,全面提高基础地理信息更新的效率。

三是建立基础地理信息变化持续监测机制。根据经济社会发展的区域差异以及应用需求的迫切程度,逐步建立基础地理信息变化持续监测机制。通过创新基础地理信息动态、持续更新的方法和模式,例如实地测绘、影像判读、规划和竣工测绘、网络上传与搜索等多种途径和方式,按照"变化发现—信息反馈—实施更新"的基本流程,灵活采用基于地理数据库要素或直接基于地理实体等多样化作业手段,最终建立"一次数据采集,多级同步更新"的基础地理信息动态更新机制。

四是创新基础地理信息更新方式。面向数字中国、数字省区、数字城市建设,以最大限度满足我国全面建设小康社会对基础地理信息数据库的需求为出发点,国家级和省级基础地理信息基本实现全面、常态的更新机制。

"十二五"期间,实现1∶5万、1∶25万、1∶100万基础地理信息数据库的动态持续更新,进一步更新完善国家基础地理信息内容,全面提升数据的现势性,初步探索形成适于我国国情的按需适时更新的常态化更新机制,研究构建基础地理信息的动态更新技术体系。

（1）实现对多尺度国家基础地理信息数据库的动态更新。1∶5万数据中的水系、居民地、交通、地名等重点要素保持1年内的现势性，每年推出重点要素更新版；其他次重点要素保持2～3年内的现势性；其他要素整体现势性保持在5年以内。1∶25万、1∶100万地形数据库现势性保持在3年以内。2.5或5米分辨率数字正射影像（DOM）数据2年覆盖全国1遍；1米分辨率DOM数据5年覆盖约660万平方千米。

（2）研究试验并构建基础地理信息动态更新的技术体系。初步建立基于网络的变化信息发现、速报、汇集、分析系统，构建基础地理信息动态更新的生产技术与业务流程，制定相应的技术标准与规范，开发先进适用的生产技术工具。

（3）研究探索基础地理信息数据按需适时更新的机制与模式。充分利用国家与地方测绘地理信息部门、专业部门的数据、人力、资金及技术资源，优化整合更新技术生产组织结构，探索建立适于我国国情的按需适时更新的业务模式，逐步建立起基础地理信息更新的常态稳定机制。

（四）建设航天航空遥感影像资源

不断丰富高分辨率遥感数据资源，统筹协调全国多分辨率、多类型航空航天遥感影像数据资源获取，建立拥有多种获取途径和机制、覆盖全部国土、具有完备时间序列的国家基础遥感影像数据库。中、低分辨率遥感影像数据覆盖全部国土，高分辨率遥感影像覆盖全国大中城市及近海岸带区域。实时更新和发布国家基础遥感影像数据库目录，提供政府、行业以及公众使用。

"十二五"期间，获取多平台、多类型、多时相及具有高中低分辨率的航空航天遥感影像。实现优于5米分辨率的影像对全国范围的覆盖和更新1～2次，其中：航空摄影面积834万平方千米，地面分辨率为0.2～1米，涉及胶片影像、数码影像、LIDAR、SAR等多种类型；其余为0.5～1米高分辨率卫星影像。获取全球范围中低分辨率卫星影像数

据、重点城市和区域(含极地)的中高分辨率影像数据。初步建成"国家影像资源数据库"。主要任务如下:

为满足1:5万基础地理信息数据库更新需求,获取覆盖全国陆地范围中高分辨率卫星2.5米全色和6~10米多光谱数据两次。为满足1:1万基础地理信息数据库完善与更新,兼顾1:5万基础地理信息数据库全要素更新,获取航空摄影资料500万平方千米,摄影比例尺的需求为1:2万~1:3.2万,地面分辨率优于1米。

为满足数字省区地理空间框架建设需求,获取3~4个省、自治区优于0.2米数码航空影像数据。按数字城市地理空间框架建设需要,获取优于0.2米数码航空影像数据和优于0.5米全色卫星影像和优于4米多光谱数据,覆盖全国所有地级以上城市及约300个有条件的县市。

为保障新农村测绘及县、乡级地理国情监测,获取约10万平方千米的无人飞行器高分辨率航空影像。根据边界测绘和反恐维稳的需要,获取陆地国境线两边各20千米宽度范围、面积2.2万平方千米的卫星影像,获取1.8万千米大陆海岸线沿岸约3千米宽范围内的LIDAR数据。

建设全球基础遥感影像数据库。中、低分辨率遥感影像数据覆盖全球,高分辨率遥感影像覆盖世界重点区域。按计划实现周期覆盖,建立全球基础遥感影像数据库目录,提供政府、行业以及公众使用。利用资源三号及天绘1、2号等光学遥感测绘卫星,按年度分区域获取全球2.5米分辨率遥感影像数据,覆盖全球1~2遍。随着0.5米高分辨率光学敏捷业务卫星组网运行,实现对特定区域24小时内快速重访,获取全球大中城市、近海岸带以及热点区域的高分辨率遥感影像,逐步建立具有完备时间序列的全球基础遥感影像数据库。

第4章　地理国情监测

　　地理国情是指从地理空间分布规律、分布状态的角度对自然人文等方面的国情要素进行观察所形成的信息，是重要的基本国情，是搞好宏观调控、促进可持续发展的重要决策依据，也是建设责任政府、服务政府的重要支撑。当前我国正处于工业化、城镇化快速发展时期，也是地表自然和人文地理信息快速变化的时期。对于科学布局工业化、城镇化，统筹规划、优化国土空间开发格局，有效推进重大工程建设等等而言，地理国情至关重要。地理国情监测主要是充分利用测绘地理信息先进技术、数据资源和人才优势，从地理空间的角度分析、研究和描述国情，积极开展地理国情变化监测与统计分析，对重要地理要素进行动态监测，及时发布监测成果和分析报告，为科学发展提供依据。

　　将地理国情监测作为新时期测绘地理信息发展的一个重大方向，就是要充分发挥测绘地理信息领域独特优势，以独特的视角开展国情的研究与分析，为国家宏观调控服务，为经济社会发展服务。加强地理国情监测工作，是按照社会主义市场经济体制的要求，不断加强和改善政府对经济社会的宏观管理和调控，推动科学发展和经济发展方式转变的客观要求，是测绘地理信息部门在长期服务于经济社会发展过程中，顺应需求和技术发展而提出的一种新的发展思路。

一、现状和趋势

（一）国内外现状和趋势

1. 国际发展现状与趋势

当今世界，各国均不同程度面临着资源、环境等问题带来的越来越严重的挑战。为了有效应对,一些发达国家开始利用先进测绘地理信息技术和成果,对地表变化进行监测和分析。美国地质调查局 2002 年启动为期 5 年的"地理信息分析和动态监测计划"(GAM),该计划利用数字地形图、卫星影像及其他遥感数据,对地理与自然经济变化相互作用的规律开展了深入探讨,从时间和空间尺度上评估地表覆盖,更好地了解地表覆盖变化的成因和后果,目的是加深对美国日益严重的环境、自然资源和经济方面挑战的理解。工作内容包括气候和水文变化、生物地球化学循环、生态系统健康、自然灾害分析以及野火监测等。美国国家基金委员会建立了国家生态观测站网络,针对所面临的重大环境问题,在各个尺度上开展全面、综合的观测和研究,深入认识环境变化实质,预测环境变化趋势,保证美国的生物和生态安全。澳大利亚空间信息合作研究中心利用 InSAR 数据,监测采矿和开采地下水引起的地面沉降,对澳大利亚几个矿区进行长期持续监测。加拿大应用卫星遥感资料编绘了一系列社会经济指标统计地图。日本开展了灾害监测,利用分布在日本各地的测量控制点实时监测地壳移动、地壳垂直形变,并启动了亚太地区环境革新战略项目,对亚太地区的环境破坏、环境退化和生态脆弱区进行长期监测。英国建立了全球干旱监测网,监测全球范围的旱灾情况。2006 年,国际土壤科学联合会数字土壤制图工作组实施了"全球数字土壤制图"计划,采用现代土壤地理学、遥感、地理信息系统、数据挖掘等理论和方法,完成高分辨率的全球土壤属性数字地图。欧盟启动了"全球环境与安全监测计划"(GMES),主要目的是获取影响地球和气候变化的各类环境信息。欧盟委员会联合研究中心(JRC)、联合国粮农组织(FAO)和美国饥饿早期预警系统网络(FEWS NET)努力扩大对粮食危机区的地理监测,加强其粮食安全监测系统。

以上计划和项目表明,地理国情监测早就成为主要发达国家应对环境恶化、维护生态安全、优化资源利用的一项重要工作。与此同时,这些发达国家在其测绘地理信息相关规划中,将监测地表变化作为重要目标和任务,以进一步提升地理国情监测的能力和水平。《美国地质调查局地理科学研究战略(2005—2015)》利用遥感技术收集环境监测数据,分析土地利用变化和土地覆盖变化在导致"人类–环境"系统脆弱性及风险过程中的作用。《美国宇航局科学规划(2007—2016)》中提出,要监测地球冰川覆盖变化以及海面和陆地水位变化。《加拿大大地测量署战略规划》中提出开展更广泛的全球导航卫星系统(GNSS)服务,监测加拿大大陆运移。《澳大利亚对地观测战略规划》中提出,将利用新一代对地观测传感器提供关于降水模式、地表土壤湿度、地表温度、积雪覆盖、全部储水量变化的信息,用于监测农业、林业和生态系统。国际上的这些工作表明,地理国情监测工作在发达国家早已成为现代测绘地理信息工作的发展方向和重要任务。

2. 国内发展现状与趋势

开展地理国情监测的基础条件已经具备。一是地理信息资源实现有效覆盖。通过长期的积累,特别是经过"十一五"以来国家1∶5万数据库更新工程、国家西部1∶5万地形图空白区测绘工程、海岛(礁)测绘工程等重大项目的实施,使得国家级基础地理信息基本完成原始积累,首次实现对陆地国土和海岛(礁)的全面覆盖,现势性大大提高。1∶1万基础地理信息覆盖范围也不断扩展,覆盖陆地国土约50%。这些巨大成就为开展地理国情监测奠定了扎实的地理信息资源基础。二是技术条件逐步具备。我国第一颗民用测绘卫星"资源三号"成功发射、我国第二代北斗卫星导航系统加速组网和形成亚太区域服务能力、低空无人飞行器航测遥感平台在全国各地配备、卫星定位连续运行参考站网建设加快推进,使得我国初步形成了多层次、多种类、多传感器的对地观测网络,为下一步全面推进地理国情监测工作奠定了坚实基础。三是人才队伍不断优化合理。经过长期的生产实践活动,测绘地理信息生产单位已完全适应数字化条件下的生产服务需要,构建了布局合理、功能完善的基础测绘组织体系,形成了坚实的数字化测绘生产服务技术积累。毫无疑问,这将是地理国情监测工作的重要依靠力量。特别是近年来又相继成立了职业技能鉴定指导、卫星测绘应用、测绘产品质量检验测试等相关机构,补齐了事业发展的组织功能短板。面对全面推进地理国情监测的新挑战,这支队伍仍然是重要的骨干力量。

地理国情监测工作进展迅速。长期以来,我国已经开展了利用现有成果进行地理国情监测和分析的试验性工作。20世纪90年代,利用积累多年的丰富的水准、大地测量成果,开展地壳运动研究,取得了良好的效果。汶川地震发生后,利用先进测绘地理信息技术开展四川震区及周边地区地壳形变测量,获取的成果经报国务院同意后正式对外公布。测绘地理信息部门在地理信息统计分析、地面沉降监测、资源环境监测、全球地表覆盖监测等领域开展的一系列工作,实质上也属于地理国情监测工作,是地理国情监测的具体实践。尤其是近年来,在国家测绘地理信息局的大力推动下,地理国情监测工作取得突破性进展。在有关部门的积极配合下,国务院已经批准开展地理国情监测工作。科技部通过科技支撑计划批准了地理国情监测应用系统研究项目。为使地理国情监测工作能够全面、有序、顺利的开展,选取了陕西、浙江、齐齐哈尔、抚顺、四川汶川地震核心灾区等具有较好基础的地区,开展了国家、省、市(区域)三级地理国情监测试点工作,结合区域特点和需求情况,因地制宜地确定监测内容及分类指标,为全面开展地理国情监测工作提供了可遵循的成功示范。各地积极开展新农村建设、森林资源以及汶川地震重灾区等重点领域的监测或普查工作,并已在天津、河北、江西、贵州等地取得重要成果,形成了地理国情监测点面结合、全面起步的良好发展局面。

(二)需求分析

伴随着我国经济社会发展由以追求高速、高效率为主转向以提高质量和效益为主,以及国家信息化建设由过去的"以信息化带动工业化"变为现在的"推进信息化与工业化深度融合",其对测绘地理信息的需求特点发生显著变化,主要表现为对更加动态的、更加直接的、更加全面的、更加灵活的地理信息综合服务需求更加迫切。特别是在我国经济社会发展"十一五"规划纲要首次提出了涉及资源环境等领域的约束性指标后,党的十七届五中全会进一步明确我国"十二五"期间的经济社会发展要"以科学发展为主题,以加快转变经济发展方式为主线"。据此,我国经济社会发展"十二五"规划纲要提出了12个约束性指标,主要集中在能源资源、生态环境、人民生活等领域,将促进区域协调互动发展作为"十项政策导向"之一。经济社会发展在"十二五"期间的主要任务为测绘地理信息提出了极具时代特点的需求。国务院印发的《全国主体功能区规划》对测绘地理信息服务提出了更加明确具体的要求,即整合国家基础地理框架数据,建立国家地理信息公共服务平台,促进各类空间信息之间测绘基准的统一和信息资源的共享;充分利用航空航天遥感、卫星定位和地理信息系统等技术,全面参与对城市建设、项目开工、耕地占用等各类开发行为,以及水面、湿地、林地等要素的变化情况监测工作,对主体功能区定位和实施情况的检查落实工作,以及对国家层面各类开发区域的动态监测和评估工作。

党的十八大要求优化国土空间开发格局,加快实施主体功能区战略,推动各地区严格按照主体功能定位发展,构建科学合理的城市化格局、农业发展格局、生态安全格局,建设美丽中国。

新时期经济社会发展对测绘地理信息的需求与20世纪差别明显,这种差别体现在几个"更加"上。一是更加快捷。周期性的测绘和地理信息更新已经满足不了要求,要大力提高动态性。二是更加广泛。适应新时期经济社会发展各领域呈现出的上天、入地、下海、登极的态势和趋势,测绘地理信息工作的触角也要上天、入地、下海和登极。三是更加全面。仅仅限于七大要素的数据生产和服务已经远远不能满足要求,对自然和人文要素进行全面监测和分析并提供综合地理信息服务成为迫切任务。四是更加直接。服务内容不能仅仅限于简单、间接的地图服务,而应当是直接的决策咨询服务。

上述需求的变化要求改进传统测绘工作,加强地理国情监测。一是在理念上从被动满足经济社会发展所需数据向主动提供经济社会发展迫切所需的地理国情信息转变。二是在服务特点上,除继续强调传统测绘所具有的准确、客观、规范等特点以外,更加强调全面和动态。"全面"是指在内容上要突破要素内容、覆盖范围、成果形式的局限,充分满足经济社会发展需求。"动态"是指地理国情信息要更加强调时效性。三是在工作内容上更加强调工作重心从基础地理信息获取和提供向地理信息的获取、提供和综合分析转变。加大地理国情信息的处理和分析力度,大力研究自然、人文要素空间布局及动态变化规律,尤其是经济发展与资源、环境要素的关系。四是在产品服务上要从传统产品体系向形式更多样、内容更全面的地理国情监测产品体系转变。涉及多行业的研究报告、数据库、多媒体等多种形式的产品将成为地理国情监测产品体系的重要内容。

二、发展目标

(一)总体目标

到2030年,持续对资源、环境、生态等地理国情要素进行定量化、常态化监测,形成稳定的监测机制,定期发布监测报告,反映国家重大战略、重要工程和重点政策的执行进展和执行效果,充分揭示经济社会发展和资源、环境、生态的空间分布规律,实现地理国情信息对政府、企业和公众的服务,为国家重大战略和规划制定、空间规划管理、区域政策制定、灾害预警、科学研究等提供有力保障。

(二)阶段目标

1. 2015年发展目标

完成重要地理国情信息普查,建成地理国情监测信息系统,基本建成地理国情监测技术体系、标准体系,基本具备常态化监测重要地理国情信息的能力。完成对地形地貌、地表覆盖、地理界限等地理国情信息的统计分析工作,形成重要地理国情信息统计分析报告和多样化地理国情信息产品,逐步建立地理国情信息发布机制。

2. 2020年发展目标

在"十二五"地理国情监测工作取得的进展基础上,通过开展业务化运行能力建设,形成定期、常态化地理国情信息监测机制和功能完备的地理国情动态监测、综合分析和发布的业务系统,实现地理国情监测工作的业务化、规范化和常态化。

三、主要任务

(一)开展全国地理国情信息普查

整合、分析现有基础地理信息数据及相关专业部门数据,利用高分辨率遥感影像,结合判读解译参考信息,在合理设计地理国情普查内容与指标的基础上,开展地形地貌、地表覆盖、地理界线等重要地理国情信息普查。采用地理要素自动提取、人机交互解译等技术手段,按照内业判读与解译、外业调查与核查、内业整理的方法,形成重要地理国情普查成果,在此基础上,构建时点统一、标准一致的地理国情本底数据库。基于地理国情本底数据库,进行地理国情普查信息统计分析与汇总,为地理国情监测提供基础。

(二)构建地理国情监测支撑平台

构建航空航天遥感影像平台,动态管理地理国情监测原始影像、影像产品以及衍生影像产品,支持影像数据的标准化入库、动态加载以及分布式存储管理,实现遥感影像数据的快速查询、浏览及分发服务。以高精度数字高程模型为基础,通过集成地表覆盖、地理界限等重要地理国情普查成果,构建全国地表三维立体平台。基于分布式网络环境,构建地表覆盖网格平台,实现重要地理国情信息等成果的动态加载。在航空航天遥感影像平台、地表三维立体平台和地表覆盖网格平台基础上,形成支撑地理国情监测业务化、常态化运行和服务的一体化的地理国情监测支撑平台。

(三)开展重要地理国情监测

充分利用多源、多时相高分辨率遥感数据、相关历史数据等,开展全国地表覆盖变化信息的定量化、空间化综合监测,主要包括植被覆盖

（农地、林地、园地、草地）、水域（河流、湖泊、水库、滩地）、荒漠与裸露地（沙漠、石砾地、盐碱地）、交通网络（公路、铁路、重要交通设施）、居民地与设施（居民地、开发区用地、风景名胜、宗教设施、特殊用地）的位置、范围、面积、类型等变化信息。根据主体功能区的定位和区域发展特点，对各类主体功能区开发密度、资源环境承载能力、开发潜力及其主要指标进行动态监测和评价，对区域政策实施效果进行动态跟踪评估，不断完善区域政策。监测城市群的发展变化情况。对地表形变多发区持续开展地表形变监测。对国家重点支持的水利基础设施建设情况进行监测。对我国农业大宗产品主要优势产区的棉花、玉米、小麦、水稻、大豆、甘蔗等主要作物的面积变化情况进行监测。

（四）开展地理国情综合分析服务

在开展全国地理国情信息普查、重要地理国情监测等工作取得的成果基础上，开展各类地理国情信息的横向和纵向分析，进一步强化成果的综合服务。根据主要作物的面积变化监测成果，结合当地气候特征等资料，开展粮食、棉花等大宗农产品产量评估和预测，为国家宏观调控提供依据。开展国土面积量算工作，为各级政府提供准确的国土面积数据。综合分析地形地貌、地表覆盖、地质构造、降水、水系流域、交通境界、居民地等空间分布数据，研究全国重点地质灾害的空间分布，为防灾减灾提供坚实的地理国情数据支持。基于我国多年的大地测量成果，开展地壳运动和形变研究，为地震预报提供服务。将我国经济建设、社会发展、文化建设等方面的国情信息，以地图的形式公开向社会发布，并及时更新，形成网络社会经济地图产品，全面展示我国经济、社会、文化方面的综合国情国力，形成一个权威的地理国情网络发布平台。

四、配套措施

（一）加快地理国情监测的法制化步伐

在继续搞好项目建设和试点工作、及时总结地理国情监测实践工作经验的基础上,推动地理国情监测的法制化步伐,推动将地理国情监测成为测绘地理信息相关法律及配套法规规定的法定任务和要求,成为中央和各级地方人民政府对测绘地理信息部门的职责要求,将目前开展的地理国情监测项目建设和试点工作从工作项目转变为工作职责,促使地理国情监测向常态化发展。在推动地理国情监测的法制化过程中,要确立地理国情监测的公益性地位,使地理国情监测作为公益性服务由政府进行管理和推动。同时要建立起地理国情监测的计划管理模式,明确各级政府在地理国情监测工作中的事权划分、规划编制及实施,年度计划和预算编制等有关事项,促进地理国情监测的持续发展。

(二)强化地理国情监测的分工协作

搞好地理国情监测工作,有必要加强有关部门之间,尤其是测绘地理信息部门与发展改革部门、资源环境部门、经济统计部门等之间的合作协调,形成"测绘地理信息部门主导、有关部门支持"的获取、监测、预测及发布的长效协调工作机制。建议成立由测绘地理信息部门牵头,各相关部门广泛参与的地理国情监测部门协调机制,作为联系、沟通、决定地理国情监测相关事宜的重要平台。根据我国中央政府和地方政府分灶吃饭的体制现实,合理划分国家和地方在地理国情监测工作上事权,明确主要责任。明确国家对各地区地理国情监测工作在技术标准、成果管理和发布等方面的管理原则和具体措施,建立信息共享机制,实现全国一盘棋。通过地理国情监测工作中的部门协调、上下联动,确保地理国情监测成果准确、权威、一致。

(三)加速基础地理信息更新和地理国情监测工作的有机结合

地理国情监测是应用多时相数据对地理国情信息进行监测,其同基础地理信息资源建设和更新工作有着千丝万缕的联系。基础地理信息更新工作要充分体现出地理国情监测的需要。首先,要按照地理国情监测的需要,确定地理信息更新范围与内容。改进目前地理信息按图幅和行政区划为主的数据组织方式,增加按主体功能区、规划区域、流域等的数据组织方式。不断增加地理信息数据分层数量,按需对自然地理要素和相关人文要素进行分层。其次,要按需确定地理信息的更新频率和周期,并选择合适的数据获取方式。最后,要按需对更新结果进行变化分析,形成监测结果。提高地理信息的分析能力,加强地理空间分析技术以及与其他统计等技术的集成研究,形成能够反映地理国情的动态分析报告和产品。

第5章　测绘地理信息公共服务

测绘地理信息公共服务是以满足经济社会发展和人民群众生产生活对测绘地理信息的公共需求为目的，以财政投入为支撑，由测绘地理信息部门向社会直接或间接提供的非营利性的测绘地理信息保障服务。测绘地理信息公共服务是国家公共服务体系的重要组成部分，同时也是新时期党和政府赋予测绘地理信息部门的重要职能。加强测绘地理信息公共服务，对于统筹解决测绘地理信息事业发展的若干重大问题、促进测绘高新技术装备的更新换代、推进地理信息资源的开发利用、推动地理信息产业快速发展、提升应急测绘地理信息服务能力、全面履行政府职能、建设服务型政府和服务型测绘地理信息、全面满足经济社会发展和人民群众的基本需求，具有十分重要的意义。

测绘地理信息公共服务拥有一般公共服务所具有的国家公益性、社会公共性、政府主导性和服务均等性等主要特点，同时还具有基础先行性、安全关联性、服务差异性和间接带动性等特征。根据测绘地理信息公共服务的投资、生产与供给关系，测绘地理信息部门是测绘地理信息公共产品的生产组织者和主体供给力量。测绘地理信息公共服务的客体几乎涵盖社会的各阶层，包括政府及各有关部门、企事业单位、社会公众；同时测绘地理信息公共服务几乎也覆盖经济社会发展的各领域，如政府决策管理、资源监测、新农村建设、城市规划、国土资源、水利电力、交通运输、石油勘探、环保监测、气象预测、防灾减灾、航空航天、军事保障，以及个人生产生活等领域。

提升测绘地理信息公共服务水平要结合测绘事业未来20年的战略方向，以促进经济社会又好又快发展和满足人民群众对公共地理信息的需求作为发展测绘地理信息公共服务的出发点和落脚点,不断强化政府的测绘地理信息公共服务职能,大力丰富测绘地理信息公共产品,创新服务机制和服务方式,显著提升公共服务水平,为促进科学发展、构建和谐社会提供有力的测绘地理信息公共服务保障。

一、现状和趋势

(一)取得的主要成就

改革开放以来,测绘地理信息工作紧密围绕党和国家的中心工作,不断拓展测绘公共服务的广度和深度,着力加强基础地理信息资源开发利用,组织编制供社会各界大量使用的地形图和公益性地图产品,建成了一批公益性地图网站,并积极提供信息服务,开通了全国测绘成果目录服务系统网站,实现了从提供单一的纸质地图到提供多样化数字测绘产品、地理信息服务的转变。测绘地理信息公共服务已经拓展至经济社会发展的诸多方面,涉及科学管理与决策、重大战略实施、重大工程建设、突发公共事件应急处置、新农村建设等重要领域,在服务经济社会建设、处理经济社会发展重大问题、提高人民群众生活质量等方面发挥了重要作用。

1. 管理决策服务方面

根据政府管理与决策对地理空间信息的使用需要,大力推进国家"电子政务"地理空间信息标准平台建设,协同配合中央领导机关和国务院 30 多个部门开发了服务于行政管理、事务管理和信息发布等需要的地理信息应用系统以及系列地理信息业务辅助管理与决策支持系统,提供了大量地图与地理信息服务,为领导机关科学决策管理提供了重要手段,有力地促进了管理和决策的科学化,提高了政府工作效率。不断加快地理信息公共服务平台建设步伐,大大推动了区域和城市信息化、现代化建设的步伐,为提高政府信息化管理和科学决策水平、促进经济发展方式转变提供了有力支撑。成功研发了北京市东城区万米单元网格管理系统等城市管理、规划信息系统,为更加精确、快速、高效、全时段、全方位的管理城市提供了有效手段。建成了中越边界谈判信息系统、行政区域界线勘界信息系统、国土资源动态监测信息系统、人口地理信息系统等,为提高业务部门的综合管理和决策水平作出了重要贡献。

2. 社会公众服务方面

不断加快地理信息公共服务平台建设的步伐,进一步丰富了主节点公众版平台数据资源,基本完成了国家级公众版主节点建设,成功推出了基于互联网的公众版国家地理信息公共服务平台——"天地图"网站,为公众提供权威、可信、统一的地理信息服务,主要包括覆盖全球范围的 1∶100 万矢量数据和 500 米分辨率卫星遥感影像,覆盖全国范围的 1∶25 万公众版地图数据、导航电子地图数据、15 米和 2.5 米分辨率卫星遥感影像,覆盖全国 300 多个地级以上城市的 0.6 米分辨率卫星遥感影像等。截至 2012 年 9 月底,共有来自全球 216 个国家和地区 3.2 亿多人次访问"天地图",单日访问峰值超过 665 万人次。此外,北京、重庆、太原等多个城市已将地理信息公共服务平台应用于城市建设和经济社会发展中,为政府、专业部门的高效管理和科学决策提供了重要支撑,为企业开展地图产品的增值开发提供了基础平台,为提高百姓生活质量提供了有效工具。

3. 公共应急保障服务方面

近年来,在应对和处置各类突发公共事件中,各级测绘地理信息部门充分发挥测绘技术优势,全力制作专用地图,积极提供地图、地理信息和测绘技术服务,及时地满足了抗震救灾、防汛抗洪、疾病防控、反恐维稳等突发公共事件对测绘成果的紧急需求。如在 2008 年的汶川地震、2010 年的玉树地震、舟曲特大泥石流、2011 年的盈江地震、利比亚撤侨等工作中,测绘地理信息部门迅速启动应急测绘保障预案,充分发挥测绘技术优势,24 小时不间断为党中央、国务院、有关部门、灾区政府提供测绘成果和技术服务,并积极为灾后恢复重建提供测绘支持。其中汶川抗震救灾累计提供灾区地图 5.3 万张,基础地理信息数据约

12 TB;玉树地震累计提供灾区各类地图近 6 400 套(幅),基础地理信息数据约 1 100 GB。在 2009 年"7·5"暴力事件中,测绘地理信息部门快速开通了测绘成果绿色通道,迅速准备了现势性强的测绘公共产品,为武警、公安等部门无偿提供《新疆维吾尔自治区地貌交通图》《乌鲁木齐卫星影像图》《乌鲁木齐市街区图》等最新的测绘资料,为平息暴乱提供了强有力的支撑。在利比亚撤侨工作中,国家测绘地理信息局迅速组织队伍,以已有测绘成果及档案数据为基础,快速制作出利比亚行政区划图、利比亚影像地图、的黎波里等主要城市地图、利比亚政区图和利比亚中资企业及人员情况分布图,及时将应急图件送往国务院应急办、商务部等相关部门,为国家研究部署撤侨工作提供了强有力的测绘地理信息服务与支持。

4. 国家重大战略和重大工程服务方面

紧密围绕国民经济和社会发展大局,积极为南水北调、西部大开发、振兴东北等老工业基地、西气东输、全国主体功能区规划、国土资源调查管理等国家和地方重点工作与重大工程建设,青藏铁路、沪宁高速、京津城际铁路、上海磁悬浮列车运营线、北京奥运会、上海世博会工程等重要基础设施建设,塔里木河流域、三江源地区、黄河流域等区域环境治理和生态工程建设提供了强有力的测绘成果和技术服务,极大地促进了国民经济各部门各领域的快速发展。积极协助全国土地资源调查,提供了大量航空航天遥感影像、控制点、地形图、数字高程模型(DEM)数据等基础资料,较好地满足了土地利用调查、土地宏观调控及国土资源管理的需要。全力配合统计部门测绘完整的经济普查区图,建立普查区统计电子地理信息系统,为更加全面了解我国产业发展布局,促进统计电子化管理、加强和改善宏观调控,提供了重要的地理信息数据和基础平台。

5. 新农村建设保障服务方面

出台了《关于做好社会主义新农村建设保障服务的意见》等一系列政策措施和标准,全面部署新农村建设测绘保障服务工作,为优化农业结构和区域布局、推进农业信息化建设、提升农业生产力水平、加强涉农重大工程建设、建设农村新社区、改善农村面貌、提高农民生活质量等方面提供了重要的测绘成果及技术服务保障。组织开展了新农村建设测绘保障服务项目试点工作,推进"一县一图"、"一乡一图"、"一村一图"工程建设,北京、内蒙古、吉林等9个省(自治区、直辖市)和大连市已经完成新农村建设测绘服务保障示范项目,推出了一批内容丰富、形式多样、特点突出的示范项目建设成果,广泛地服务于新农村建设规划、基础设施建设、农村文化建设、乡村旅游、精准农业发展等方面,有力地促进了农村经济社会的又好又快发展。

(二)存在的突出问题

通过多年的努力,我国测绘地理信息公共服务取得了令人瞩目的成就,为我国的经济社会发展提供了及时有效的测绘保障服务。但总体来说,目前我国的测绘地理信息公共服务水平还不高,与日益增长的测绘地理信息公共服务需求和政府职能转变的要求差距还很大,特别在公共服务对象、公共产品供给、公共服务方式以及公共服务体制机制等多方面还存在着诸多不足。

1. 测绘地理信息公共服务对象不够广泛

从测绘公共服务的基本内涵来看,测绘公共服务的对象应该包括政府、企事业单位和社会公众,涵盖社会各个阶层和各个领域。然而在现阶段,测绘公共服务的对象仍相对单一,服务对象局限性还很大,主要是以各级政府及相关部门为主。相对而言,为企业和社会公众提供的测绘公共服务较少,对于社会大众普遍需要的地理信息,测绘公共服务尚未实现必要覆盖或全覆盖,这样既不利于促进地理信息产业的发展,也不利于提高社会大众对测绘工作的认知。

2. 测绘地理信息公共产品供给不够充足

随着社会信息化水平的提高,人们对于测绘地理信息公共服务的需求日趋多样化,对于测绘地理信息公共服务的内容提出了更高的要求。然而,测绘地理信息部门提供的测绘公共产品无论从数量和种类,还是从质量上来说,相对于国民经济建设和社会发展的需要而言仍然有限,基础数据不足,测绘地理信息公共产品种类单调、现势性不强,数字产品不够丰富。

3. 测绘地理信息公共服务方式有待进一步加快转变步伐

长期以来,测绘地理信息公共服务方式主要是以面对面的服务方式为主,即首先通过各级测绘地理信息行政主管部门的行政审批,然后用户到各级基础地理信息中心或者成果保管单位领取数据,不仅耗费时间长,也无形之中增加了使用成本,与建立服务型政府的要求不相适应。现代社会已步入互联网、移动无线、卫星通信等网络高速发展的时代,只有更加强调信息的快速、及时、便捷获取,才能更好地适应经济社会发展的需要,为此,亟须转变这种落后的服务方式。"十一五"末期,随着公众版国家地理信息公共服务平台的推出和应用,测绘地理信息部门在转变公共服务方式方面迈出重要一步,通过互联网以门户网站和服务接口的形式为公众、企业免费提供了 24 小时不间断的"一站式"地理信息服务。但是总的来说,测绘地理信息部门在通过互联网为社会公众提供在线地理信息服务方面,还处于起步阶段,服务便捷性、内容丰富度、信息有效性、功能完整性等方面还需要进一步加强,特别是基础地理信息的在线审批和获取进程有待进一步加快。

4. 适应现代技术条件的测绘地理信息公共服务体制机制尚不健全

随着现代技术在测绘地理信息服务领域的广泛应用,测绘地理信息公共服务体制尚未跟上现代技术发展的步伐,测绘地理信息成果提供机构和成果提供机制没有随之调整,针对现代测绘地理信息服务手段的制度保障缺乏。部分地(市)县(市)测绘地理信息管理机构及人员缺失,履行测绘地理信息公共服务职能、发展测绘地理信息公共服务缺少基本的体制保障。

(三)国外发展情况

进入 21 世纪,随着经济全球化的步伐不断加快,空间技术、计算机技术、网络技术、信息技术、通信技术等现代高新技术的综合应用,有效地推动了世界各国测绘地理信息公共服务的快速发展。近些年来,国外主要国家的测绘地理信息公共服务大致呈现以下特点。

1. 测绘地理信息公共服务方式便捷

美国、加拿大、英国、新西兰等国基本都以网络化的方式提供测绘地理信息公共服务,如美国地质调查局在全国范围内建立了自己的内部网和外部网,总共有 150 多个网络服务器向外提供信息服务,此外美国还实施了"地理空间一站式服务"(GOS)计划,使政府和公众都能够以更加便利、快速和廉价的方式访问地理信息。英国军械测量局推出了 MapsDirect 网络服务,为社会大众提供全英地理信息数据的访问。加拿大通过实施 GeoConnections 计划,使公众通过互联网能够访问加拿大地理信息,实现测绘公共产品的在线共享、查询和获取。新西兰土地信息中心(LINZ)于 2002 年推出了新西兰在线地图服务,保证用户在第一时间得到最新的数据,并能够从任何地方通过互联网获得真正"按需"打印的地图。

2. 测绘地理信息公共产品比较丰富

国外一些国家高度重视测绘地理信息公共产品的开发,加拿大、南非、澳大利亚、挪威和美国等国已经完全开放了地理信息框架数据,英国也从 2011 年 4 月起,将所有的中比例尺地图免费开放。此外,美国地质调查局提供美国国家地图集、全球范围内的 1 km×1 km 的 DEM 数据、全球范围内的地面分辨率为 1 km 的土地覆盖数据,以及所有元数据的查询、获取和 20 世纪 40 年代以来数百万幅的航空像片和数百万幅的卫星影像的检索查询等。英国军械测量局提供大约 1 000 种不同的游览图及娱乐图,覆盖英国的每一个角落,此外,每年还发行 200 余万份 1∶5 万的英国全功能国家地形图等。新西兰地图服务提供全部的地形细部、地形模型图和正射影像,以及可直接打印的高质量地图等。加拿大提供包括目录和注册服务、地理信息要素服务、地图表示以及符号库服务、事件通知服务和空间参照系字典服务等各种地理空间相关信息。

3. 测绘地理信息公共服务领域广泛

国外测绘地理信息部门在发展测绘地理信息公共服务的同时,非常注重与其他部门和相关领域的合作,以便能更好地服务于本国的经济社会发展。美国、加拿大、英国、南非、澳大利亚、挪威、新西兰等国测绘地理信息公共服务的对象几乎涵盖社会各阶层,为企业和公众提供了各类基础地理信息服务,各种基于测绘地理信息公共产品的行业信息集成服务和增值服务不断涌现。如美国地质调查局提供的测绘产品不仅满足政府及相关部门的工作需要,又适应科研工作者和专业人员的需要,同时还尽可能地面向公众,满足社会大众的需要;此外,还积极向全社会发布和提供国家高程、正射影像、水文、行政边界、交通网络、地籍、大地控制以及各种专题数据和规划,减少有关部门、企业和公众对公共数据的重复采集等。澳大利亚测量与土地信息集团(AUSLIG)通过多种形式的授权许可向各类用户提供地图数据,每个人可以根据自己的需求向 AUSLIG 申请使用地图数据。

4. 测绘地理信息公共产品适应性较好

世界各国充分利用地面快速测量装备、高分辨率对地观测卫星、"云计算"技术、高性能网络终端等技术装备缩短测绘地理信息公共产品生产周期,不断提高产品的现势性,更好地服务于本国经济社会发展。如美国国家航空航天管理局(NASA)积极了解掌握公众需求,推出了地理科普软件 NASA World Wind(一个可视化地球仪),使广大用户可以完全免费地透过一个 3D 引擎从外太空察看地球上的任何一个角落,享受来自世界各地的气象信息和观看世界各地的清晰的卫星照片等。日本结合本国的区位分布和自然地理环境因素,推出了大中小比例尺国家普通地图、土地利用状况图、湖泊分布图、区域计划图集、海图和航海图等形式多样的测绘公共产品,很好地满足了本国经济社会发展的需要。

(四)发展趋势

结合我国和国外测绘地理信息公共服务发展的基本情况,充分考虑我国经济社会发展与其他国家经济社会发展对测绘地理信息公共服务需求的差异,以及全球科技的发展趋势、全社会对测绘地理信息公共服务认知和需求的变化、信息化测绘快速推进和测绘地理信息行政管理职能转变不断深化等方面因素,未来20年,测绘地理信息公共服务将呈现以下发展趋势。

1. 测绘地理信息公共产品将日益丰富

服务型政府建设以及社会大众生产生活对地理信息基本需求的不断增长,必将推动各级政府持续加大测绘地理信息公共产品的投入力度,快速提升测绘地理信息公共产品的总量,不断丰富测绘地理信息公共产品的种类,测绘地理信息公共产品将更加贴近社会生产和百姓生活需要,测绘地理信息公共产品的可获得性门槛将越来越低。测绘地理信息公共产品的要素信息也将更加丰富、更加精确、更加全面,测绘地理信息公共产品的生产与供给将更加注重信息的有效性和知识性,测绘地理信息公共服务的内容将实现由"地图数据服务"向"信息知识服务"的深刻转变。

2. 测绘地理信息公共产品的现势性将越来越强

随着国家现代化建设步伐的不断加快,城市化、城镇化和新农村建设的快速推进,城市和农村面貌日新月异,客观上加速了地理信息的"老化"速度,必然要求不断提高测绘地理信息公共产品的现势性,加快测绘地理信息公共产品的更新换代,更好地满足经济建设和社会发展的需要。另外,地震、山洪泥石流、洪涝干旱、极端气候现象等各种突发公共事件频发,为了更好地应对这些问题,必须掌握最新的基础地理信息,持续增强测绘地理信息公共产品的现势性,更好地满足公共应急的需要。与此同时,技术与装备的进步也将有效提高基础地理信息的现势性。

3. 测绘地理信息公共服务的对象将更加广泛

测绘地理信息公共产品的本质特性和一般特点决定了其服务的领域将无处不在,必将渗透至经济社会发展的各领域各方面,惠及全社会各个阶层;同时,实现测绘公共产品对广大人民群众的全覆盖也是全面建设小康社会的内在要求。随着信息产业的快速发展,我国网民和移动用户数量的持续攀升,预示着将会有更多的人,无论是在繁华的都市还是在遥远的山村,都能够通过移动互联网获得测绘地理信息公共产品,享受到测绘地理信息公共服务。另一方面,随着测绘地理信息公共产品在经济社会发展各个领域中的深入应用,其发挥的重要作用将被越来越多的人所了解,必将进一步促进其更广泛的应用。

4. 测绘地理信息公共服务的方式将日趋便捷

现代科学技术的突飞猛进,特别是无线通信、云计算、无线射频识别、卫星雷达等现代科学技术的快速兴起与迅猛发展,以及电信网、计算机网、有线电视网等多种网络融合的加速推进,各类信息接收和传输终端等高科技装备的不断推出,将为实现测绘地理信息公共产品的快速传播、测绘地理信息公共服务方式的高效便捷,创造更加有利的条件。智慧地球、物联网、新一代信息技术的快速兴起,预示着未来社会将进入一个更加智能化的时期,经济运转和社会发展将更加快速协调,必然要求服务于经济社会发展的测绘地理信息公共产品在供给方式上更加便捷及时,这将有效推动测绘地理信息公共服务方式朝着网络化、智能化的方向发展。

二、发展目标

(一)总体目标

到2030年,形成完备的测绘地理信息公共产品体系,具备充足的、适用的、好用的测绘地理信息公共产品,全面实现各种网络环境下的地理信息综合服务。统一、权威的全国地理信息公共服务平台高效运行,成为各部门业务化运行的基础平台。测绘地理信息公共服务惠及社会各领域、各阶层。测绘地理信息公共产品的现势性极大提高,能够充分满足政府、企事业单位、公众等对基础地理信息现势性的需求,测绘地理信息公共服务成为推动地理信息产业发展的重要力量,促进经济建设、社会发展和国防建设的能力和水平大幅提升。

(二)阶段目标

到2015年,测绘地理信息公共产品种类和数量能够较好地满足经济社会发展和人民群众生产生活的基本需求。1∶25万公众版地图产品深入应用,1∶5万公众版地图产品实现试生产,系列新型公众版地图产品相继涌现。全国系列县级行政区域挂图基本完成。全面建成地市级以上地理信息公共服务平台,实现各部门各地区地理信息资源共建共享,向全社会提供"一站式"地理信息服务。应急测绘地理信息保障服务能力水平有较大提高,能够及时为跨部门(地区)的突发事件应对处置等提供在线地图与地理信息协同服务。通过网络在线获取测绘地理信息公共服务的用户占测绘地理信息公共服务用户总量的30%以上。基于互联网、电信网、广播电视网等"三网"融合的网络化测绘地理信息公共服务方式初步实现。

到2020年,测绘地理信息公共产品全面满足全社会对测绘地理信息公共产品的不同需求。1∶5万公众版地图产品深入应用,多个省区多尺度公众版地图相继涌现。全国2 860个县(市)行政区域挂图全面完成。地理信息公共服务平台实现纵向多级互动、横向实时交互、平台高效运转,成为各级政府及相关业务部门日常工作的基础平台和重要工具,全面支持政府、专业部门、企事业单位以及公众的在线地理信息应用。应急测绘地理信息保障统筹协调能力大幅提高,具备全天候和全天时应对各类突发公共事件的能力,能够及时提供应急救急所需最新测绘地理信息成果。基于互联网、电信网、广播电视网、无线网等"多网"融合的网络化、智能化服务方式成为测绘地理信息公共服务的主要方式,通过网络在线获取测绘地理信息公共服务占测绘地理信息公共服务用户总量的70%以上。

三、主要任务

发展测绘地理信息公共服务是各级测绘地理信息行政主管部门转变政府职能、贯彻落实科学发展观的具体体现。《国务院关于加强测绘工作意见》也对加强测绘地理信息公共服务提出了明确要求。要突破测绘成果保密与开发利用的难题,大力发展测绘地理信息公共产品和服务,不断增强测绘地理信息公共服务能力,提升测绘地理信息公共服务水平,更好地满足经济社会发展需要。

(一)完善地理信息公共服务平台

面向政府管理决策科学化、国民经济与社会发展信息化、经济增长方式转变等对地理信息在线服务的迫切需求,以一体化地理信息资源为基础,以网络化地理信息服务为主要手段,以协同式运行维护与更新为保障,加快建立面向政府、企业和公众的统一、标准、权威的地理信息公共服务平台——"天地图",使其成为数据覆盖全球、内容丰富翔实、应用方便快捷、服务优质高效的有国际竞争力的互联网地理信息服务民族优秀品牌,在线地理信息服务能力与质量达到国内领先、国际先进水平,提供便捷、及时的一站式在线地理信息服务,切实转变测绘地理信息公共服务方式,不断提升测绘公共服务能力。

充分利用最新计算机技术、网络技术、通信技术和测绘科技成果等,建设广域网络接入、服务器集群、数据存储备份与安全保密的软硬件环境,建成基于电子政务内、外网的网络化运行环境,加快地理信息公共服务平台主节点、分节点和信息基地建设。在全国范围内,纵向上实现1个国家级、31个省级、333个地市级以及部分县级节点的多级平台互联互通与协同服务;横向上联通各类用户,对于使用涉密地理信息的政府用户,依托涉密广域网实现互联互通和信息共享,对于企业和公众依托非涉密广域网进行联通。构建基于统一服务注册和分级授权管理的平台服务管理系统,加强对各级地理信息服务资源的注册、发现与状态监测以及用户信息注册、认证与使用管理等,为各级用户提供准

确、科学、直观的多种在线地图、地理信息和影像信息服务,以及相应的
系列标准服务接口、数据应用分析、平台可扩展、地图浏览标注、加载和
自助制图等基本服务。

(二)加大公益性地图产品开发力度

充分利用各级基础地理信息数据库及其他相关成果资料,按照
"需求牵引、分工协作、国家主导、社会推动"的方针,大力开发多种类
型、要素丰富、实用方便的各类公益性地图产品,更好地满足全社会对
测绘公共产品的需要。大力推出覆盖全部国土的中比例尺以上的公益
性地图产品,生产1∶5万及以上比例尺公众版地图产品。加快推出普
遍适用于大众的网络电子地图、三维数字地图、街景地图等现代测绘公
共产品。编制反映县(市)行政区域划分、水系结构、交通网络、居民点
分布、人口数量、旅游资源状况等综合信息的全国系列市县行政区域挂
图,涵盖全国所有地级、县级行政区划单位,实现一县一图。编制反映
我国有史以来自然、政治、经济、军事、文化状况及其变化的历史图集。
编制国家大地图集。编制出版地球南北极和月球、火星等空间星体的
主题的多类型地图产品。

(三)加强地理国情信息服务

经济社会的快速发展加剧了地表形态的变化进程,管理决策需要
更加全面的地理国情变化信息。紧密结合国家现代化发展的步伐,准
确把握经济社会发展对地理国情信息的基本需求,充分利用现代测绘
高新技术手段,积极推出各种地表动态监测专题图,包括生态环境、森
林覆盖、土地覆盖、城乡变迁、水资源分布等系列专题地图,强化对我国
地貌形态、城乡变迁、资源分布、生态环境等各种自然和人文地理信息
的监测、统计、分析、预测及成果提供。加快编制涵盖自然、经济、人文
等重要信息的综合国情、省情、市情地图集,编制领导机关专用地形图,
适时推出网络版综合国情地图。推动测绘公共产品由地图数据服务向
信息知识服务转变,着力开展国土面积、地形地貌、土地利用、道路、水

资源、生产力空间布局以及自然灾害影响等各种自然地理、人文地理要素信息的统计分析,全面掌握全国土地、草地、森林、水、矿产、人口等分布与变化情况,揭示地理国情的数量情况、分布特征、内在联系及发展规律,为管理决策提供综合、客观、准确的地理国情数据支持,促进管理决策的科学化,更好地服务于国民经济各部门各领域。

(四)提升应急测绘地理信息保障服务水平

从体制机制上下工夫,不断加强应急测绘地理信息保障制度建设,进一步完善应急测绘地理信息保障机制,建立由政府主导的公共应急救援补偿制度,健全紧急状态下动员社会力量参与应急测绘地理信息保障服务的工作机制,确保灾后地理信息提供在有效时间内完成。强化全国应急测绘的统筹协调,建立健全从中央到地方多级互联、专兼职结合的测绘应急保障队伍,依托国家测绘地理信息局直属单位组建国家应急测绘队伍,组建一支反应迅速、机动性高、技术全面的国家级测绘应急队伍,加强应急数据处理中心和国家级应急测绘装备基地建设,形成快速、及时、准确的应急测绘保障能力。不断加强部门间的联合协作,加大在地理信息资源共建共享、应急信息可视化发布等方面的合作力度。大力提升应急测绘技术装备能力,发展长航时航空遥感摄影平台,配置无人飞机、无人飞艇、轻型飞机、应急监测车等地理信息快速获取、处理、提供的技术装备,实现地理信息数据实时处理和动态更新,加强现代测绘技术装备与网络、通信等信息基础设施的集成,提高快速反应能力,大幅提升应急地理信息的生产效率和质量。加强灾害多发及潜在地区地理信息的监测和统计分析。不断丰富应急测绘保障服务手段,充分利用地理信息公共服务平台、地理国情监测等重大专项的建设成果辅助应急救急,增强地理信息应急保障能力。

(五)加强测绘基准信息服务

依托国家快速传输网络,以国家现代化测绘基准体系为基础,以国家现代基准服务中心为依托,加强国家和区域高精度、三维、动态、多功能的测绘基准信息服务,不断拓展测绘基准服务的内容,大力推出深度基准、时间基准以及精确定位、测速、授时和精密星历等测绘基准公共产品,满足经济社会发展各方面各领域对测绘基准信息的基本需求。重点通过覆盖全部国土的国家 GNSS 连续运行站网、国际 GPS 服务以及县级以上行政区域全覆盖的密度更高的 CGCS 2000 网,提供双向短报文通信和精密星历服务以及我国和邻区大范围地壳运动边界条件的变化信息服务。利用以陆海统一的高程基准,提供高精度和高稳定性高程基准数据服务。提供我国 30′×30′ 平均重力异常格网数据,为国民经济建设、各部门提供高精度、高分辨率的重力场信息服务。利用统一的陆海高程和深度基准,为海洋经济开发、开展海岛(礁)测绘、海洋资源环境调查等重大需求提供深度基准数据服务。

(六)推进测绘地理信息档案信息服务

充分利用新技术和新方法,加快实现纸质测绘档案资料的数字化扫描储存库,加强测绘成果档案资料数据库的整合、改造和完善,优化测绘档案资料的数据库结构,丰富测绘档案信息内容,缩短测绘档案资料更新周期,提高测绘档案信息的完整性与现势性,不断促进测绘档案资料更加广泛的利用,特别要发挥测绘档案资料在地理国情统计分析、测绘规划项目编制等中的基础参考作用。加快实现测绘地理信息公共产品目录服务系统在纵向、横向上的互联互通,并将目录服务系统向全行业扩展,最终建成覆盖全行业测绘成果和产品的一站式网络化目录服务系统,使社会各界能够快速、更便捷地访问、检索、订购、浏览和下载相关测绘档案信息,不断增强测绘档案信息化服务的能力水平。

四、配套措施

解决我国测绘地理信息公共服务发展面临着的突出问题,进一步提升测绘地理信息公共服务的水平,要从制度、机制、方式、技术等方面下工夫,完善测绘地理信息公共服务政策、法规和标准,健全测绘地理信息公共服务机制,创新测绘地理信息公共服务方式,加大测绘地理信息公共服务财政投入力度,加强测绘成果保密技术攻关,为发展测绘地理信息公共服务提供有力的保障。

(一)健全服务机制

准确把握经济社会发展和人民群众对测绘地理信息公共产品和服务的基本需求,统筹规划基础测绘任务,加大公共服务型项目的支持力度,扩展测绘地理信息公共产品的总量供应,健全测绘地理信息公共服务提供机制,"按需"投资、生产和提供测绘地理信息公共产品,避免重复建设,逐步实现测绘地理信息公共产品的高效利用。继续巩固政府在发展测绘地理信息公共服务中的主体地位,积极引导非营利性的社会资金参与测绘地理信息公共产品的投资,鼓励并支持相关企业参与测绘地理信息公共产品的生产,协调各方力量共同推动测绘地理信息公共服务的发展。建立健全测绘地理信息公共服务监管体系,将测绘地理信息公共服务纳入干部政绩考核制度。

(二)创新服务方式

紧密结合数字地球、智慧地球、物联网、网络融合等信息应用前沿及发展趋势,充分利用计算机技术、网络技术、通信技术等信息技术和测绘高新技术以及互联网、电信网和有线电视网等网络,提供在线地图与地理信息服务,更好地满足经济社会发展和人民群众生活对测绘地理信息公共产品的需求。不断强化测绘地理信息网络基础设施建设,广泛运用地理信息公共服务平台等快速便捷地为政府及社会大众提供测绘公共服务,进一步增强通过手机、电视、电脑、便携式辅助设备、车载信息终端等媒介提供测绘公共服务的能力,形成运行高效、分发便捷、获取顺畅的测绘地理信息公共服务模式。

第6章　地理信息产业发展

党的十八大要求,推动战略性新兴产业健康发展,推动服务业特别是现代服务业发展壮大。地理信息产业是以现代测绘和地理信息系统、遥感、卫星导航定位等技术为基础,以地理信息开发利用为核心,从事地理信息获取、处理、应用的高新技术产业、新型高端服务业和战略性新兴产业。

地理信息是经济社会活动的重要基础,是战略性新兴产业的重要内容,是全面提高信息化水平的重要条件,是加快转变经济发展方式的重要支撑。发展地理信息产业,不仅能为国民经济和社会信息化提供重要支撑,而且对于促进经济增长、扩大就业、保持社会稳定具有十分重要的意义。随着经济社会的快速发展和人民群众生活水平的不断提高,社会大众对地理信息服务的需求日益迫切,地理信息产业发展显现出巨大的潜力和无限广阔的前景。我国《国民经济和社会发展第十一个五年规划纲要》首次把发展地理信息产业作为任务之一,从国家战略的高度来推动地理信息产业发展。《国务院关于加强测绘工作的意见》要求尽快研究制定地理信息产业发展政策,妥善处理地理信息保密与利用的关系,引导和鼓励企业开展地理信息开发利用和增值服务,培育具有自主创新能力的地理信息骨干企业,形成一批具有自主知识产权的先进技术装备,促进地理信息产业发展壮大。党的十八大要求,推动战略性新兴产业健康发展,推动服务业特别是现代服务业发展壮大。

发展地理信息产业,要根据《国务院关于加强测绘工作的意见》的精神和构建智慧中国、监测地理国情,壮大地信产业、建设测绘强国的发展方向,以地理信息资源开发利用为核心,以自主创新为动力,大力发展地理信息核心技术和产品,大力培育地理信息企业和知名品牌,不断提高产业整体水平和国际竞争力,完善市场需求主导、企业自主经营、政府依法管理的地理信息产业运行模式,不断满足经济社会发展和人民群众生活对地理信息服务的需求,为调整经济结构、转变发展方式作出重要贡献。

一、特征和意义

(一)主要特征

地理信息产业是现代高端服务业,高新技术密集、资源消耗低、带动系数大、综合效益好、国际化程度高,具有广阔的发展前景。

1. 地理信息产业是高新技术产业

地理信息技术是计算机、网络、地理信息系统、遥感、卫星导航和现代测量等高新技术的综合集成,地理信息产业具有知识和技术密集的特点,从业人员中科技人员比重较大。地理信息产品研发投资大、产品附加值高,地理信息产业产值增长强劲,具有较强的渗透性,对其他产业的带动作用明显,具备国家高新技术产业特征。

2. 地理信息产业是环境友好型产业

地理信息产业消耗能源极少,几乎不污染环境,是典型的资源节约型和环境友好型产业。与此同时,卫星导航定位、智能交通等先进技术的集成应用,能够极大地降低人们出行的各种成本,提高出行效率,有效减少二氧化碳排放,促进全社会的节能减排和降低消耗。

3. 地理信息产业是安全关联性产业

一方面,地理信息是涉及国家主权、安全和利益的重要信息,是重要的战略性信息资源。高精度地理信息已成为信息化战争争夺的重要资源。另一方面,高分辨率卫星获取、导航卫星定位、现代测绘等地理信息技术,是维护国家安全的重要支撑技术,在现代战争和反恐维稳中发挥着至关重要的作用。这些技术直接关系到军事信息获取的可信度和处理的自动化程度。

4. 地理信息产业是国际化程度较高产业

发达国家大型地理信息企业积极进行全球布局,部分低端产业逐渐向发展中国家转移,使地理信息产业的国际化程度越来越高。经过20多年的发展,我国地理信息产业出现了一批具有自主知识产权、具有一定规模和发展潜力的企业,在国家软件政策、扶持中小企业政策和"走出去"政策等相关政策引导下,积极开展国际竞争。

5. 地理信息产业是现代高端服务业

当前,地理信息广泛服务于人们生产生活的各个方面,地理信息产业已成为现代服务业的重要内容。其发展主要依托地理信息高新技术和现代管理理念,以技术性、知识性的服务为主,具有技术密集、知识密集、资本密集、高附加值、高聚集性和高产业带动力等特点,其发展在很大程度上依赖地理信息高端人才,因此,地理信息产业是现代服务业的高端部分。

6. 地理信息产业是高关联度产业

地理信息产业是测绘技术、信息技术和空间技术等交叉、渗透和融合发展的产物,地理信息技术应用涉及众多领域,因此,地理信息产业具有较强的关联效应,对国民经济有着广泛的影响。根据统计,地理信息产业关联度大于1∶10,能够推动物流产业、汽车产业、航空航天产业等加快发展。

(二)重要意义

推动地理信息产业加快发展,有利于满足国民经济、社会发展、人民生活各方面对地理信息及相关技术的迫切需要,对转变经济增长方式、扩大就业、提升我国综合国力具有重要意义。

1. 发展地理信息产业有利于提升国家综合国力

信息资源是国家和社会的重要财富,对经济、社会发展的作用越来越突出,信息资源的开发和利用是国家信息化建设的核心任务。其中,具有基础地位的地理信息资源的开发应用水平,直接关系到国家安全、科学管理和决策,关系到企业竞争力的提高,关系到其他战略资源的整合和利用。因此充分开发利用地理信息资源,对我国社会进步、科技水平提高、综合国力增强具有重要意义。

2. 发展地理信息产业有利于促进经济增长

地理信息技术应用广泛,市场潜力巨大。地理信息产业不仅能直接产生较大的经济效益,还可以带动智能交通、手机通信、现代物流、网络服务等现代服务业的发展;不仅有利于扩大居民消费,而且有利于调整和优惠经济结构,提高经济增长的质量和效益。

3. 发展地理信息产业有利于满足社会大众的迫切需求

通过发展车载导航、手机导航等服务,能提高人们的出行效率,扩大人们的出行范围。互联网地理信息服务日益成为人们衣食住行的好帮手。加快发展地理信息产业,有助于更好地满足人们日常生活对导航定位服务、互联网地理信息服务等新型地理信息服务越来越迫切的需求。

4. 发展地理信息产业有利于促进国家信息化建设

在各种社会经济信息中,80%与地理空间位置有关,加快地理信息产业发展,有助于为经济、社会信息化建设提供统一、标准、权威的地理空间载体,对集成、整合和共享自然、社会、经济、人文、环境等各类信息,避免数字孤岛,促进信息资源开发利用、广泛共享和互联互通,避免重复建设都具有十分重要的作用。加快地理信息产业发展,既是推进国民经济和社会信息化的迫切需要,也是信息化的重要内容和基础保障。

二、现状和趋势

(一)国外发展现状

国际地理信息产业发展的总体状况是:产值规模大、市场集中度高、技术发展迅速、产业政策比较健全。地理信息产业的世界市场主要分布在北美和西欧,美国在地理信息技术和市场方面居于全球领先地位,拉丁美洲、东欧、中东和亚太地区地理信息产业市场也正在蓬勃兴起。

1. 发展概况

从市场规模看,据美国市场调查公司 Daratech 统计,2010 年全球地理信息系统(包括 GIS 相关软件、数据和服务)销售额为 44 亿美元。在此之前的 8 年,北美销售额的年平均增长率为 11%,亚太地区为 8.7%,欧洲为 7.9%。全球卫星导航定位市场在 2001~2009 年平均增长率为 23.3%,2009 年增长率为 15%,市场规模达到 660 亿美元,是 2000 年的 6.61 倍。车载导航呈现快速增长态势,全球便携式导航设备市场增长呈下降趋势,全球 GPS 手机市场渗透率不断提高。全球遥感市场近年来同样发展迅猛,美国、法国等遥感商业化比较成功,各国政府大力支持遥感产业化发展,并通过政府补贴、放宽行业监管政策促进空间遥感产业化,拉动遥感产业市场需求。全球地理信息产业市场集中度较高,地理信息产业的龙头企业占据较大市场份额,2009 年美国 Esri 公司占有全球地理信息系统软件市场 30% 份额,Intergraph 公司占有 16% 的市场份额;美国的 NAVTEQ 和欧洲的 Tele Atlas 公司几乎垄断了北美和欧洲导航电子地图市场;在卫星导航设备方面,美国的 GARMIN 公司和欧洲的 TOMTOM 公司占有主要的市场,GARMIN 所占市场份额达到 33%。

2. 技术发展现状

地理信息技术同计算技术、网络技术、空间技术等高新技术发展密切相关,部分国家依靠在高新技术领域的领先优势,确立了地理信息获取、处理等技术领域的领先地位。部分发达国家已经形成了较为完善的对地观测技术体系,美国 Digital Globe 公司的 Quickbird 和 WorldView 卫星、GeoEye 公司的 GeoEye 和 IKONOS 卫星、法国的 SPOT 卫星是世界上商用遥感数据的主要来源,美国的全球定位系统、俄罗斯的格洛纳斯系统是较为成熟的商用卫星导航定位系统。国际上较为先进、应用较为广泛的遥感影像处理软件有加拿大 PCI 公司开发的 PCI

Geomatica、美国 ERDAS LLC 公司开发的 ERDAS Imagine 以及 Research System INC 公司开发的 ENVI 等。地理信息系统软件方面,Esri、Intergraph 和 MapInfo 等公司开发的软件系统占领了主要市场。

3. 管理工作现状

在管理体制方面,美国、英国、日本等国家地理信息产业主管部门的职责是监管和引导,数据的获取、处理、服务与应用全部交由企业完成。美国的测绘管理方式为政府调控型,政府通过行政命令和法律实现对地理信息产业的宏观调控,非政府组织在地理信息产业的发展中发挥重要的协调作用。加拿大主要地理信息产业管理机构有地理信息署、地形制图局、遥感中心等,私营地理信息企业比较发达。日本实行中央、地方两级地理信息产业行政管理体制,中央地理信息产业行政主管部门是日本交通省国土地理院,地方地理信息产业行政主管部门是9 个地方测量部。各部门所需的测量任务由各部门发包给私营地理信息企业承担。

在法制建设方面,这些国家建立了有利于地理信息产业发展的法规政策,这些法规政策具有以下特点:一是强调共建。鼓励社会各界广泛参与地理信息资源建设,不仅是数据生产企业和政府部门,还包括各类用户、开发人员、研究和教育机构以及各类有兴趣的企业。二是强调共享。通过建设地理信息交换网络向全社会公开元数据,政府地理信息数据免费或收取一定的成本费用向用户分发,其他数据的提供和使用方式由生产者决定。这为地理信息数据广泛共享带来了极其便利的条件。三是强调分版。美国等西方大多数国家的地图实行军、民分版。军版主要为了满足国防建设的需要,民版供自由使用。四是强力保护版权。通过强化版权保护,促进地理信息产业的发展。

(二)国内发展现状

1. 总体概况

近年来,我国地理信息产业需求广、发展快、效益好、贡献大,正在成为现代服务业新的经济增长点。全国地理信息产业服务总值保持超过20%的年增长速度,2011年达到1 500亿元。我国地理信息产业从业主体已超过2.2万家,从业人员超过40万人,其中,测绘资质单位从业人员约26万人。我国有200多所高校、20多所职业学校从事地理信息技术相关专业教育,有200多个研究机构开展地理信息相关技术研究工作。地理信息产业集聚度不断提高,目前,黑龙江、武汉等已建成地理信息产业园,北京国家地理信息科技产业园一期工程已经竣工,被国家科技部认定为"国家高新技术产业化基地",浙江省地理信息产业园和烟台正元地理信息产业园等正在建设,云南和陕西等地的地理信息产业园正在筹划中。此外,我国现有9家卫星导航产业园建成或正在建设。

2. 市场发展状况

测量市场方面,主要包括测量服务市场、测量软件市场和测绘仪器市场。而测量服务包括大地测量、航空摄影、工程测量、地籍测绘、房产测绘、行政区域界线测绘、海洋测绘等方面。其中,工程测量服务总值所占比重最高,2010年达到51%;建设系统在测绘外的其他系统中完成服务总值最高,达到14%;从地区分布来看,北京地区的测量市场总值最高,达到14%。JX4、VirtuoZo、DPGrid和Pixel Grid等数字摄影测量系统成功实现商品化、产业化发展,占领了国内摄影测量数据处理系统90%以上的市场,还批量出口国外。我国测绘仪器市场的先进高端仪器目前仍以国外品牌为主,国内测绘仪器厂商主要有南方测绘、苏州一光、博飞、欧波、中海达和华测等,主要产品面向中低端市场。目前,我国生产的水准仪、电子经纬仪、全站仪已分别占领全球市场的90%、80%和70%。

地图市场方面,根据市场估计,目前我国每年公开出版的地图约有2 000多种,年销售码洋总量为3亿~4亿元。参与市场竞争的9家中央和地方专业地图出版社及1家军队地图出版社为主,其次还有几十家兼营地图的出版社和相当数量私营地图公司。与此同时,互联网地理信息服务市场迅速兴起。当前我国从事互联网地理信息服务的网站超过900个,相关企业已超过1 000家。主要互联网地理信息服务运营商有搜狗、百度、新浪、谷歌、灵图、图吧、图盟、丁丁、图讯、图龙等。互联网地理信息年服务总值已突破10亿元人民币。互联网地理信息服务内容不断丰富,服务形式不断多样,除了平面电子地图,还推出了高分辨率的遥感影像地图和城市三维景观图。目前,互联网地理信息服务的主要盈利模式是企业标注和定制地理信息服务。

导航定位市场方面,目前形成了具有市场竞争力的电子地图产品,初步建立了较为完善的导航产业营销和服务网络体系,形成了一批拥有导航电子地图核心技术的骨干企业。目前我国共有11家导航电子地图生产资质单位,导航电子地图已覆盖中国大陆全部地级城市和县级行政区划单位,覆盖公路里程95%以上。2011年,汽车前装和后装导航产品销售量为316.6万台,中国汽车导航仪保有量2 450万台以上,销售具备卫星导航定位功能的手机2 676.98万部。

遥感市场方面,目前全国有甲级资质航空摄影企业23家,乙级资质航空摄影企业超过50家。遥感数据获取装备大幅提升,测绘地理信息行业目前共拥有航摄仪197台,其中光学航摄仪85台,数码航摄仪112台。拥有航摄飞机共94架,其中中高空航摄飞机33架(其中8架属于航摄企业),低空航摄飞机61架,无人机航摄系统100余套。卫星遥感数据获取机构除了气象部门外,还有中科院遥感地面站和30多家MODIS遥感卫星接收站。中巴资源卫星、北京1号和天绘1号卫星影像的应用也在逐渐增多。高分辨率卫星遥感影像获取主要依赖国外,目前有10多家企业从事国外卫星遥感影像代理及增值服务,主要销售代理TM、ETM、SPOT、IKONOS、Quickbird等卫星影像产品。

地理信息系统市场方面,国产地理信息系统软件典型企业和产品有北京超图地理信息技术有限公司的SuperMap GIS系列、武汉中地数码有限公司的MapGIS、武汉大学吉奥公司的GeoStar等。随着近年来地理信息系统在各个行业应用的不断成熟,大量地理信息系统应用软件不断涌现,如北京吉威数源信息技术有限公司的地理信息处理软件、北京数字政通科技有限公司的数字城管地理信息系统、北京苍穹数码测绘有限公司的苍穹国土数据处理系统、北京山海经纬信息技术有限公司的警用综合地理信息系统等。伴随信息化和数字城市建设不断推进，地理信息系统集成应用已拓展到经济、社会各领域。

3. 技术发展状况

数据获取手段比较丰富。目前我国地理信息数据获取的主要形式包括地面测量、遥感卫星测量、数字航空摄影测量、GPS/IMU 直接定位定向测量、机载激光雷达测量、车载激光雷达测量以及卫星导航定位数据采集等。

数据处理软件得到快速发展。经过 10 多年的发展，我国已经涌现出一批实用的遥感数据处理软件，中国测绘科学研究院推出的 CASM、Pixel Grid 等遥感数据处理系统、中国科学院遥感应用研究所研制的 IRSA 遥感数据处理系统、武汉大学与武大吉奥信息工程技术有限公司联合开发的 GeoImager 遥感数据处理系统，都是优秀的遥感数据处理软件。

地理信息系统技术和卫星导航定位技术应用最为广泛。地理信息系统已在资源开发、环境保护、城市规划建设、土地管理、农作物调查与估产、交通、能源、通信、测绘、林业、房地产开发、自然灾害的监测与评估、金融、保险、石油与天然气、军事、犯罪分析、运输与导航、110 报警系统、公共汽车调度等方面得到了广泛应用。

地理信息技术与其他高新技术融合发展。随着互联网技术、无线通信技术、卫星导航定位技术与地理信息系统相结合，特别是第三代移动通信技术的推广使用，面对社会大众的互联网地理信息服务和基于位置的服务将成为地理信息产业发展的新亮点和重要发展方向。

4. 政策与管理现状

随着地理信息产业的不断发展壮大，国务院及国家测绘地理信息局等部门逐步加大了对地理信息产业管理力度，形成了相关部门依据职责各司其职，共同管理地理信息产业的良好局面。相关部门出台了多项政策、法规,引导、规范地理信息产业发展,目前已经形成了由《测绘法》《基础测绘条例》《中华人民共和国测绘成果管理条例》《中华人民共和国地图编制出版管理条例》《中华人民共和国测量标志保护条例》《地图审核管理规定》《关于加强互联网地图管理工作的通知》《关于加强测绘质量管理的若干意见》等构成的、较为完整的地理信息产业法律、法规、政策体系。由于地理信息产业属于高新技术产业,国家有关促进软件企业、中小企业、高新技术企业、装备制造业加快发展的政策,以及国家支持企业"走出去"的相关政策同时也为加快地理信息产业发展起到了较好的促进作用。

(三)发展趋势

1. 全球化趋势日益明显

伴随着经济全球化、全球一体化步伐明显加快,地理信息服务也越来越多地在全球范围内展开。越来越多的国际地理信息企业在我国开展地理信息获取、处理、提供服务以及相关的咨询和技术服务。同时我国的地理信息企业也已经开始走出国门,承担地理信息数据加工处理、工程测量等外包服务。随着我国对地观测体系的不断完善,将有更多的企业走出去占领国际地理信息高端市场。地理信息标准化是地理信息产业发展的重要基础,也是提高产业规模效益和深化地理信息应用的保证,很多企业努力通过推动标准的全球化来占领产业发展的制高点。

2. 企业重组势不可当

企业并购、市场洗牌是地理信息产业发展壮大的必经之路。在地理信息市场竞争日趋激烈的状况下,大企业并购潜在的竞争对手,是补充自身短板、扩大市场份额、提高市场竞争能力的重要手段。当前地理信息产业已经逐渐步入成熟期,市场横向、纵向发展趋于饱和。这就必然促使部分企业通过并购重组,促进企业布局向综合化、规模化、集团化、园区化、连锁化发展,促进配套企业布局朝专业化和园区化转变,并逐步建立起网络化、分散化的服务渠道。同时,随着技术的进步,地理信息产业链条越来越短,单纯进行数据获取或处理的企业生存空间越来越小,客观上加快了企业兼并、重组进程。

3. 卫星导航定位产业引领发展

卫星导航应用产业是当今国际公认的八大无线产业之一。卫星导航定位已经成为手机等终端设备的基本功能,这为卫星导航定位产业进一步加快发展奠定了坚实的基础。卫星导航定位产业将成为继蜂窝移动通信和互联网之后的全球第三大信息经济新增长点,其应用范围将渗透到经济建设、社会发展、人民生活的各方面,成为推进国民经济和社会信息化、方便人民生活的重要基础和地理信息产业龙头。

4. 网络地理信息服务成为重要方向

互联网技术、移动通信技术与地理信息技术将进一步融合,推动地理信息服务向网络化方向发展,并极大地提升服务水平。微软、谷歌等国际巨头相继推出互联网地理信息服务网站。国内搜狐、百度等互联网内容提供商也纷纷介入,提供互联网地理信息服务。随着网络基础设施的不断完善,特别是移动互联网的加速发展,基于网络的大众地理信息服务将加快发展。

三、机遇和挑战

党中央、国务院的高度重视,社会舆论的密切关注,经济社会的旺盛需求,为地理信息产业发展营造了良好环境。与此同时,由于我国地理信息产业起步较晚,面临产业主体竞争力不强、产业结构不协调等问题,地理信息产业发展还面临一系列挑战。

(一)良好机遇

1. 地理信息产业发展受到广泛关注

近年来,党中央、国务院十分重视、支持发展地理信息产业。胡锦涛同志于 2009 年 4 月在山东视察地理信息企业并作重要指示。温家宝同志于 2006 年作出重要批示,强调:"测绘和地理信息产业关系到经济、社会发展和国防建设",并于 2011 年 3 月在十一届全国人大四次会议上所作的《政府工作报告》中明确要求,要积极发展地理信息新型服务业态。李克强同志也十分关注地理信息产业发展,于 2009 年 7 月参观了全国地理信息应用成果及地图展览会,并于 2011 年 4 月对国家发改委关于大力发展地理信息产业的相关建议作出重要批示。2011 年 5 月 23 日,李克强同志专程到中国测绘创新基地考察调研,指出"要积极发展地理信息新型服务业态,加强政府引导,抓紧研究制定地理信息产业发展规划,完善财政、税收、政府采购、市场准入等方面的政策措施,为地理信息产业发展创造有利条件、营造良好环境"。2007 年,《国务院关于加强测绘工作的意见》提出了促进地理信息产业发展的政策措施。《国民经济和社会发展第十一个五年规划纲要》和《国民经济和社会发展第十二个五年规划纲要》都明确提出了要"发展地理信息产业"。国家领导人以及党中央国务院的高度关注,为地理信息产业今后一个时期的进一步发展创造了良好的环境。此外,各部门和社会公众对地理信息产业的关注也在不断提升,为地理信息市场的快速拓展提供了巨大的机遇。

2. 经济社会需求日益旺盛

在国土资源、环境保护、住房和城乡建设、交通运输、铁道、水利、民政、农业、林业、旅游等传统地理信息服务领域对地理信息及技术的需求更加深入的同时,调整经济结构、转变发展方式、发展低碳经济等新领域对地理信息的需求也越来越迫切。一是国民经济和社会信息化建设迫切需要地理信息服务。加快数字国土、数字林业、数字省区、数字城市等的建设,推进各领域、各行业的信息化,需要进一步发展地理信息产业,丰富地理信息产品,提升地理信息服务水平。二是科学管理与决策迫切需要地理信息服务。加强土地动态监测和生态环境保护、统筹资源开发利用和区域发展、实施国家和地方重大战略和重大工程,都需要加快发展地理信息产业。三是应急、救急和风险管理迫切需要地理信息服务。构筑公共应急保障体系、有效应对突发公共事件和自然灾害,需要地理信息及相关技术的有效支持。四是人民群众生活迫切需要地理信息服务。人民群众日常工作学习、交通出行、休闲娱乐等越来越依赖地理信息的支持。

3. 全球地理信息产业正在重新布局

一方面,地理信息产业比较发达的国家不断向欠发达国家转移部分产业环节。服务外包产业是随着世界产业结构调整而出现的新兴产业,是发展中国家承接发达国家产业转移、与世界经济接轨的重要支柱产业。在经济全球化驱动下,部分生产工艺成熟、可以作为标准化产品输出的地理信息产业环节,开始由发达国家向发展中国家转移。我国有一定的地理信息技术基础和较为明显的人力资源优势,能够有效消化、吸收发达国家转移的部分产业环节,引进先进的技术和管理经验。另一方面,发达国家市场规模的扩大为国内地理信息产业带来新市场。随着各种地理信息应用新模式的出现以及地理信息技术的普及,发达国家对于地理信息的应用要求越来越高,市场规模不断扩大,为我国地理信息企业发展壮大提供了广阔的空间。

(二)严峻挑战

1. 产业发展环境不完善

地理信息市场不规范。地理信息市场的主体成分较为复杂,有相当一部分是依靠公共财政支持的事业单位,这些具备先天优势的单位参与市场竞争,在一定程度上造成了市场机制的失灵,形成了无序甚至恶性竞争的局面,导致市场价格混乱,产品良莠不齐,服务不规范。而公益性测绘服务还没有完全向市场开放,基本由事业单位完成,缺乏有效的竞争机制,导致服务水平不高。

地理信息产业政策不完善。地理信息产业的迅速兴起和不断壮大,对现行的管理体制和政策制度等提出了新的挑战。缺乏统筹指导地理信息产业发展的国家宏观政策以及相应的配套措施。尽管在地理信息市场引导和监管等方面,现有测绘法律、法规和政策能够发挥重要作用,但相对于新形势下地理信息产业发展的要求仍然存在差距,地理信息公开和保密管理、提供和使用管理、质量与价格管理、知识产权保护等方面缺乏行之有效的政策措施,市场准入制度不健全,监管力度相对薄弱,金融财政支持政策不够。

地理信息共享机制不健全。随着地理信息应用日益广泛,地理信息资源供给与需求的矛盾更加突出。尽管地理信息资源数量不断增长,但由于地理信息共享渠道不顺畅、共享机制不健全、地理信息标准不统一、信息保密政策不合理等原因,地理信息的可获得性和信息质量等与实际应用需求仍存在着较大差距,"信息孤岛"现象较为严重,地理信息资源开发利用不足与重复建设并存。

2. 产业主体竞争力不强

企业规模普遍偏小。我国地理信息企业规模不大,市场集中度低,导致参与国际市场竞争的能力不足。以北京地区为例,少于40人的地理信息企业占全部地理信息企业的60%以上,建立现代企业制度、拥有丰富经验经营管理人才的地理信息企业更是少之又少。啤酒行业的龙头企业产值占行业总产值比例达到了18%,方便面行业的龙头企业产值占行业总产值比例也达到了10%,而我国没有一家企业占整个地理信息产业总产值比例达到3%。中国地理信息产业龙头企业的规模和国家经济地位极不匹配。中国的 GDP 是美国的1/3,已经超过日本位列世界第二,但我国找不到一家地理信息企业能够和国外的同类大企业相比。在美国,ESRI、Google、NAVTEQ 等很多地理信息企业产值超过10亿美元(折合约70亿元人民币),部分日本地理信息企业的产值达到300亿日元(折合约20亿元人民币),但我国产值达到20亿元人民币的地理信息企业很少。

核心竞争力不足。卫星导航定位技术、遥感技术、地理信息系统技术是地理信息产业发展的核心技术。但目前,卫星导航定位系统、遥感卫星等核心基础设施和技术装备还相当程度依赖国外,海量、多源地理信息数据处理,集成管理与网络化应用服务,地理信息数据分析,表达与可视化、信息共享与安全,知识产权保护等方面技术研发不够。地理信息企业同质化现象较为明显,缺乏具有专、精、特能力的企业。中高端地理信息技术装备在国际市场份额较低。商业模式上更多的是模仿国外的地理信息企业商业模式,缺乏自主创新。地理信息标准化水平不高,理论基础不牢靠,适用性不强。

3.产业结构不平衡

地理信息产业链发展不平衡,上游和下游偏弱。从上游来看,高、中分辨率遥感影像数据90%都是源自国外;从下游应用来看,地理信息开发应用能力不足,与日本、欧美发达国家的差距较大,难以满足经济社会多样化的需求。地理信息产业布局不完善,没有完整的地理信息产业布局规划,现有的产业基地主要是当地政府在发展产业的过程中互相比较、竞争发展的产物,企业分布也都是企业根据自身业务发展进行布局规划的结果,带有很强的主观性,往往造成产业重复投资,无法形成产业集群、无法形成规模效应、无法提升应用水平。

4.全球化对监管工作带来挑战

全球化地理信息服务,是地理信息服务的主要趋势之一。地理信息服务全球化发展,在为我国地理信息产业加快发展带来机遇的同时,也对地理信息产业的监督管理构成严峻挑战。如,"谷歌地图"的服务器在国外,我国没有管辖权,如何加强对这种新生事物的监管,在建立和维护公平的竞争环境的同时有效维护国家安全,是我国相关政府部门面临的重要和紧迫的问题。

四、发展目标

(一)总体目标

到2030年,形成一批具有核心竞争力的大型地理信息龙头企业和知名品牌,以及一大批拥有技术专长和充满活力的中小企业。地理信息产业基础雄厚、结构优化、布局合理、市场有序,在核心技术领域取得突破性进展,产业整体技术水平进入世界先进行列,综合实力和自主发展能力显著增强。产业规模效益明显,总产值占全国GDP比重超过1%,具有国际竞争优势,实现由地理信息产业大国向地理信息产业强国的重大转变。

(二)阶段目标

到 2015 年,地理信息产业发展政策基本完善,地理信息获取与处理能力明显增强,地理信息资源开发利用程度显著提高。初步建成 10 个左右的地理信息产业园区,形成一批具有国际竞争力的地理信息龙头企业,主要软件国产化程度达到 60% 以上,地理信息仪器装备与软件等出口量比 2010 年增加 2 至 3 倍。地理信息产业总产值达到 3 000 亿元以上,带动相关产业产值 20 000 亿元以上,成为现代服务业新的经济增长点,地理信息产品和服务较好地满足社会需求。

到 2020 年,建立较为完善的地理信息产业体系,地理信息产业规模显著扩大,产业结构趋于合理,形成一批核心竞争力强的龙头企业和知名品牌,全行业所需主要软件的国产化率达到 70% 以上,高端测量仪器国内市场占有率 50% 以上,地理信息产业总产值达到 6 000 亿元以上,带动相关产业产值 60 000 亿元以上。建成 15 个左右大型地理信息产业园区,地理信息产品种类和数量基本满足社会需求。成为地理信息产业大国。

(三)战略布局

对地理信息产业链和空间分布进行合理布局,促进产业链各环节健康、协调发展,形成产业集群和产业规模效应,推动地理信息产业加快发展。

1. 产业链布局

通过政策引导和支持,引导产业链科学布局,逐步完善以地理信息资源获取、处理、服务为核心的地理信息产业链,促进产业链各环节健康协调发展。根据地理信息产业发展需求和自身特点,确定产业链各环节优先发展领域。一是大力提升上游数据源自主获取能力,大力发展我国自主的高分辨率测绘卫星、干涉合成孔径雷达卫星、激光测高卫星和重力卫星,加快发展航空摄影装备,大力发展先进的地面数据获取装备,形成完善的数据源保障体系,在保障自身需求的同时,积极开拓国际市场。二是加强地理信息数据处理技术装备的研发,进一步提高数据快速处理能力。三是加强地理信息服务,推动地理信息和互联网、通信技术、物联网的融合,不断开拓地理信息应用新领域,拓展应用的广度和深度。四是充分利用全球地理信息产业重新布局的有利时机,抓住发达国家不断向发展中国家进行部分产业环节转移的机会,大力发展在国际分工中具有比较优势的领域。

2. 空间布局

根据地理信息产业空间分布现状,充分考虑区域发展战略、功能定位以及区域经济、科技发展水平和人力资源、地理信息资源的丰富程度等多种因素,逐步建立分工合理、各具特色、优势互补、协调发展的地理信息产业空间布局。通过地理信息产业基地建设,推动地理信息产业向特色园区集中,形成一批具有经济活力、市场竞争力、产业辐射力的地理信息产业集群。

在北京建设国内最大、国际领先、具有全球化品牌效应的国家地理信息产业园区。在北京、浙江、广东、武汉等地理信息科研力量雄厚的地区重点推动地理信息技术创新,发展关键性技术,取得自主知识产权,并推动科技成果的产业化应用。在中西部和东北等具有人力资源成本优势的地区,重点发展数据处理和加工等服务外包业务。在广东等制造业比较发达的地区,重点发展地理信息仪器装备制造业。以重点城市或省份为依托,逐渐形成环渤海、长三角、珠三角、中西部和东北等五大地理信息产业集群。同时,积极推动地理信息企业"走出去",进行全球布局,提高我国地理信息产业的国际影响力和国际地位。

五、主要任务

把握经济社会发展对地理信息服务的需求,不断加强自主创新,拓展地理信息的社会化应用,大力发展龙头企业和国产品牌,积极开拓国际市场,逐步建立国际竞争优势,实现由地理信息产业大国向地理信息产业强国的转变。

(一)大力加强地理信息资源开发利用

推动地理信息资源的开发利用是发展地理信息产业的核心任务。根据经济社会发展,特别是人民生活多方面的实际需要,进一步完善基础地理信息资源管理和提供政策,科学处理地理信息保密与应用的关系,在保障国家安全的基础上,推动基础地理信息资源的社会化开发利用。大力拓展地理信息应用领域,支持地理信息在资源管理、环境保护、防灾减灾、应急保障、公安边防以及民政、外交、科技、教育、文化、卫生、电力、石油、交通、物流、电信、商业规划、金融保险、资源勘探等领域的应用,推进地理信息资源更好地服务经济社会发展和人民生活。大力推进面向政府管理决策、面向企业信息化建设、面向社会大众生活的地理信息应用。大力繁荣地图市场,鼓励制作、出版多层次、个性化、群众喜闻乐见的优秀地图产品,开发出版城市多媒体地图、三维虚拟地图等特色地图。充分利用地理信息和相关技术,对地理信息资源进行增值开发,深化地理信息应用层次,满足各类个性化需求。促进基于移动通信网、互联网、物联网的地理信息资源开发利用,积极发展地理信息文化创意产业,开发以地图为媒介的动漫、游戏、科普、教育等新型文化产品,培育大众地理信息消费市场。

(二)推动导航定位与位置服务发展

加快北斗卫星导航系统建设,大力推动卫星导航定位终端设备的产业化,促进卫星导航定位关联产业的发展,鼓励具有核心技术和自主知识产权的卫星导航接收芯片、关键元器件、导航电子地图、用户终端等产品的标准化和产业化,建立健全卫星导航终端产品检测平台和公信力测评机制,不断提高导航终端产品的质量。根据政府、企业、社会以及人们生活的实际需要,加快发展车载导航、手机定位、便携式移动导航以及电子商务、智能交通、现代物流等方面的位置服务产品,不断丰富位置服务内容,创新位置服务模式,拓展地理信息应用深度和广度,提高地理信息产品附加值。同时,积极创造和培育新的需求、新的市场,充分利用现代高科技产品,特别是消费电子产品承载地理信息服务的能力,大力发展新型位置服务产品,不断满足各类个性化需求,拓展导航定位与位置服务消费市场。

(三)加强地理信息核心技术创新

加强地理信息核心技术创新是提高产业核心竞争力的重要举措。大力提升遥感数据获取和处理能力,发射系列测绘卫星,发展高、中空航摄飞机,低空无人机等遥感系统,加快建设航空航天对地观测数据获取、处理及应用设施,形成光学、雷达、激光等遥感数据获取体系,显著提高遥感数据获取水平,加强遥感数据处理技术研发,进一步提高数据处理、分析能力。结合下一代互联网、物联网、云计算等新技术的发展趋势,大力推进地理信息软件研发,特别是在大型地理信息系统、高性能遥感数据自动化处理等核心基础软件技术及产业化方面实现突破,力争尽早达到国际先进水平。引导企业、研究机构加大研发力度,把科研院所和高等学校的优势力量更多地吸引到企业技术创新活动中来。支持企业建设地理信息工程技术研究中心,鼓励企业参与实施国家科技计划、共建创新基地,为企业专业技术人员申报国家测绘地理信息局青年学术和技术带头人创造环境条件。建立地理信息技术成果信息交流平台,促进地理信息科技资源和成果的流动和合理配置,促进科研成果的转化和产业化应用。对企业的技术创新给予有效的政策和经费支持,形成一批具有自主知识产权的先进技术,增强核心竞争力。引导地理信息企业不断创新产品形式和服务方式,满足社会需要。

(四)振兴地理信息装备制造业

培育若干拥有知识产权的中高端地理信息技术装备生产的大型企业,带动相关零部件生产企业向"专、精、特"方向发展,提升地理信息技术装备制造的专业化、精细化水平。研发包括航天、航空、地面对地观测数据快速获取技术装备与设施,提高地理信息数据的自主获取能力,为我国地理信息产业在全球范围内参与竞争提供坚实的数据源保证。大力开发地理信息自动化处理和网络化服务技术装备与设施。通过系统设计和综合集成,大力发展高附加值的现代化地理信息技术装备成套产品,推动地理信息技术装备由"中国制造"向"中国创造"转变。充分利用国家振兴装备制造业的相关鼓励和扶持政策,出台政府采购优先选择自主知识产权地理信息技术装备的政策,积极向《国家自主创新产品目录》推荐自主地理信息技术装备产品,为国产现代化地理信息技术装备制造企业的发展创造宽松的环境。引导并推进地理信息技术装备制造企业的资源整合,形成若干具有集成创新能力的核心技术装备研发中心,大力发展中高端地理信息技术装备,带动配套及作为零部件生产的软硬件中小企业向专、精、特方向发展,优化地理信息技术装备企业布局,推进测绘技术装备的国产化和现代化。

(五)培育龙头企业和知名品牌

引导和鼓励企业兼并重组,通过资源、技术、政策、资金等方面的支持,培育地理信息龙头企业,实现龙头企业的布局向综合化、规模化、集团化、园区化、连锁化发展,配套企业的布局朝专业化和园区化转变,逐步建立起网络化服务渠道。大力支持各类地理信息龙头企业苦练内功,提高企业经营管理水平,做大做强。加强企业科技自主创新,提升产品质量,增强开拓市场的能力,提升市场竞争力,营造一批在国际上具有比较优势和国际竞争力的企业群体,形成一批百亿元规模的跨国龙头企业和知名品牌,提高我国地理信息产业的整体水平和国际竞争力,扩大我国地理信息产业的国际影响。

(六)建设地理信息产业基地

统筹规划地理信息产业基地建设,打造一批布局合理、结构优化、优势互补、规模效益明显、特色鲜明、创新能力强、具有国际竞争力、产值超过百亿元的地理信息产业园区,为企业创新、创业搭建更好的平台。积极推进北京国家地理信息产业园、黑龙江地理信息产业园、西安导航产业基地,以及武汉、浙江等地理信息产业基地或园区的建设,发挥园区的企业孵化器作用和产业集聚效应,使地理信息产业基地的产值占地理信息产业总产值的比重大幅度提高,成为地理信息产业发展、结构升级和区域发展的重要引擎,在促进科学发展、增加就业和提高人民群众生活质量等方面发挥重要的作用。

(七)积极开拓国际市场

积极推动测绘"走出去"战略实施,大力发展地理信息外包服务,充分利用我国人力资源优势,以地理信息产业园区为依托,积极接纳发达国家的地理信息产业外包业务,努力打造国际地理信息数据加工等信息服务外包特色品牌。积极推动地理信息企业到国外承揽业务,全方位、多层次开拓市场,在挖掘现有主要地理信息市场的同时,积极开拓非洲、南美、南亚等新兴经济体的地理信息市场。扩大地理信息产品出口,输出具有自主知识产权的地理信息产品、技术与标准,提高产品的国际市场占有率。同时,鼓励和支持有条件的企业建立海外分支机构,到境外开展并购、合资、参股等投资业务,收购技术和品牌,带动产品和服务出口。适时举办地理信息产业国际展览会,并组织企业到国外参展,为地理信息企业开拓国际市场搭建平台。协调相关部门,在我国援外的测绘项目中优先采用国产地理信息产品和服务。设立"走出去"专项促进资金,重点支持技术交流活动、版权出口、自主知识产权的产品出口、人才引进与对外培训等。建立地理信息出口产业联盟,提高我国地理信息产业的整体竞争能力。加强和驻外使馆、领事馆和机构的联系,了解各国地理信息产业相关法律法规和政策,为地理信息企业开拓国际市场创造条件。

六、配套措施

(一)完善产业发展政策

推进国家出台促进地理信息产业发展的相关政策,将地理信息产业纳入国家战略性新兴产业规划,为地理信息产业发展创造更好的条件。制定地理信息产业发展规划,明确一段时期内产业发展的目标和任务。顺应新型服务业态的发展规律和发展趋势,加快推进《测绘法》修订,适时制定和完善促进地理信息产业发展的政策、法规和规章,明确各类市场主体的权利和义务。建立健全地理信息获取、处理、生产、出版以及知识产权保护、安全保密监管等相关配套的制度和措施。完善地理信息市场准入政策,根据地理信息产业发展的不同阶段,及时调整测绘资质的标准和分类,在产业发展初期实行适度宽松的准入政策,明确地理信息市场退出标准和程序,健全地理信息市场退出机制。建立健全地理信息产业执业资格制度,不断完善注册测绘师制度。建立健全地理信息产品的市场准入制度,对进入市场的地理信息产品进行质量和安全把关,确保产品符合有关标准、规定,不会威胁国家安全。推进测绘事业单位改革调整,进一步营造公开、公平和竞争有序的市场环境。完善地理信息的金融财政支持政策,开拓融资渠道,以无偿资助、贷款贴息、项目补贴等多种方式支持地理信息产业核心技术与产品的研发和产业化,支持地理信息企业参与政府采购,推动企业自主创新产品在政府投资项目中的应用。完善基础地理信息资源向企业提供的有关政策措施。

(二)设立产业促进专项资金

设立促进地理信息产业发展的专项资金,通过设置相关示范推广和产业化推进项目等,对地理信息领域的品牌培育、技术创新、产学研平台搭建、成果转化等进行重点支持。建立专项资金的规范化运作体系和管理模式,对有关项目申报、评审、组织实施、审核验收和资金拨付等工作严格把关,对项目建设情况实行动态监管,并组织不定期抽查,提高专项资金的使用效益。

(三)妥善处理地理信息保密与应用关系

科学调整地理信息保密政策,健全地理信息安全监管机制,创新地理信息安全保密措施和监管手段。紧密围绕国际国内发展的大形势，适应科学技术迅猛发展和测绘成果与地理信息需求快速增长的要求，切实加强地理信息安全保密制度的建设，加快调整测绘成果保密规定，改变单纯依据地图比例尺划分密级的规定，科学合理地确定测绘成果的保密范围、内容和等级，使地理信息数据的保密范围和等级与空间技术发展水平及日益开放的网络环境相适应。加强测绘成果保密基础理论研究，着力测绘成果安全保密技术标准攻关，积极稳妥地推进身份认证、数字水印、非线性保密处理等保密技术应用，扎实推进涉密测绘成果的安全保护，最大限度地促进测绘公共产品的社会化应用。大力推进《基础地理信息及相关要素细化分层与使用方案》的实施工作，加强全民涉密地理信息的保密宣传教育，进一步明确和落实用户的保密责任，强化对涉密测绘成果的监督管理。

第7章　信息化测绘装备能力建设

　　信息化测绘体系是推动地理信息获取、处理、管理、服务与应用等活动信息化的技术、装备、基础设施构成的有机整体，提供实时、准确、实用的现代化测绘手段支撑，标志着我国测绘在实现了由传统测绘向数字化测绘转化后又迈进了一个新的发展阶段。信息化测绘体系的基本特征是地理信息获取实时化、处理自动化、服务网络化。信息获取实时化是指地理信息数据获取主要依赖于对地观测技术手段，如卫星定位技术、航空航天遥感技术等，可以动态、快速乃至实时地获取测绘需要的各类数据；信息处理自动化是指在地理信息数据的处理、管理、更新等过程中广泛采用自动化、智能化技术，实现地理信息数据的快速或实时处理；信息服务网络化是指地理信息传输、交换和服务依托网络进行，通过网络对分布在各地的地理信息进行"一站式"查询、检索、浏览和下载，任何人在任何时候、任何地方都可以得到权限范围内的地理信息服务。

　　根据国家信息化建设的部署和《国务院关于加强测绘工作的意见》的要求，把握构建智慧中国、监测地理国情、壮大地信产业、建设测绘强国的战略方向，围绕加快地理信息资源开发利用和提高应急测绘保障服务等方面的需求，充分凝聚和发挥测绘地理信息行业整体力量，以自主创新为动力，以推进测绘地理信息装备现代化建设为核心，全面提升地理信息获取、处理、管理和服务的能力，显著提高测绘地理信息生产力的水平。

一、现状和趋势

(一)国外现状及趋势

随着航空航天技术、网络通信技术等相关技术的快速发展,全球变化观测与地球模拟技术的不断进步,以及政府宏观决策与调控、防灾减灾与公众服务等应用驱动,现代测绘地理信息在信息化技术装备方面取得了快速发展,呈现出快速化、精确化、自动化与社会化特征。

1. 空间对地观测基础设施建设

美、加、日、俄等发达国家以及印度、巴西等发展中国家高度重视对地观测系统的建设,相继制定了对地观测战略或计划,并成立了相应的机构。正在迅猛发展的新一代全球卫星导航定位系统(GNSS),将以更高的精度自动测定各类传感器的空间位置和姿态,从而实现无地面控制的实时数据获取,推动对地观测系统的不断进步和完善,使地理信息获取趋于精确化、实时化和网络化。

1)卫星导航定位系统

卫星导航定位系统是重大的空间和信息化基础设施,是国防安全、公共安全和经济安全的重大支撑系统和战略威慑资源,也是服务人民大众、提升人民生活质量的重要工具。具备相关能力的国家都在建设自己的全球及区域卫星定位系统,并不断提高定位精度,以摆脱对美国GPS系统的依赖。

目前,最先进的卫星导航定位系统仍然是美国的GPS,它对军事和民用的影响远远超出系统设计者的构想,其应用已经广泛渗透到全球的几乎任何一个角落。作为军事系统,GPS在海湾战争、阿富汗战争、科索沃战争和伊拉克战争中经受了一系列实战考验,无可争辩地证明了其"军力倍增器"的强大作用。美国《军事评论》杂志就直言不讳地说:"谁能掌握卫星导航优势,谁就掌握了战争主动权。"GPS目前免费提供的定位精度为10米,而第3代GPS的定位精度将提高到0.6米级。俄罗斯为抗衡GPS建设的GLONASS系统,覆盖全球的定位精度为1.5米;欧盟的Galileo系统计划在2013年投入使用,为用户提供覆盖全球的误差不超过1米的导航和定位服务。

日本和印度等国加快区域性系统或增强系统建设步伐。其中,日本于2010年9月发射了首颗导航卫星,计划在2020年前用4颗卫星组成"准天顶卫星系统",配合GPS系统为日本本土提供精度为1米的定位服务,未来还计划用7颗准天顶卫星建立自主的卫星导航系统;印度计划在2014年完成由7颗卫星组成的"地区导航卫星系统"(IRNSS),为印度全境及周边2 000千米的范围提供导航信号,实时定位误差不超过20米。

2)航天遥感数据获取能力

航天运载平台和传感器技术发展迅速,光学卫星遥感影像的时间、空间和光谱分辨率不断提高。美国于1999年发射了1米分辨率的卫星IKONOS,目前拥有的分辨率优于1米的遥感光学卫星还有QuickBird、WorldView1、WorldView2和GeoEye-1等。其中,2008年9月发射的GeoEye-1号卫星拥有0.41米分辨率(黑白)和1.65米彩色(多谱段)分辨率,同时具有3米的定位精度(有控制点);2009年秋季升空的WorldView-2卫星的分辨率为0.5米,能够更快速、更准确地按需拍摄(300千米的距离仅需9秒),同时也能进行多个目标地点的拍摄。值得关注的是,WorldView-2卫星能在1.1天内两次访问同一地点。如果算上卫星集群,甚至能实现在一天之内两次访问同一地点,可以为用户提供同一地点、同一天内的高清晰商业卫星影像。

法国、俄罗斯、日本、印度、韩国等先后跨入高分行列。法国于2001年发射了2.5米遥感卫星SPOT5,俄罗斯于2005年开始使用"资源-DKl"获取米级的遥感影像,日本于2006年发射了2.5米光学与雷达遥感卫星ALOS,而印度在2010年7月将0.8米分辨率的遥感卫星Cartosat-2B发射入太空,2015年前还要发射8颗这类卫星,精度还会进一步提高。韩国于2012年5月发射的"阿里郎3号"卫星能获取分辨率为0.7米级别的图像,相比"阿里郎2号"卫星(1米级)的分辨率大幅提高。

在使用雷达获取对地观测数据方面也取得了较大进展。早在 2000 年,美国航天机载的 InSAR 雷达就获取了全球超过 80% 的陆地区域的 DEM 数据,其高程精度在 10 米左右。2007 年,加拿大的雷达卫星"RadarSat-2"投入使用,分辨率为 3 米。2010 年,德国发射 TanDEM-X 雷达遥感卫星,与 2007 年发射的 TerraSAR-X 雷达遥感卫星编队飞行,获取整个地球陆地精度小于 2 米的高程信息。D-InSAR 的应用潜力和实际价值在测绘实践活动不断得到证明,欧美国家在这方面的发展也呈现加速的趋势。除了前面提到的德国雷达遥感卫星编队外,还有法国与意大利发射的由 4 颗 Cosmo-SkyMed 组成的雷达遥感卫星群。利用多颗编队小卫星构成星座飞行,从而实现对地面的阵列立体观测,极大地提高了对地观测数据的获取能力。

3)航空遥感数据获取能力

航空运载平台和数码航空摄影系统的功能和性能不断增强,除了采用数字航空相机取代传统的胶片相机外,同时集成了更加精确的惯性导航和定位系统(IMU/DGPS),提供了无控制或少量外业控制点下的测图能力。

增强型数码航空摄影系统朝小型化、高分辨率和立体化发展。瑞士徕卡(Leica)公司 2008 年推出的 ADS80 航空相机一次飞行可以同时获取全色、彩色、彩红外立体影像,其影像质量及整体性能都较 ADS40 有大幅提升,到目前为止仍然是世界上主要的商用机载 CCD 线阵成像系统。当前,主流的航空数码相机还有美国的 DMC 航空相机、奥地利的 UCD 航空相机以及卢森堡的 DiMAC 相机。

航空机载干涉雷达(SAR)、激光雷达(LIDAR)等测量技术装备发展迅速,产品种类多,集成化程度高,功能和性能更加稳定,应用领域不断扩展。如机载激光雷达系统一次飞行即可获得所需高精度的地表三维模型等全部数据,大大提高了测绘效率,特别适用于困难地区、森林地区以及滩涂等平坦地区测图。国际比较著名的航空激光雷达系统有瑞士的 Leica、德国的 TopoSys、加拿大的 Optech 等。

2. 地面及水下测绘装备建设

地面及地下测量系统快速发展,功能不断强大,网络化作业环境下的数据获取和采集已成趋势。地面及地下测量仪器的多技术融合发展,不断向高精度、智能化、多功能、信息化、工具化方向提高。测绘地理信息数据采集工作可以通过手持控制系统将装有通信天线的地面 LIDAR 系统、基站或测站 GPS 接收系统、全站或超站系统等各种测量仪器联系起来,相互调用数据,高效便捷地完成地面控制和调绘数据采集工作。新型传感器被应用到重力测量装备研制中,重力测量的精度和时间分辨率有所提高。

在水下测量技术装备方面,单波束测深仪、多波束测深仪、侧扫声呐系统、LIDAR 测深系统等发展迅速,单次扫描获取的信息量逐步丰富。美国、日本等国家的海洋测量船能够在恶劣水文条件下获取各种数据,为开发和利用海洋提供有力的地理信息资源保障。日本目前已经拥有 20 多艘各类测量船,数量位居世界前列。其中,“明洋”号装有海底地形测绘系统,通过高频声呐进行海底地形测绘与海底地质探测,配合传感器以及声速仪等测量装备,快速测量深达 1 万米的海底三维影像图,获取丰富的海底地理信息资源。

3. 数据处理和管理系统建设

测绘地理信息数据处理装备逐步实现自动化和智能化,一站式多源数据综合处理能力大幅提升。第一,遥感影像的自动校正和融合,以及影像的精确匹配、自动分类、自动等高线绘制、地物智能提取和制图综合技术等方面取得了较大突破,类似于像素工厂(Pixel Factory)的快速自动化综合处理系统正在涌现,越来越多的集群环境并行化处理系统不断投入实际生产,大大提高了海量遥感数据处理的快速性和精确性。第二,数字摄影测量软件功能不断丰富,除了原有的自动空三,数字影像,DEM 和二维、三维测图等功能以外,更多地融合了卫星影像、条带影像、LIDAR 点云数据甚至 SAR 数据的处理功能,处理效率显著提高。第三,在高速网络支持下,分布式处理技术使地理信息数据处理的效率大为提高,对航天、航空、地面等多源数据的综合处理能力大幅提高。

地理信息数据管理在先进的计算机技术和网络技术支撑下向信息共享、互操作和网格化方向发展,海量空间数据管理方式发生了重大变化,三维空间数据管理已成为发展重点。美国的 Google Earth、Virtual Earth 等影像和地理信息服务系统都是基于三维空间数据管理方式而建立的。

4. 地理信息服务系统建设

开放地理信息系统的互操作技术不断发展,使地理信息资源的传递与使用不受时间、空间的限制,用户可以在任何时间地点通过互联网适时查询、获取有关测绘成果或地理信息,对地理信息分发服务和开发应用产生重大影响,为实现地理信息网络化服务奠定了基础。在 OGC 和 TC211 标准的引导下,地理信息的网络化服务可以提供定位导航服务、地图服务、影像服务、地理要素服务及其他相关的服务。新一代的地理信息系统之间的信息传输和互操作更为流畅、开放。

目前,很多国家和区域正在致力于研究和建设"一站式"集成地理信息网络服务,从过去的以数据加工和地图数据提供为主的离线服务方式,转向以多种产品和定制产品为主的综合性网上在线地理信息服务。美国建设了"地理信息一站式"服务设施,为政府和公众更加便利、廉价地获取地理信息服务提供了保障;加拿大配备测绘公共产品在线共享、查询和获取的装备设施,使公众通过互联网能够访问各种地理信息。此外,全球信息网格(GIG)概念的提出,也为我们的进一步发展提供了借鉴。

(二)国内现状与问题

改革开放和经济建设的蓬勃发展,我国测绘地理信息生产和服务取得了巨大成就,成功完成了从模拟测绘向数字化测绘的转变,建立了较为完善的数字化测绘技术体系,并正在向信息化测绘技术体系转变,测绘地理信息装备与基础设施持续改善,地理信息数据的获取、处理、存储与服务能力显著增强,为测绘地理信息事业持续快速健康发展提供了强有力的支撑。

1. 地理信息获取能力持续增强

我国已经成功发射 16 颗北斗导航卫星,并将于 2012 年年底形成覆盖亚太大部分地区的服务能力,精度达到 10 米;我国还研制发射了包括"资源三号"立体测图卫星在内的资源、气象、海洋、环境减灾等系列卫星,实现对中国及周边地区甚至全球的陆地、大气、海洋的立体观测和动态监测。在航空遥感数据获取装备方面,配备了一大批 IMU/DGPS 辅助数字航空摄影测量、大面阵大重叠度航空数码相机、ADS80 三线阵航空数码相机、机载激光雷达系统、机载合成孔径雷达系统、数字低空遥感装备等,在生产实践中发挥了巨大作用。我国自主研发的 SWDC 系列数字航摄仪,作为航空遥感信息获取与更新的重要技术手段,不仅填补了国内空白,而且高程精度比国外同类产品高 3 至 4 倍,分辨率、几何精度也高于国外同类产品。在地面数据获取装备方面,车载三维数据获取、基于 PDA 的野外数据采集、地基无线传感器网络系统等方面的技术瓶颈逐一突破,并逐渐投入应用。配置了轻小型无人机航摄系统、野外应急监测车等测绘地理信息应急装备,测绘地理信息应急保障能力大幅提高。

2. 地理信息处理能力不断提高

20 世纪末 21 世纪初,通过实施"国家基础测绘设施项目",大量配置数字图像扫描系统、自动空三系统、全数字摄影测量系统、图形编辑系统等数字化测绘技术装备,建立了多个国家级和省级数字化测绘生产基地和地理信息中心,重点解决了地理信息数据处理能力建设的问题,初步实现了数据处理的现代化。自主研制的 JX-4C DPS、VirtuoZo 以及 DPGrid、CASM、Pixel Grid 等系统发挥了重要作用,使遥感影像处理效率大大提高。SAR 成像及数据处理技术日趋成熟,国内推出了各种专业化的 SAR 影像处理软件,广泛用于解决多云、多雨和多雾地区的测图问题。国产地理信息系统产品种类逐年丰富,综合性能可以和国外软件抗衡。同时,还引进了像素工厂影像处理系统等先进技术装备,测绘地理信息数据的快速处理能力显著提高。

3. 地理信息服务能力逐步增强

随着数字化测绘成果数量的迅猛增长,测绘成果的存储与服务设施发生了巨大变化,从主要通过档案柜存储管理迅速发展到以大型服务器、磁盘阵列、网络设备为主的存储管理与服务。正在实施国家测绘成果档案存储与服务设施建设工程,开通了国家动态地图网和国家地理信息公共服务平台的公众版"天地图",部分省、市还建立了面向特定应用领域、区域性基础地理信息服务系统,使地理信息服务能力不断提高。遥感影像快速处理制作解译系统、影像图专题图快速输出系统等装备的配置,为地理信息服务能力的提高奠定了坚实基础。每年通过网络、离线等方式向社会各界提供着大量的模拟成果和数字成果,并相继为中共中央办公厅、国务院办公厅、国务院有关部门以及城市建设、国土等机构建立了专用地理信息服务系统,在各级党政部门的管理决策、国家和地方的重大工程规划建设、突发公共事件的应急处置以及维护国家安全和利益等方面发挥了重要作用。

4. 存在的主要问题

我国测绘地理信息科技工作和装备建设不断取得显著成就,在自主创新能力、装备设施条件等方面获得了很大的发展。但总体而言,与世界发达国家仍然存在着很大差距,核心技术缺乏竞争力,高、精、尖测绘地理信息技术装备严重缺乏,生产工艺的自动化程度还很有限。具体表现在:①发达国家在全球定位技术、遥感技术与地理信息技术等方面继续处于领先定位,特别是在对地观测系统、海量数据处理装备、信息服务设施等方面具有绝对优势,正在加快抢占信息经济的制高点,并呈垄断态势发展,对我国信息化测绘事业的自主发展形成很大的压力;②地理信息产品的生产自动化程度还不高,特别是地表覆盖等属性要素的信息提取和识别,基本依靠人工目视解译,生产作业效率低、成本高,制约了地理信息资源建设和信息更新速度;③地理信息网络化分发服务技术、虚拟现实和空间分析决策技术等关键技术还处于起步阶段,国家、省、市级之间互联互通的全国基础地理信息网络体系还没有完全建立,缺乏网络环境下对三维、多时态海量空间数据的分布式管理和个性化服务能力。

(三)发展机遇

1. 国家高度重视信息化测绘体系建设

信息化是当今世界发展的大趋势,是推动经济社会变革的重要力量。党中央、国务院一再强调推进国民经济和社会信息化,将大力推进信息化建设作为覆盖我国现代化建设全局的战略举措。党的十八大指出,要推动信息化和工业化深度融合。胡锦涛同志在中央人口资源环境工作座谈会上的讲话中,提出"推进数字中国地理空间框架建设,加快信息化测绘体系建设,提高测绘保障服务能力"。温家宝同志要求在科技自主创新、快速传送信息方面取得新的突破。李克强同志先后在批示中指出要加快信息化测绘体系建设,提高测绘生产力水平。《国务院关于加强测绘工作的意见》明确提出要加快推进信息化测绘体系建设。全面建设信息化测绘体系,推进测绘信息化发展,是党和国家对测绘地理信息事业发展的基本要求,也为测绘地理信息事业可持续发展带来良好的契机。

2. 加快信息化进程带来的机遇

信息化所造成的"数字鸿沟"正以超常的速度拉大发达国家和发展中国家之间的差距。因此,加快信息化进程,实现跨越式发展,是我国实现经济与社会跨越式发展、落实科学发展观、全面建设小康社会的根本途径。测绘地理信息事业作为国民经济和社会发展的重要组成部分,地理信息资源作为推进社会信息化建设的基础性资源,必须牢牢把握缩小与发达国家之间差距的历史机遇,加快信息化测绘体系建设,推进国民经济和社会信息化,为全面贯彻落实科学发展观和构建社会主义和谐社会作出贡献。同时,国民经济和社会信息化进程的加快,以及测绘地理信息技术与现代科技的融合发展,必将带动测绘地理信息装备更新换代、实现测绘地理信息基础设施全面改造升级,有力推动信息化测绘体系建设。

3. 国家自主创新战略带来的机遇

提高自主创新能力、建设创新型国家是国家发展战略的核心和提高综合国力的关键。当前我国现代化建设进入一个重要的时期,传统要素对经济增长的贡献率呈递减趋势,科学技术成为基本的驱动力和财富的源泉,创新的贡献率明显上升。2006年,胡锦涛同志提出实施国家自主创新战略,力争在2020年前后把我国建设成为创新型国家。世界金融危机爆发后,以创新驱动发展更是成为趋势,我国也提出了要加快培育和发展七大战略性新兴产业。党的十八大报告中,明确提出了以创新驱动发展。测绘地理信息事业是一个技术密集型事业,其形成和发展在很大程度上依赖测绘地理信息仪器装备的进步和技术方法的创新。国家自主创新战略的实施将极大改善测绘地理信息关键技术和高精尖设备不足、导航系统受制于人和高分辨率影像依赖进口的现状,增强地理信息获取、处理和服务的能力,进一步推动我国信息化测绘体系建设的较快发展。

(四)需求分析

信息化测绘是我国测绘地理信息又一个新的发展阶段,也是测绘强国总体目标的内在要求。未来20年,数字地球、数字城市和智慧地球、智慧城市的建设将逐步推进,以物联网为代表的现代传感器网络将飞速发展,测绘技术手段和测绘装备设施日新月异,测绘工作的业务将由定位、定向、定大小为主逐步转向以信息统计、定量分析为主,这将对信息化测绘能力提出了更新更高的要求。

装备决定能力,是对测绘地理信息工作作出的准确诠释。深入分析测绘地理信息事业对技术和装备的需求,并根据需求调整建设目标,明确建设任务和重点,不断提高测绘地理信息生产水平。总的来讲,随着技术的发展和要求的提高,测绘地理信息数据采集设备的作用不再仅仅是简单地获取角度、距离和坐标等离散数据或模拟影像,还要完成以连续的数字化地理位置为载体的各种属性数据和数字影像的采集和管理,数据处理的自动化和人性化程度必须越来越高,要达到即时完成处理的目标,测绘不单提供数据和地图服务,更要提供地理国情监测的有关统计和分析结果。

(1)对多平台、实时化数据获取能力的需求。经济社会发展需要能快速提供多分辨率、多比例尺的地理信息产品和实时定位服务。我国目前还不具备多平台、多时相、多传感器、高分辨率、高光谱和快速机动的能力,需要在充分利用国内外卫星资源的基础上,加快自主研究发射满足测绘需求的应用卫星,积极研发平流层、航空、低空、地面及海洋测绘的数据获取手段,逐步形成天空地一体化数据获取平台,建立困难地区测绘的数据获取手段,形成应急测绘的技术能力。

(2)对自动化、智能化数据处理能力的需求。我国地理信息产品的生产自动化程度还不高,特别是地表覆盖等属性要素的信息提取和识别,基本依靠目视解译。需要研发自动化、智能化数据处理平台,提高基础地理信息数据生产的效率,实现基础地理信息由静态数据生产转化为对地表的动态监测和实时更新,并将获取的基础空间数据加工成具有更多属性特征和广泛使用价值的空间信息和地学知识产品。

(3)对高效地理信息管理能力的需求。我国各级基础地理信息存储管理与服务机构的装备条件和技术水平还不强,没有完全建立起互联互通的全国基础地理信息网络体系,缺乏网络环境下对三维、多时态海量空间数据的分布式管理能力,无法管理信息化测绘时期海量、多样化地理信息产品。因此,需要研究海量、多维时空信息在网格环境下的高效、智能地传输、存储、更新与管理的技术,实现基于网格环境的地图快速制图以及地理信息快速可视化表达。

(4)对全方位地理信息共享与服务能力的需求。当前,经济社会发展对测绘成果及其服务的要求愈来愈高。现有地理信息资源开发利用和经济社会发展需求之间的矛盾较为突出,地理信息分发服务手段还比较落后,基础地理信息数据的安全保密技术还未能很好解决。因此,需要发展深层次地理信息产品加工和服务技术,进一步丰富基础测绘成果,并加强测绘成果应用的网络化共享与服务技术,构建快捷便利的网络化地理信息服务能力,保证测绘成果的安全保密。

二、发展目标

(一)总体目标

到 2030 年,形成对全国、全球持续实时的对地观测能力,具备国际先进水平的智能化处理能力和网络化服务能力,测绘行业的信息化水平在全国处于领先地位。核心数据获取装备的控制力大幅提高,拥有国际先进的高精度卫星导航定位系统、8 颗以上的在轨系列遥感测绘卫星、30 架以上的中高空遥感测绘飞机;全面建成基于天基、空基、地基、水下的全方位、一体化地理信息数据的获取系统;多源地理信息数据高效能处理和智能化解译装备普遍配置,地理信息在线服务成为主要服务方式;测绘地理信息装备的更新周期进一步缩短,自主率大幅提高,先进装备所占比例明显攀升,用于应急保障的地理信息获取、数据处理、加工制作、信息系统开发、快速打印等装备不断完善。

(二)阶段目标

1. 2015 年发展目标

到 2015 年,基本建成航天、航空、低空、地面和水下全方位的数据快速获取系统,发射测绘卫星 2~3 颗,遥感影像数据自主保障率从 5% 提高到 30%,基本满足国家应急测绘保障的需求。地理信息数据处理效率提高 5 倍以上,实现多源地理信息数据准实时处理。完成国家地理信息公共服务平台基础设施的建设,实现向各级政府、专业部门及公众提供"一站式"地理信息服务的能力。构建完善的测绘地理信息仪器和成果检测布局,提供权威的检测服务。

2. 2020 年发展目标

到 2020 年,基本形成由系列测绘卫星、航空遥感平台、智能化测绘仪器等组成的地理信息快速获取体系,掌握大型地理信息系统和遥感影像处理系统等核心技术,一体化、自动化、集群式地理信息处理系统和装备成为各生产单位的主流配置,信息化的测绘地理信息生产工艺流程全面形成。地理信息公共服务通过各种网络和平台惠及政府、企事业单位和社会公众,初步实现地理信息获取实时化、处理自动化和服务网络化。

三、主要任务

(一)地理信息数据实时化获取能力建设

实时化的地理信息获取技术和装备是实现高质量测绘保障服务的前提。要加强统筹协调,明确在国家层面的建设重点在于增强天、空基平台的数据获取能力,在省级层面的建设重点是增强空、地基平台的数据获取能力。通过完善自主卫星导航定位系统,发射满足测绘要求的高分辨率遥感卫星和其他测绘卫星,发展基于航天、航空遥感技术的基础地理信息数据快速获取装备,构建先进的对地观测体系。既能实现全球或区域尺度的大范围数据获取,又能实现对任何感兴趣区域的实时影像采集;既能保障信息获取的精细度,又能确保信息获取的时效性。

1. 提高统筹协调及多源数据及时获取的能力

统筹规划大卫星遥感、小卫星遥感、平流层遥感、航空遥感的能力布局,实现集中式与分布式能力的互补,从总体能力上达到对全部国土的观测至少每3年一次,各省对必要覆盖范围的观测至少每年一次,重点地区观测每季度一次,救灾应急及时反应的要求。

加快推进北斗卫星导航系统在民用领域的应用。发射满足测绘要求的高分辨率遥感卫星(包括2~8 m、1~4 m、0.5~2 m等系列)、干涉雷达立体测图卫星、激光测高卫星、重力卫星、低轨小卫星等测绘卫星,发展平流层飞艇、高中空长航时航空摄影飞机、低空无人机等遥感测绘平台。大力丰富传感器种类,加强机载航空摄像机、雷达、红外成像、高光谱成像、低空三维景观成像、地面三维量测系统等装备建设,充分利用物联网技术提高测绘地理信息智能感知能力。配置飞艇、大飞机、无人机、汽车、测量船等数据采集平台,形成覆盖超低空、低空、高空等不同高度,具备光学、雷达、激光数据获取能力的完整地理信息数据获取体系。

加强海洋水深、地形、重力、磁力测量装备的建设,构建有效的海洋地理环境综合测绘体系,解决大规模、大范围、多尺度的海洋地理信息测绘和更新的问题。

发展全球测绘能力,获取全球地理信息数据。主要装备配置工作包括测绘卫星适应全球测绘的能力改造升级,全球测绘地面控制网的特殊设施及稀少地面控制全球测图软件,无地面调绘的影像识别与测图判读软件等,提高全球测绘地理信息数据的生产、整合和服务能力。

2. 提升应急测绘保障及野外快速测绘能力

根据重大突发事件的影响程度,建设应对影响面广、造成损失严重的重大自然灾害的应急测绘服务系统。建成由5~6个测绘应急装备中心组成的覆盖全国的测绘应急保障能力,重点配备航空遥感飞行平台、数码航摄仪、影像快速处理系统、制图综合处理与快速输出系统、大场景三维仿真系统等技术装备,加强现代测绘技术装备与网络、通信等信息基础设施的集成,构建国家级应急测绘运行体系,形成平灾一体、"天-空-地"一体、高适应性、高机动性、快速服务的国家级应急测绘能力。野外测绘经常要在恶劣的自然条件下工作,要不断加强野外测绘保障装备建设,尽可能采用新技术、新装备,大幅提高测绘外业工作的劳动生产率、自动化水平和安全水平,减轻野外测绘人员的劳动强度。建立健全野外测绘装备的更新机制,配备野外交通运输工具、流动工作站、通信及医疗设备等设施,改善野外生活条件,保障生产安全。

(二)地理信息数据自动化处理能力建设

构建高速网络模式下,基于云计算技术的多源对地观测数据处理平台,提供地理信息数据快速处理手段与技术工具,增强大规模、多源异构数据的快速处理能力,实现对多源地理信息数据的高效能处理和智能化解译与制图,满足构建智慧中国、开展地理国情监测等工作对信息处理能力的要求。

1. 增强高性能遥感数据集群与协同处理能力

装备新一代遥感数据处理通用平台,实现多平台、多传感器数据的一体化综合处理,以及高精度大规模处理和满足特定需求的快速实时处理,装备新型软件实现跨地域的协同处理、远程共享和远程调用。重点研制高性能遥感数据的集群自动化处理软件,突破适用于遥感数据集群处理的并行处理技术、可视化流程定制技术与遥感处理任务调度与管理技术、网络环境下高性能遥感数据协同处理等生产难题,发展基于分布式计算的海量地理信息数据处理装备。配备具有地理信息动态变化发现与分析功能、增量处理及服务功能、数据增量更新功能的技术装备,提高地理信息增量更新处理能力。

2. 提高光学遥感数据处理能力

光学遥感数据处理是地理信息数据处理的重点内容。新型高分辨率卫星成像系统及其数据处理技术的发展,开创了快速、持续、大范围卫星测图的新时代,为快速获取、更新国家和省级基础地理信息带来革命性的变化。要发展数字航空影像数据处理、机载多源遥感数据处理、线阵 CCD 传感器严密成像模型及区域网平差等技术装备,解决基于多基线处理的遥感影像高精度地形测绘,遥感影像融合与高精度、大区域卫星影像图快速制作等技术难题,实现高分辨率卫星影像地物量测等。

3. 发展合成孔径雷达数据和激光雷达数据处理能力

合成孔径雷达的作用能否最大限度地得以发挥,要突破多平台高精度 InSAR 地形测量、多波段及多极化 SAR 地物目标提取与智能解译、PS-InSAR 地形形变监测、分布 SAR 干涉测量数据处理、超宽带 SAR 隐形地面目标探测处理、激光 SAR 地形测绘数据处理、SAR 数据实时处理等技术难题,推广应用自主权的 SAR 数据处理专业系统。

LIDAR 技术综合利用定位技术、测角技术、测距技术对地表空间直接进行测量,具有受天气影响小、数据现势性强和精度高的优点。重点要发展 LIDAR 激光测距数据处理设施、实用化三维空间数据处理应用平台、基于地理信息的多通道投影技术的三维环境应用系统等。

4. 提升智能化遥感数据解译与定量分析能力

发展新型遥感影像信息解译与目标识别智能装备、遥感影像智能解译的尺度模型及多尺度分析装备、基于目标的遥感影像智能解译与变化提取装备等,提高多源遥感影像解译的精度与效率。配备新一代智能化遥感数据定量分析软件,应用传感器定标技术、地球物理参数与四维数据同化等技术,实现几何与物理方程融合的遥感定量化反演,增强协同化影像分析与理解能力。

(三)地理信息网络化服务能力建设

地理信息网络化服务能力是转变测绘服务方式的重要基础。重点要建设综合信息分析提取系统、位置服务系统、信息服务系统、产品制作系统、公共服务平台系统及服务运行支持环境,为国民经济和社会发展各领域提供高效的测绘服务。

1. 综合信息分析提取能力

综合信息分析提取设施具备的主要功能是利用基础地理信息数据库和已有的各种地理信息,采用空间分析和知识挖掘等技术,提取各种重要的地理信息数据或政府、部门和社会大众需要的综合信息,增强地理国情信息服务能力。该项建设主要包括多源地理信息数据集成、地理信息综合分析和地理信息发布等软件,硬件包括高性能微机或工作站、快速输出装备、宽屏信息显示设备,以及网络传输所需要的硬件设备。

2. 位置服务能力

位置服务要求形成对空间定位数据处理和面向社会播发的能力,为智能交通、现代物流、车载导航、手机定位等提供实时的导航定位服务。位置服务软、硬件设备主要包括卫星定位(接收)系统,基于便携式装备的野外数据采集装备、高精度集成化超站测量设施,全野外多功能测量车载 GPS 系统、无线数据网络传输系统,多源地理信息集成软件、地理信息统计分析软件、位置信息数据库等。在建设过程中要同步考虑卫星定位连续参考站点的区域选择、站点布局以及物联网的建设进展等情况。

3．网络化服务能力

通过建设高效的服务与管理系统,运行支持系统、机房及配套基础设施,增强向社会提供网络公共地理信息服务的能力,转变窗口式地理信息服务方式。主要内容包括:①配置地理信息公众查询检索和在线地图标注互助设备,基于网络的地理信息一站式服务站点以及其他各种软件等,提供定位导航信息、地图信息、影像信息、地理要素信息等多种信息以及二次开发支持等服务;②建设支持运行涉密与非涉密服务的系统,构建测绘地理信息云,配置网络接入系统、服务器系统、存储系统、安全保密系统等;③建设高质量的机房和网络基础设施,提供良好的硬件环境。

(四)测绘仪器和测绘成果质量检测能力建设

测绘成果的可靠性、数据的准确性直接关系到经济社会发展和国防建设,而测绘仪器的质量决定了测绘成果的准确性。要整合现有测绘仪器检测资源,在测绘系统内建设国家级和省级测绘仪器检测站,构建金字塔式的测绘仪器检测新布局;要建设具备基础地基稳固、远离震动、密封隔热等条件的测绘仪器检测环境,提高计量检测的可靠性;要配备高精度计量标准器具等装备,涵盖现阶段大地测量、航摄遥感和高新技术测绘仪器等方面主要测绘仪器的计量检测;要强化 GPS 动态性能、三维激光扫描仪、数字航摄仪等高新测绘技术仪器检测的能力。测绘成果的质量检验测试能力和水平,决定了测绘成果的正确性和权威性。要加强测绘产品质量检测的机构建设,建立国家测绘软件测试平台,完善检测技术体系与标准体系,建立健全测绘产品质量管理体系。

(五)信息化测绘示范基地建设

信息化测绘示范基地建设遵循技术创新思路,大力采用高新技术成果,通过 3 年左右时间,在全国建设 6 个左右有特色的省级信息化测绘示范基地。重点围绕信息化测绘应形成的基本功能,构建现代化测绘技术装备配置和测绘业务流程样板,以带动全系统信息化测绘技术装备的升级、测绘生产组织的重构和测绘产品结构的调整,全面提升信息化时代的测绘保障能力。

按照信息化测绘体系的建设要求,在示范基地重点建设以无人机遥感系统、地面移动三维测量系统为主的机动、灵活的地理信息获取与应急测绘技术系统;配置以集群式或分布式并行处理大型数据工厂、网络环境下自动流水线式处理系统为主的自动化、智能化地理信息数据处理技术装备,实现对不同数据源数据集成处理;建设网格化地理信息管理与服务技术装备,包括多源、海量数据的存储备份、安全控制,以及实时高效的可视化表达等技术装备,大型服务器与网络设备等地理信息公共服务平台支持的技术装备等。

优选示范基地建设布局方案。充分发挥中央与地方两个积极性,加大对示范基地建设的资金投入。在基地建设上贯彻产、学、研相结合的方针,充分引入测绘科研和相关高校的力量,增强信息化示范基地的创新能力。

第8章 测绘地理信息科技创新

  2012 年,党的十八大提出,要实施创新驱动发展战略,坚持走中国特色自主创新道路,加快建设国家创新体系,完善知识创新体系。提高自主创新能力、加快科技自主创新、建设创新型国家已经成为国家发展战略的核心和提高综合国力的关键。测绘地理信息科技创新是测绘地理信息事业产业发展的不竭动力,是推动我国由测绘大国走向测绘强国的关键力量。《国家中长期科学和技术发展规划纲要(2006—2020 年)》《国务院关于加强测绘工作的意见》和《全国基础测绘中长期规划纲要》等一系列政策文件为我国测绘地理信息科技创新进步勾画了美好的前景。

  加快实施创新驱动发展战略,坚持"自主创新、重点跨越、支撑发展、引领未来"的基本方针和"着力加快科技自主创新,提高测绘地理信息生产力水平,推动测绘地理信息发展方式转变"的测绘地理信息科技发展方向,紧紧围绕"构建智慧中国、监测地理国情,壮大地信产业、建设测绘强国"的战略方向,不断完善测绘地理信息科技创新体系,以支撑加快经济发展方式转变为主线,以提高自主创新能力为核心,切实加强测绘地理信息前沿和关键技术攻关,大力发展具有自主知识产权的核心技术,积极推动测绘地理信息科研成果的转化,为加快信息化测绘体系建设、提升对经济社会发展的测绘保障能力和地理信息服务水平、推动测绘强国建设提供有力的科技支撑。

一、现状与差距

(一)国际发展现状

全球金融危机爆发后,世界各国为了尽快走出危机,并考虑后危机时代抢占经济发展的制高点,重塑国家长期竞争优势,都进一步调整了科技政策,以科技创新培育新的经济增长点,创造新的就业岗位。测绘地理信息科技水平先进的国家都相继制定了对地观测战略或计划,抢占未来科技发展的战略制高点,保持在卫星定位、遥感数据获取等技术方面处于领先地位,并依靠其测绘地理信息技术的优势在某些领域已经形成垄断态势,对发展中国家的测绘地理信息科技以及产业发展带来极大压力和挑战。

1. 国际测绘地理信息科学技术研究进展

1) 大地测量学研究进展

联合多种大地测量观测手段的全球大地测量观测系统(GGOS)建设已成为一个新的技术方向。国际上主要发达国家已经采用地心坐标,利用卫星大地测量技术确定地球的外部形状特征、重力场及质量分布、海洋起伏、大地水准面等,并建立了相应的国际地球参考系统和国际地球参考框架,在全球多种观测体系的支撑下,实现真正意义上的全球统一大地基准。在卫星导航定位技术方面,已逐步开展了基于 GPS、GLONASS、Galileo 等多系统组合定位导航,多系统兼容互操作是国际 GNSS 应用的主流。导航增强技术也取得重要进展。连续运行参考站系统(CORS)方面的技术相对成熟,并已经广泛应用以满足不同用户对定位和导航的需求,该系统还用于监测地壳形变、海平面变化、电离层变化、全球地心参考框架维护等。随着 CHAMP、GRACE、GOCE 的成功发射与应用,地球重力场观测已经完成了地基到天基的转变,观测精度、分辨率和覆盖范围大大提高。航空重力测量也已成为区域范围内获取高精度、高分辨率重力场的有效技术手段。在多个卫星测高计划的支持下,海洋重力场的确定得到了迅速发展,利用卫星测高数据推算的重力异常,其精度在 $1° \times 1°$ 分辨率时可达到 $±4$ mgal 甚至更高。德国和美国先后建立了 EIG 和 GGM 卫星重力场模型序列,2008 年美国联合卫星重力数据、地面重力数据和 SRTM 高分辨率地形资料建立了 2 190 阶 2 158 次 EGM2008 地球重力场模型。目前,加拿大、美国等正在推进由重力大地水准面模型作为官方认可的高程基准,确保该基准与 GNSS 技术结合。

2)航空航天遥感数据获取技术进展

航空航天遥感朝着"三多"(多传感器、多平台、多角度)和"四高"(高空间分辨率、高光谱分辨率、高时相分辨率、高辐射分辨率)的技术方向发展,对地观测系统逐步小型化,卫星组网和全天时全天候观测成为主要发展方向。航天遥感影像数据的空间分辨率日益提高并开始商业化应用,优于 0.5 米空间分辨率的商业卫星不断出现,如美国 2007—2009 年相继发射的 WorldView1、WorldView2、GeoEye-1 等。星载微波雷达技术已经成功应用于地表高程数据获取,美国航天飞机用 11 天时间获取地球中低纬度地区的 DEM,数据向社会开放使用,高程精度约为 10 米。近几年,星载微波雷达技术发展迅猛,并向卫星组网的方向发展,如日本 2006 年发射了 ALOS,德国于 2007—2009 年相继发射了 TerraSAR-X、SAR-Lupe 和 TanDEM-X 等一系列高性能雷达卫星,法国与意大利从 2007 年 6 月开始发射由 4 颗 Cosmo-SkyMed 构成的雷达遥感卫星群。机载微波雷达数据获取技术方面,欧美国家整体技术处于世界领先水平,并对我国实施技术封锁。当前,美国拥有 TOPSAR、IFSARE、AN/APY-3,加拿大有 C/R-SAR,德国有 MiSAR、QuaSAR,法德两国联合研制 SWORD,丹麦有 EMISAR,日本有 CLR/NASDA 等微波雷达数据系统。西方发达国家掌握着航空遥感的核心关键技术,瑞士徕卡公司 2008 年推出的 ADS80 具有 4 个全色波段、8 个多光谱波段线阵 CCD,可同时获取具有相同地面分辨率的全色、彩色、彩红外立体影像。在航空摄影极为重要的辅助装置定位、定向系统方面,加拿大研制了 POS AV,德国研制了 AEROcontrol Ⅱd 等。近年来,倾斜摄影技术快速发展。它是一项融合传统航空摄影技术和数字地面采集技术的高新技术,克服了传统航摄的局限性,使遥感影像的行业应用更加深入。

3）影像处理与数据管理技术的进展

遥感影像的技术发展已经实现了由定性分析向定量分析的转变。遥感数据处理以通用对称紧耦合并行计算机、通用大规模并行处理机、通用 GPU（图形处理器）运算或网络分布式计算环境为支撑，研究并发展了一系列采用并行处理方式的遥感数据快速处理系统。如法国研制的像素工厂（Pixel Factory），德国 INPHO 公司开发的多片匹配系统，美国 PCI 公司推出的地理影像集成软件系统（GXL）等。地理信息数据管理在先进的计算机技术和网络技术支撑下由自动化向智能化发展，海量空间数据管理方式发生了重大变化，三维空间数据管理已成为技术发展重点，美国率先推出了 Google Earth、Skyline、Virtual Earth、World Wind、ArcGlobe 等一系列基于网络和影像的大型数据管理和服务系统。

4）地理信息服务与国际标准的进展

美国在大型桌面地理信息系统基础软件领域独占鳌头，ArcGIS、Intergraph 和 MapInfo 约占有全球地理信息系统软件市场份额的 60%，我国大型桌面地理信息系统也主要采用美国 GIS 软件。微软必应地图（Bing Maps）与谷歌地图（Google Maps）都在提供在线地图服务。微软利用 Silverlight 技术重组了地图应用工具，发布了街景图像。谷歌地球开发部发布了新的 API V2 航空影像。用户可以更方便地得到所需的地理信息，获得更多数据、影像以及更好的服务。物联网、云计算等新技术的发展为地理信息随时随地的服务奠定了坚实的基础。数据服务标准中提供栅格数据发布的网络覆盖服务（Web Coverage Service，WCS）和网络要素服务（Web Feature Service，WFS）已经得到广泛的认可，许多著名的商业软件，如 ESRI 的 ArcGIS Server 和开源软件 Geoserver、MapServer 都按照这一标准实现了栅格数据和矢量数据的发布服务。开放地理信息系统协会（OGC）制定了一个用于发布、访问地理空间数据、地理空间服务和其他相关资源的元数据的目录服务标准。ISO/TC211 的工作重心已经从地理信息数据标准化转向地理信息网络服务(Web Service)标准化,如数据类型定义、地图服务接口和地理信息资源网络发布的注册与管理,已经致力于研究基于服务体系架构的在线地理信息服务技术体系与标准规范。

2. 测绘地理信息技术转化与产业化

欧美测绘地理信息科技成果转化与产业化过程中,政府扮演重要角色。政府在技术创新和成果转化中以立法和政策的形式给予资金支持,并通过产业税收调控各类项目等方式给予直接支持。美国促进科技成果转化和产业化的重要手段是通过创新研究项目支持企业的科技成果转化和应用,同时加大军用技术的民用转化力度,许多重要信息技术都是出自军方国防安全技术,如互联网、遥感卫星与GPS最早都是出自军事国防需要而产生。这些技术面世后,在政府支持下,通过企业进行产品化,在资本运作的帮助下,迅速扩大规模,走向产业化。为尽量缩短科技成果从实验室走进工厂的时间,日本政府设立专门负责科技成果转化和产业化工作的新技术事业团等机构,在科技成果和企业间牵线搭桥。国外发达国家都建立了相对完善的科技成果转化和产业化咨询和服务体系,例如美国建立了小企业发展中心、中小企业信息中心以及许多以大学为依托的生产力促进中心等科技中介服务机构和技术转移服务机构,日本建立了促进专利转化中心、产业技术综合研究所、大学专利技术转让促进中心等机构,英国设立了大学科技政策研究机构和独立的科技中介机构等。

(二)国内发展现状

我国紧密结合经济社会发展和测绘地理信息事业产业发展的实际需要,测绘地理信息科技创新体系不断完善,通过大力推动测绘地理信息科技自主创新,形成了一批重大测绘地理信息科技成果,建成了数字化测绘技术体系,正在推进以地理信息数据获取实时化、处理自动化、服务网络化和应用社会化为标志的信息化测绘体系建设。

1. 大地测量技术研究取得重要进展

在大地基准现代化、卫星导航定位、地壳运动监测等方面取得了重要进展,完成了我国地心坐标系统 CGCS 2000 的建立,在困难或特种地区定位、组合定位导航、精密单点定位、卫星测高等方面的理论与技术研究取得了一系列成果。在卫星导航定位技术方面,我国北斗卫星导航系统(COMPASS)目前已经具备向我国大部分地区提供定位、导航以及通信服务的能力。在地球重力场与大地水准面精化研究方面,我国已经开始研究实施自主的卫星重力计划,着手建立我国自主的重力测绘卫星系统,航空重力测量也已成为区域范围内获取高精度、高分辨率重力场的有效技术手段,建立了 DQM、IGG 和 WDM 3 个模型系列。近年来,我国很多省市纷纷建立了分辨率为 2.5′×2.5′ 的高精度似大地水准面,精度可达厘米级。在似大地水准面计算中,重力归算采用了严密的估计地球曲率、地形改正和均衡改正的球面积公式,格网重力异常采用了曲率连续张量样条算法进行内插和推估,这些理论和方法大大提高了似大地水准面数值模型的精度。

2. 摄影测量与遥感技术正全面升级

2012 年 1 月 9 日,我国首颗自主高分辨率民用立体测绘卫星资源三号测绘卫星已经成功发射,为我国的测绘地理信息发展提供了更加丰富的地理信息资源。卫星测绘应用技术取得突破,开展了地面几何检校、基于三线阵影像的高效立体测图、海量立体影像管理以及影像压缩的测图精度评价等关键技术研究。开展了 IMU/DGPS 辅助数字航空摄影测量、大面阵大重叠度航空数码相机、三线阵航空数码相机、机载激光雷达系统、机载合成孔径雷达系统、低空无人飞行器航测遥感等技术研究。我国自主研发的 SWDC 系列数字航摄仪填补了国内空白。车载三维数据获取、地基无线传感器网络系统等方面的技术瓶颈取得突破,我国自主研发的地理信息应急监测车正在产业化推广,自主研发的 LD2000-R 型系列移动道路测量系统达到国际同类产品先进水平。研发了半自动化的微机数字摄影测量工作站 JX-4C DPS,全数字化摄影测量系统 VirtuoZo 以及数字摄影测量网格系统 DPGrid,高分辨率遥感影像数据一体化测图系统 PixelGrid,推出了专业化的 SAR 影像处理软件,在遥感影像信息解译与目标识别智能方法、陆地遥感数据同化、新型遥感器数据的定标技术等方面取得明显进展。

3. 地图制图学与地理信息技术迅速发展

地理信息科学理论基础正在逐步形成,在地图学理论、地图符号、地图模型、地图认知和地图综合等方面取得了丰硕成果,地图学的研究正朝着智能化、虚拟化、功能多极化、主客体一体化等方向发展。在空间数据不确定分析与质量控制方面,我国学者走在了世界前列,并取得一系列重要成果。在 GIS 软件方面,从综合性 GIS 基础平台软件发展到基础平台软件、公共服务平台软件、应用开发平台软件、专项工具软件和应用软件系列产品,目前国产 GIS 软件已经可以和国外软件平分秋色。地理空间信息综合应用研究进一步深化,形成了基于时空统计、空间关联规则、求解问题不确定性、可视化、人工智能等的多种方法和技术,并得到广泛应用,以嵌入式技术、一站式技术、网格技术、三维技术等为支撑的各种地理信息服务推动了地理信息产业蓬勃发展。

4. 测绘地理信息标准化水平明显提高

测绘地理信息标准化工作机制和管理制度不断完善,先后出台了《地理信息标准化工作管理规定》《测绘标准化工作管理办法》《测绘标准体系》和《国家地理信息标准体系》。通过公开征集标准项目提案,畅通标准项目申报渠道,积极完善、转化和提升适用且成熟的地方标准和企业标准等方式,不断优化开放型标准形成机制,有效提高了标准的科学性和适用性。制订和修订了一大批测绘地理信息国家标准和行业标准,有效扭转了测绘地理信息标准严重滞后的局面。"十一五"期间,制订和修订国家标准 63 项,行业标准 34 项,地方标准 12 项,正在制订和修订的国家和行业标准达到 67 项。数字化测绘生产及成果标准日趋完善,成果应用和信息共享标准初步形成系列,维护国家安全、规范产业发展的标准已覆盖关键环节。其中,强制性国家标准《导航电子地图安全处理技术基本要求》解决了生产、销售公开导航电子地图的关键安全技术问题,突破了产业发展的"瓶颈",荣获"中国标准创新贡献奖"一等奖。北京、江苏、浙江、深圳等地的测绘地理信息行政主管部门,面向当地经济社会发展需要,以省级地理信息交换共享及新技术应用标准为重点,组织制定了一系列地方标准,发挥了重要作用。

5. 测绘地理信息科技创新体系建设

科技创新体系建设取得显著成绩。国家测绘地理信息局重点实验室及工程中心由"十五"末的 9 个扩展到 17 个,其中包括 2009 年获科技部批准成立的我局第一个"国字头"工程中心——国家测绘工程技术研究中心和国家重点实验室"测绘遥感信息工程国家重点实验室"。学科领域从传统的 3S 拓展到地理空间信息工程、对地观测、海岛(礁)测绘、环境与灾害监测、城市管理等,基本覆盖了测绘、矿产、海洋、环境等应用领域,基本形成了以国家级测绘地理信息科研机构为骨干,以企业为主体,各领域重点实验室和工程中心均衡发展、交叉融合,面向行业、带动地方的科技创新组织体系,为全面提升测绘地理信息科技创新能力奠定了坚实的基础。测绘地理信息高新技术企业蓬勃发展,一批综合实力雄厚和创新能力强的高新技术企业陆续上市。中国测绘创新基地建成并投入使用。国家和地方地理信息科技园区建设稳步推进,形成一批测绘地理信息科技创新基地,为测绘地理信息科技集群化发展创造了良好条件。

(三)问题与差距

目前,我国测绘地理信息科技的支撑和引领作用有待提高,测绘地理信息基础理论研究有待加强。测绘地理信息科技创新体系需要进一步完善,科技创新的整体能力有待提升,科技创新统筹协调不够,还存在各自为战、重复研究的现象。测绘地理信息科技发展的整体水平与国际先进水平尚有较大差距。

1. 在测绘基准系统建设方面

我国国家级 CORS 建设规模与发达国家相比存在较大差距,站网密度不及欧洲国家、美国,以及日本等发达国家。我国现行的高程基准"1985 国家高程基准"是个局部高程系统,与国际高程系统存在米级以上的差异。我国大地水准面已经实现了分米级,但距国际厘米级的先进水平和实用性仍有一段差距。我国基准建设与维护,主要依赖国外测绘仪器、卫星,以及数据处理软件,测绘基准整体技术水平与国外先进测绘基准技术相比还存在一定的差距。而测绘基准基础设施建设的落后造成了我国与发达国家在测绘保障以及测绘地理信息技术应用发展方面的差距。

2. 在地理信息数据获取系统方面

我国在卫星导航定位、卫星遥感、航空数字摄影等技术应用方面,与国际基本同步。但是在测绘地理信息基础设施特别是对地观测系统方面,缺少关键的核心装备,与国际先进水平存在着较大差距。具体体现在以下几个方面。

(1)卫星导航定位。国内目前普遍采用美国 GPS 卫星导航定位系统。我国北斗卫星导航系统在 2012 年形成对亚太地区的覆盖,2020 年才形成对全球的覆盖。在构建独立自主的卫星导航定位系统方面,差距约有 10 ~ 15 年。

(2)航天光学遥感。在米级、亚米级高的分辨率遥感卫星上,我国航天光学遥感与国外的科技差距明显。我国刚发射了 2 颗米级民用卫星,亚米级卫星还在规划中,与国际先进水平相比,差距至少 10 年。

(3)航空航天雷达遥感。除了在航空 SAR 测图关键技术有所突破外,干涉合成孔径雷达(InSAR)、差分干涉合成孔径雷达(D-InSAR)目前还没有自主品牌的科技成果全面投入实际应用。与国际先进水平约有 10 ~ 20 年的差距。我国正在研制的机载多波段多极化干涉 SAR 测图系统(SARMapper),将成为我国机载雷达追赶世界水平的一个发力点。欧美国家加快推动了星载微波雷达技术的发展和应用,利用小卫星和编队卫星技术以及空间虚拟探测技术,实现对地阵列立体观测。我国从 20 世纪 70 年代中期也开始对机载、星载合成孔径雷达技术进行研究,但与国际先进水平相比,还有较大差距。现代机载激光雷达系统主要用于获取高精度的地表三维模型(包括 DSM、DTM、DEM),特别适用于困难地区、森林地区以及滩涂地区测图,国外比较著名的航空激光雷达系统有瑞士 Leica、德国 TopoSys、加拿大 Optech 等。我国已初步实现大型机载激光雷达系统的国产化,整机系统指标及单项技术指标与国外同类产品相当,实现了在机载激光雷达领域的信息资源自主权。但是目前的设备难以应用于轻型飞行平台,迫切需要小型轻量化设计并提高对大范围姿态变化与滚动补偿的能力。

(4)数字航空摄影。数字航空摄影系统与 GPS/IMU 集成,提供了无控制或少量外业控制点的测图能力。在该领域我国与国际水平约有 5～10 年的差距。瑞士徕卡公司 2008 年升级的基于线阵 CCD 的推扫式 ADS80 航空相机代表了当前国际先进的技术水平。相比之下,由于缺乏必要的技术积累,以及受基础工业水平包括光、机、电元器件及工艺技术的限制,我国与之相比还存在较大差距。目前,我国使用的数字航空量测或非量测相机多为进口产品。面向航空遥感领域的 GPS/IMU 组合导航系统主要依赖进口。

3. 在地理信息数据处理系统方面

我国在地理信息数据处理技术方面,与国际水平差距不大,自主开发了地理信息三维虚拟现实系统、遥感图像综合处理系统、机载激光雷达数据处理系统、数字摄影测量网格系统、高分辨率遥感影像数据一体化测图系统等数据处理系统,实现了从地理信息数据获取到输出全程数字化。但在雷达遥感影像数据处理技术(包括干涉雷达、差分干涉雷达等)、装备建设以及遥感数据集成处理能力方面,我国与国际水平还存在不小差距。而且,我国数据处理自主软件产业化程度不高,生产效率低、成本高,造成基础地理信息数据库建设与更新相对滞后。

二、发展目标

(一)总体目标

到 2030 年,全面建成信息化测绘技术体系,测绘地理信息科技总体水平达到或接近世界领先水平。形成符合科技自身发展规律和满足测绘地理信息发展需求、布局合理、支撑有力、产学研用相结合的测绘地理信息科技创新体系。企业的科技创新主体地位进一步加强,测绘地理信息科技自主创新能力显著增强。突破一批测绘地理信息重大关键技术,形成一批具有自主知识产权和国际竞争力的软件系统和技术装备,实现地理信息获取实时化、处理自动化、服务网络化和应用社会化,为测绘地理信息事业产业发展提供有力的科技支撑。

(二)阶段目标

1. 2015 年发展目标

重点突破一批测绘地理信息核心和关键技术,形成一批具有民族品牌和国际竞争力的技术和软硬件产品。重点突破地心动态大地测量框架和多模导航定位综合服务等关键技术;实现对国内外四大 GNSS 系统的集成应用;实现航天、航空、地面和水下一体化数据快速获取、数据准实时处理和动态更新,处理效率提高 5~10 倍;实现多源、多维海量数据高效一体化管理,能够提供较为完善的"一站式"在线地理信息服务以及在线专题制图和空间分析等服务;实现重大测绘地理信息工程中国产软硬件使用比例超过 50%。形成科学完善、动态更新的测绘地理信息标准化体系,完成 200 项左右测绘地理信息国家标准或行业标准的制订和修订,测绘地理信息标准化体系完备率达到 95% 以上,标准基础研究能力大幅提高。新增 6~8 个国家测绘地理信息局重点实验室或工程技术研究中心,并在此基础上形成 1~2 个国家级创新平台。

2. 2020 年发展目标

科技创新体系更加完善,测绘地理信息科技创新的能力进一步提升,在大地测量、摄影测量与遥感、地图学、地理学与地理信息系统等测绘地理信息科技发展的各个领域全面接近国际先进水平,在50% 以上的理论与技术领域实现原始创新,使得我国测绘地理信息科技发展总体上达到国际领先水平。建立我国自主维护的高精度大地测量基准技术体系,重点突破以北斗卫星导航系统为主的卫星精密定轨技术、CORS 技术、重力场恢复技术、卫星测高数据处理技术和陆海大地水准面精化技术。建立月球与深空探测坐标参考框架技术系统,为我国月球与其他行星探测提供坐标系统与定位支持。建立现代立体摄影测量技术体系,全面推动真三维虚拟现实技术的大范围应用。物联网、云计算等技术在测绘地理信息生产服务中得到广泛应用,基本实现业务化。

三、主要任务

(一)加强基础理论与软科学研究

1. 基础理论研究

瞄准国际测绘地理信息科学前沿,开展基础理论创新研究、应用基础研究以及相关交叉学科研究,力争在测绘地理信息基础理论方面取得大的突破。研究在天空地一体化时空基准框架下,建立严密的地球观测几何与物理模型,提出从不同来源的地球观测数据中自动化、实时化提取空间信息以及转化为地学知识的理论,为空间信息和地学知识的网格化服务提供理论支持,为形成我国独立自主的对地观测数据获取、信息处理与分发服务奠定理论基础。

研究基于现代大地观测系统的多源数据,构建中国大陆整体运动模型和地球动力学数值模拟的理论与方法,研制地球系统参数反演的量化模型,建立现代大地测量数据融合的理论和方法,构建地球系统参数精确反演的理论体系与融合现代大地测量观测数据精化的地球参考系,揭示地球动力学机理;围绕大地基准现代化、卫星重力与卫星测高、组合导航定位、卫星激光测距与甚长基线干涉测量、深空与水下大地测量以及地球动力学应用等方面开展基础研究,在全球统一的物理和几何基准理论、全球高阶地球重力场模型等方面形成理论突破。

加快摄影测量与遥感学理论研究进展,在合成孔径雷达、激光雷达等新型传感器的成像机理和测图理论,数字表面(高程)模型提取和高精度影像数据模型理论,遥感信息解译与变化提取中的不确定性问题,多级数据融合和智能解译等基础理论方面开展研究,在多源对地观测数据高可靠处理、高效能网络分布式光学遥感数据一体化处理等方面开展基础研究与应用基础研究。

推动地图学与地理信息系统理论创新,研究地理信息数据综合、信息同化、综合认知与自主服务理论,数据自动理解与综合性空间认知机理,数据时空变化与主动服务理论,发展地理信息网格和多维动态地理信息系统理论与方法。

开展地理国情监测信息基础理论、地理国情监测对象体系和地理国情监测单元划分方法、地理国情分类方法体系和技术指标体系、基础地理国情监测技术以及地理国情信息高性能提取等研究。围绕海洋高精度三维基准框架建立、深海探测、精密海底地形测绘、海岛礁精确定位与测图、海岸线精确测定、暗礁识别、多源异构海量海洋测绘数据处理集成融合等开展研究。此外,围绕智慧地球、低碳经济、物联网等社会热点和国家重大需求以及全球测绘、月球测绘和深空深地探测等,研究面向服务的测绘地理信息科技的新理论、新方法,并积极推动理论方法向技术原型系统的转化。

2. 软科学研究

测绘地理信息软科学的研究领域十分广泛,研究内容日益丰富,在推动测绘地理信息事业发展中具有非常重要的作用。着力开展测绘地理信息战略规划与法规政策等方面研究,做好测绘地理信息发展系统性、前瞻性判断,为进一步拓展测绘地理信息工作服务领域、强化测绘地理信息行政管理、推动测绘地理信息事业科学发展提供坚实的理论支撑。做好顶层设计,为促进测绘地理信息事业更好更快发展提供决策参考。加强测绘地理信息政策和立法前期研究,在基础测绘管理、数字地理空间框架、信息化测绘体系、测绘地理信息公共服务、测绘地理信息科技创新、地理信息产业发展等方面的政策制定与立法工作中不断取得创新成果。加强测绘地理信息规划实施管理、测绘地理信息发展投入、测绘地理信息市场监管、测绘地理信息成果开发利用等方面的制度研究,不断促进测绘地理信息发展运行机制的完善。加强测绘地理信息文化研究,着力提高测绘地理信息发展软实力。

(二)加快关键技术创新

1. 测绘基准关键技术

(1)GNSS 现代三维基准技术研究。研究基于 GNSS 的地球坐标框架建立与维护技术,建立并维持我国基于北斗卫星导航系统的自主地心动态大地测量框架。研究我国卫星导航系统的完善技术,开展基于 GNSS 的 CORS 网络动态地心坐标框架数据处理、多模多频卫星定位系统精密定位、卫星精密定轨等关键技术研究,研制 GNSS 动态地心坐标框架数据处理软件,开发 GNSS 卫星精密实时定轨软件、卫星钟差实时估计与预报软件,以及满足用户高精度定位需求的 GNSS 单历元精密单点定位软件。

(2)高精度重力场模型与大地水准面精化技术研究。开展高精度地球重力场模型与陆海统一的高程基准构建关键技术攻关。研究地球外空间任意高度、任意类型重力场元的严密地形改正问题,研究卫星重力数据处理与多源重力场数据高精度集成方法,研究联合多源数据的超高阶地球重力场模型构建与陆海统一(似)大地水准面精化的严密理论与关键技术问题,为我国研制超高阶重力场模型和厘米级(似)大地水准面提供理论与技术支撑。

(3)面向全球增强的卫星导航技术研究。开展我国自主卫星导航系统从区域到全球化的总体技术、信号兼容与互操作研究,开展北斗参与国际 GNSS 多模应用的技术研究;充分利用我国 CORS 基准站系统资源与国外的 CORS 基准站,突破全球实时精密定位系统的数据采集、处理、管理,增强差分信息和完好性信息生成与传输、精密定位终端及大规模 CORS 基准站实时数据共享与管理等关键技术,搭建全球卫星导航增强和完好性系统平台。

(4)无缝导航定位系统技术研究。突破 COMPASS/GPS 双系统高精度软硬件接收机关键技术,通过与电子罗盘、惯性导航与地图匹配技术融合,研制城市道路和高遮挡地区不间断定位和导航的硬软件系统;以无线 WIFI、蓝牙、空气声学定位、惯性导航和环境场匹配技术为基础,通过多传感器集成和数据融合算法的研究,实现米级精度的室内定位原型系统开发;研究基于影像的三维导航定位技术;突破 GNSS 技术与地面移动通信网、无线互联网、地面物联网、室内导航定位系统之间高可靠性的通信技术和方法,实现室内外无缝、高精度、高可用性的空间定位。

(5)基于 CORS 网的新型网络 RTK 技术研究。以我国各地的 CORS 网为基础,研究长距离单历元网络 RTK、单频网络 RTK 以及自适应网络 RTK 滤波等关键算法,开发网络 RTK 软件系统,研制开发基于高程系统的网络 RTK 手簿,实现网络 RTK 的高程实时获取。通过网络 RTK 软件国产化,带动区域电离层研究与应用、网络 RTK 差分数据标准化、基于位置的服务(LBS),以及 GIS 的结合,加快数字城市建设。

2. 地理信息实时化获取关键技术

(1)准实时航空主动遥感测图技术研究。开展多载荷、准实时的航空数据获取、处理与测图技术研究,突破多模态轻小型极化干涉雷达系统的一体化设计、机上多载荷遥感数据实时处理与传输、极化干涉 SAR 快速信息的提取与测图等关键技术,形成主动遥感测图原型系统,开展典型应用示范。

(2)应急测绘数据快速获取与处理技术研究。面向应急测绘保障服务的需求,研究覆盖高、中、低空的多种飞行平台的遥感影像及视频监控信息统一获取技术,研究主被动遥感传感器系统集成关键技术以及海量、非标准、影像与视频数据融合的测绘地理信息遥感数据快速处理技术,研究基于三维地理信息综合系统的灾情解译、评估与预警监测技术,研究应急地理信息网格和智能化应急测绘服务模式,提高突发灾害应急测绘保障的能力和效率。

(3)三维航空相机阵列摄影测量技术研究。针对城市影像数据获取困难的技术难题,发展将常规数字航空摄影技术、多相机阵列技术和地面数字影像采集技术融合的高效三维航空相机阵列摄影测量系统,研究基于 POS(GPS+IMU)系统的多角度倾斜影像的空三解算、影像匹配、立体测量、纹理提取及三维建模等技术。开展三维数码摄影全站仪系统,车载、手持、飞艇等移动空间数据采集系统,基于三维场景的移动自适应定位等方面的技术研究。

3. 地理信息自动化处理关键技术

(1)传感器数据自动处理技术研究。研究基于多基线自动处理的框幅式航空数字影像处理、机载三线阵数字影像处理及测图方法;研究非常规航空数字摄影测量数据处理关键技术;研究新型高分辨率卫星影像稀少或无地面控制条件下的高精度地形测绘技术;研究利用合成孔径雷达和干涉雷达生产测绘地理信息产品的方法和技术;研究干涉雷达地形信息提取技术、基于差分干涉雷达的地表变形监测技术等;研究激光扫描数据地形特征点线的快速、稳健提取技术;研究顾及几何特征的数字高程模型动态多尺度表达方法及评估模型,惯性导航和差分定位技术与激光测量、数字相机集成技术等。

(2)多源遥感数据高性能计算技术研究。研究多源遥感数据高性能处理系统体系架构、系统功能与接口、大规模并行处理方法和分布式处理技术,研究多源遥感数据实时及准实时处理技术和高吞吐处理技术、多任务协同计算的任务调度技术,研究支持从像素级、文件级到任务级、工程级的遥感任务并行处理关键技术,开发规模化遥感工程应用的高性能遥感处理系统。研究基于多协处理器的计算密集型遥感数据处理关键技术及软硬件模块实现技术。

(3)遥感影像多层次智能化解译技术研究。研究多源遥感信息复合遥感与地理信息系统及地图信息的复合技术,多种目标智能提取与识别模型的标准化和集成技术,遥感影像复杂信息的全自动分割及面向对象智能解译技术,基于 DOM 与 DEM 的虚拟三维立体影像解译技术,集群分布式智能解译技术等,形成多源遥感影像多层次、分布式、智能化解译的关键技术体系,实现分布式环境下多源遥感影像的协同化数据处理、分析与理解,提高影像解译的精度与效率。

(4)基础地理信息动态更新技术研究。研究大范围正射影像库自动更新技术,基于多分辨率影像的变化发现与信息提取技术,地形要素选取、概括的方法与技术,实现多尺度数据的自动缩编更新技术,地理信息增量信息描述模型、表达方法、增量数据与旧版本数据的匹配与替换、增量信息的模式匹配与语义转换技术,影像地图的表达模型与自动生成、地形产品的分类分级、基于数据库的制图与可视化表达等技术。研究影像集群处理技术、城市真正射影像生成技术、激光扫描测图技术、相邻比例尺地图缩编技术,新一代数字化测绘地理信息产品开发技术等。

4. 地理信息职能化应用服务的关键技术

(1)多元时空网格地理信息系统技术研究。研究和发展网格环境下海量、多元的时空数据协同管理、高效的大规模分布式协同空间计算、海量球面剖分数据组织和可视化、空间计算负载均衡和动态调度、空间事务处理和时空数据一致性维护、高可靠的时空数据安全机制和数据访问控制机制等技术,研发新一代高可信的网格 GIS 软件平台,并在人口、资源、社会经济等重点领域开展应用示范。

(2)地理信息资源体系构建技术研究。研究信息化条件下地理信息的内容、组织、表达方式,建立跨部门、跨地区的地理信息资源目录体系与交换体系,研究信息化地理信息资源的分类与编码规范,开展地理信息资源质量评价与适用性分析,构建面向信息化的地理信息资源体系。

(3)数字城市与区域空间信息共享及应用服务技术研究。针对数字城市、数字区域建设的迫切需要,面向建立统一的标准规范、信息共享、综合集成方案的战略定位,突破面向多业务应用部门的空间数据交换、数据在线更新与信息共享服务核心技术,研究基于超模型异构数据库的互操作技术、基于语义模型的地理信息在线访问技术、应需自动响应与智能处理技术、网络制图技术、网络信息安全过滤技术等。

（4）基于下一代互联网的地理信息服务技术研究。以我国下一代互联网（CNGI）环境与第三代通信（3G）技术为基础，研究互联网地理信息安全监管关键技术、面向基础地理信息的交互式时空可视化分析技术，研究地理信息主动服务技术、地理信息网络监管与安全保密技术、地理信息三维可视化与综合服务技术、城市三维导航服务技术以及大型 GIS 软件和数据库管理技术。

5. 地理信息社会化应用关键技术

开展地理信息在生态建设、防灾减灾、节能减排、新农村建设、资源管理等领域应用的关键技术研究，为解决制约可持续发展的突出问题提供科技支持和决策参考。开展地理信息应用于人体定位、现代物流、交通信息、数字旅游、家庭智慧生活等方面的关键技术和平台研究，满足人们对地理信息服务的广泛需求。开展地理信息在粮食安全、生产安全、社会安全监控，轨道交通，矿产资源定位探测与三维模型化表现，海啸预警等领域应用的关键技术研究，充分发挥地理信息对国家安全的支撑作用。

（三）开展重点科技领域研究

1. 地理国情监测科技攻关与应用示范

面向地理国情服务国土空间统筹规划、加强宏观调控、促进可持续发展的重大战略需求，综合利用遥感对地观测技术、地理信息系统、导航定位技术和网络通信技术，开展地理国情监测对象体系和地理国情监测单元划分方法，基础地理国情监测的分类指标体系、监测技术和建库技术，多尺度自然地理要素和人文地理要素的监测、特征识别和空间演化分析技术研究，研发专题地理要素监测工具集，建立地理国情监测技术平台，在全国典型地区开展多层次、多类型的地理国情监测应用示范。

通过开展地理国情监测关键技术的攻关与应用示范，全面提升地理国情监测能力，为各级政府科学决策和政策制定提供依据，为土地、交通、农业、林业、水利、环境和人口等相关专业部门提供公共基础数据和共享平台。

2. "天地图"地理信息公共服务科技攻关与应用研究

围绕"天地图",结合国家、省、市等地理信息公共服务目标,瞄准云计算、物联网以及智慧地球的发展方向,解决困扰地理信息公共服务推广和影响其未来发展的瓶颈问题。重点研究地理信息公共服务深度应用的基础性关键技术,包括面向物联网和智慧地球应用信息感知和智能化空间信息分析技术、采用云计算技术架构的二维和三维一体化地理信息服务平台构建技术、面向政务和商业地理公共服务技术、面向多类终端的地理信息自适应可视化技术、地理公共服务与电子政务一体化技术、面向公用企事业的地理应用公共服务模式研究和应用构建技术、面向公众应用的个性化应用定制技术、志愿者地理信息汇集与挖掘技术等。建设地理信息公共服务平台,开展空间信息泛在服务应用示范。

3. 北斗卫星导航系统应用与位置服务的关键技术与应用研究

突破北斗卫星导航核心芯片与模块、地图数据与软件、嵌入式系统、终端产品集成、系统集成、系统运营、增值服务等产业链各个环节的关键技术。通过对包括北斗、GPS、GLONASS 和 Galileo 系统在内的 GNSS 系统技术的综合开发,重点突破以北斗系统为主的 GNSS 卫星精密定轨与 CORS 技术、地心动态大地测量框架建设与维护技术、多模导航定位综合服务关键技术、北斗地理信息服务关键技术。

开发基于北斗的卫星导航系列终端和地理信息系统软件,形成一批具有民族品牌和国际竞争力的卫星导航软硬件产品。实现对国内外四大 GNSS 系统的集成应用,满足地球观测基准服务、在线北斗导航定位授时服务、地理空间位置个性化服务与其他增值服务的技术的需求。

4. 系列测绘卫星关键技术研究与应用示范

研究资源三号测绘卫星及其后续卫星应用系统系列关键技术,形成资源三号测绘卫星技术体系,为资源三号测绘卫星数据规模化、业务化处理,1∶5万卫星立体测图提供技术支撑。开展资源三号系列卫星、干涉雷达卫星、激光测高卫星和重力卫星的立项研究和实施。

开展1∶2.5万立体测绘卫星、X波段单极化双天线干涉雷达卫星和1∶1万立体测图卫星的背景型号立项研究,开展X波段全极化编队干涉雷达卫星、L/C/(X)多波段全极化重轨干涉雷达卫星等关键技术攻关。

参与高分专项2米/8米、1米/4米等卫星的立项研制关键技术开发,开展国外卫星的测绘应用技术开发,积极参与北斗导航定位卫星、嫦娥卫星以及深空探测卫星的测绘应用技术的研究与开发。

5. 测绘基准现代化关键技术研究

针对测绘基准现代化的特点与急需解决的问题,研究建立现代测绘基准技术体系,实现我国测绘基准现代化。重点研究动态地心坐标参考框架维持技术、困难地区(似)大地水准面精化技术、卫星重力数据处理技术、多模卫星定位数据的集成化处理技术、多系统多频精密单点定位技术、长距离单历元网络 RTK/网络差分定位技术、多种卫星导航系统联合定位以及在线式实时处理分析技术、多模卫星定位与动态基准数据处理技术、中国大地测量观测系统实时应用服务技术等。

通过开展测绘基准关键技术攻关,实现测绘基准现代化,为地理国情监测、海岛(礁)测绘、国家大型工程建设等提供测绘基准。

6. 应急测绘遥感监测关键技术研究与应用示范

针对突发灾害中对遥感影像统一获取、快速处理和及时提供的要求,研究基于无人飞行器的应急测绘高分辨率遥感数据快速获取技术与装备平台;研究集成地面应急测绘快速监测、处理与传输一体化移动车载平台;研究多传感器数据高精度集群处理与灾情遥感信息智能提取技术、自然灾害及突发事件响应决策与综合评估技术、应急测绘信息快速集成与制图服务技术等;研制应急测绘航空遥感监测评估运行系统、标准规范;构建应急测绘快速监测和信息服务平台、业务运行体系。

通过应急测绘的获取、处理、监测、评估与服务的技术体系和装备体系建设,构建国家级应急测绘运行体系,形成平灾一体、"天-空-地"一体、高适应性、高机动性、快速服务的国家级应急测绘能力。

7. 智慧城市与地理信息智能感知的关键技术研究与应用示范

开展地理信息数据和人文、自然资源等信息数据的深度集成融合技术研究,构建基于地理信息数据的智能数据库系统的原型。面对全球互联网地理信息形态复杂、更新频繁、内容海量、交互密集等特点,研究基于语义的互联网地理信息知识表达模型和方法;基于空间知识库和智能代理,研究物联网地理信息智能探测跟踪与变化分析,全息信息获取、数据处理、可视化表达以及泛在网络下地理信息服务等关键技术,实现地上下、室内外信息一体化获取处理,集成多源信息及实时动态信息,攻克跨媒介表达、普适服务等技术难关,依托泛在网络搭建云计算平台,构建地图云,建立智慧城市技术支撑体系。研究基于机器人的地理信息认知和自动服务、复杂地球系统模拟等关键技术,争取在智慧中国、智慧地球以及地理信息智能服务方面取得原创性成果。

8. 全球环境变化监测关键技术研究

充分利用现代测绘地理信息观测手段,研究航空航天遥感数据用于全球地表覆盖、全球环境变化监测的数据处理方法。研究基于多源、多尺度测绘地理信息观测数据的全球环境变化与地表覆盖之间的三维耦合关系,建立三维耦合模型。研究极地冰盖变化精密监测的多传感器网络技术,发展冰盖突变事件水平和垂直关键要素的高精度遥感提取算法、基于卫星重力观测的冰盖融化与海平面质量变化关系的探测技术、海平面变化中极地冰盖消融因素分离技术等。基于多源监测数据,研究环境生态系统中碳源/汇遥感因子和地形因子提取方法、区域生态系统碳源/汇遥感模型,揭示区域生态系统碳源/汇的时空格局及其机制,分析碳源/汇随时间、空间的变化规律以及空间分布特征,探索碳源/汇预测方法。

(四)促进科技成果转化与产业化

1. 健全测绘地理信息科技成果转化机制

在测绘地理信息主管部门的组织和协调下,测绘地理信息科研部门和企事业单位共建科技创新基地,形成科研直接面向需求、生产直接连接科研的良性产学研用互动协作机制,提升科技成果的转化效率。将成果转化的成效逐步纳入科技考核评价体系,支持技术转化、技术咨询等服务活动。鼓励测绘地理信息科技人员到企业兼职,支持企业以购买或委托开发等方式获得技术创新成果和服务,支持科研机构与企业联合建设研究院、研发中心、博士后科研工作站等,逐步推动产学研合作从成果型松散模式向实体型紧密模式转变,发挥各类成果转化服务机构的纽带桥梁作用。依托省市测绘地理信息生产单位开展测绘地理信息实用技术研发和成果应用,在测绘地理信息生产实践中开展技术革新,及时将先进技术成果和先进装备向测绘地理信息生产单位和企业推广应用,实现科技成果产品化,提高测绘地理信息行业的现实生产力。

2. 完善测绘地理信息科技成果转化政策

进一步贯彻落实知识和技术作为生产要素参与分配的政策,充分兑现国家法律、法规所规定的各项奖励政策,切实保障科技人员创造性劳动的经济价值得以体现。科研院所、生产单位及测绘地理信息企业制定出测绘地理信息科技创新激励机制的具体实施办法,鼓励自主产权科技成果的转化应用,对自主创新作出贡献的科技人员和团队落实相应的奖励。加强技术市场管理,完善成果评价、成果转让与技术交易的相关法规,修订成果转化扶持政策,对科技成果进行认定后提供转化支持,为实现成果产业化创造各种有利的外部条件。加强监管力度,从制度上、法规上保障科技成果的安全性,防止科技成果在转化过程中流失或被侵权。

3. 推进测绘地理信息科技成果的转化

积极推动导航原子钟、无缝导航定位技术、全息导航地图、位置信息挖掘与智能服务等技术的成果转化,形成自主知识产权的导航定位与位置服务软硬件技术装备,促进相关科技成果的转化和产业化,培育导航与位置服务等战略性新兴产业。建设互联网地理信息系统、基于位置服务(LBS)、智能交通系统和车载导航以及室内定位等地理信息增值服务示范工程。着力推广数字区域地理空间框架示范工程、行业地理信息示范应用,推动和扶植地理信息服务产业的发展。通过建立与部署无线传感器网络,组成地上下一体化物联网无线传感器网络系统,构建基于测绘地理信息技术的物联网公共信息服务平台,形成遥感信息、导航定位和移动通信卫星等新兴产业的增长点。

(五)加强测绘地理信息标准化工作

1.提高标准验证水平和国际地位

基本建立测绘地理信息标准的一致性测试机制,提高标准的协调性和统一性。提高标准化服务保障信息化测绘体系建设的能力,开展标准前期研究和实验验证。面向我国数字城市建设、公共服务平台建设、导航和基于位置服务等重点发展领域,开展相关基础标准、产品标准、应用标准和质检标准的前期研究和实验、测试与验证,研究提出相应的关键性技术指标,研制一系列标准,促进重点领域建设的标准化与规范化。提高我国承担国际地理信息标准的作用,使我国提出和承担国际地理信息标准项目实现零的突破。完成现有主体标准向适应信息化技术体系要求的转化。

2.加强基础性、关键性标准的研究制定

完善国家测绘地理信息标准体系,并建立动态更新完善机制,体系内标准标龄达到5年以内。以重大测绘地理信息工程、重点科研项目为龙头,集中力量研制一批高新技术应用、科研成果转化、重大工程急需的关键性、基础性技术标准,以标准化促进科研成果的转化、高新技术的应用和重大工程的实施。制订和修订维护国家安全、规范产业发展的一系列强制性标准。面向项目需求,针对项目研发、采用的新技术、新工艺、新方法、新成果及其生产实践要求,以现有国家标准和行业

标准为基础,研究制定行业标准和项目内部使用标准,并在项目建设过程中进一步完善、验证这些标准,适时进行标准升级转化,形成一批指导性好、针对性强的国家标准、行业标准,提升基础测绘项目标准化的成果和水平。

3. 进一步完善标准化体制机制

加强标准统筹协调,构建良好的标准化工作环境,完善政策体制,加快标准化工作进程。强化全国测绘地理信息标准化工作的统筹协调机制,深化标准化工作和技术支撑机构组织管理、科研和企事业单位为实施主体的标准化工作体制。完善测绘地理信息国家标准和行业标准的投入机制,拓宽投资渠道,在基础测绘行业标准主要由测绘地理信息行政主管部门投入的前提下,鼓励和促进测绘地理信息相关部门、企业根据本部门、本单位的发展需要加大标准投入力度。以标准体系为依据,在科学的标准参考模型的基础上,将标准的制定纳入结构严谨、相互协调的统一体系中。

四、配套措施

(一)完善创新组织体系

按照科学布局、优化配置、完善机制、提升能力的思路,形成和完善以全国各类测绘地理信息科研机构、高等院校、国家重点实验室、部门重点实验室、工程技术研究中心、有关企业和各级测绘地理信息业务单位组成的测绘地理信息科学研究和技术开发体系;建设以科研机构与业务单位分工协作,工程技术研究中心和企业自主创新为主要内容的测绘地理信息科技成果转化与应用体系;发挥学(协)会、科技产业园区、信息与技术服务机构和相关测绘地理信息单位的科技信息服务和咨询评估作用,建立健全测绘地理信息科技成果转化的中介组织体系。稳步推进实验室及工程中心建设,新建6~8个国家测绘地理信息局重点实验室或工程技术研究中心,并在此基础上形成1~2个国家级创新平台;加快地方科研能力和团队建设,鼓励各地方省局结合自身特点,根据各省经济社会发展对测绘地理信息的需求成立研发中心;充分重视并发挥企业作用,支持企业独立或与科研院所、高等院校等联合建立实验室、工程中心等各类研发机构;大力开展多元合作,积极推进军地、国际合作交流,支持、鼓励相关科研院所,高校与军队,港澳台、国际知名科研机构,高校联合建设实验室或工程中心。提升测绘地理信息科技创新的整体水平。

(二)强化创新政策支撑

建立以规范的项目管理制度、完善的科技评价制度、健全的成果登记和信息发布制度、高效的科技投入制度等为主要内容的科技管理政策体系。进一步加强测绘地理信息科技管理制度建设,完善激励自主创新的政策,进一步强化科研项目的竞争机制,从政策上保障公开公正的科研环境,在现有的测绘地理信息科技创新政策文件基础上,加快促进和规范测绘地理信息科技创新的制度和政策的研究制订,建立有效的政策引导机制和项目管理制度。加强科技成果的验收与评价工作,建立科技成果水平、质量与承担项目挂钩的机制以及项目验收后评估制度。建立激励自主创新的政府采购政策,在基础测绘项目计划中优先采购测绘地理信息科技创新项目计划支持的自主创新产品或技术,建立相应的考核验收和成果推广制度。结合国家西部大开发、兴边富民、恢复重建、生态保护等政策的实施,加强对西部欠发达地区测绘地理信息科技发展的政策支持。

(三)加强科技国际合作

继续实施"走出去"战略。根据国家"走出去"战略,不断拓宽测绘地理信息对外科技合作与交流的领域和渠道。在巩固现有测绘地理信息科技合作渠道的基础上,通过多种途径,进一步扩大国际测绘地理信息科技的合作与交流,特别是积极争取各种国际科技交流项目、高层次测绘地理信息科技人才的培养和培训等。鼓励和支持我国测绘地理信息科技人员积极参与国际科技合作与交流、在国际科技组织和机构中

任职,提高国际影响力和话语权;积极支持科研机构、高等院校和企业
参与全球及区域性测绘地理信息科技合作计划、承担各种科技合作项
目,以及与世界知名测绘地理信息科研机构、大学和跨国公司成立联合
实验室、研发中心或进行其他形式的科技合作。推进自主研发的新技
术标准进入国际标准,推动有自主产权的高新科技产品进入国际市场。
在引进、消化、吸收国(境)外先进技术和管理经验的基础上,强化自主
创新,形成拥有自主知识产权的科技成果,提升我国测绘地理信息科技
的竞争力和国际地位。

第9章 测绘地理信息管理体制机制建设

测绘地理信息行政管理的主要内容包括测绘地理信息管理的体制建设、测绘地理信息法制建设、测绘地理信息市场监管。其中,测绘地理信息管理体制建设的主要内容是:规范各级测绘地理信息行政主管部门的机构设置和职能,正确处理政府与市场的关系,强化宏观管理调节和测绘公共服务职能,履行职能不缺位、不越位和不错位。测绘地理信息法制建设的主要内容是:根据完善社会主义市场经济体制和建设法治政府的要求,加强测绘成果保密、成果汇交、地图编制、市场信用、招标投标、监理质检等方面的法规制度建设,健全测绘地理信息法律体系,提高测绘地理信息立法的科学性和针对性;推进测绘地理信息依法行政,提高各级测绘地理信息管理部门执法效率。测绘地理信息市场监管的主要内容是:加强测绘地理信息市场准入管理、测绘地理信息质量管理、测绘成果管理,完善以测绘地理信息联合执法、层级考核等为主要内容的监管机制,健全测绘地理信息市场主体客体监管制度和市场交易规则,建立统一、竞争、有序的测绘地理信息市场体系。

加强测绘地理信息行政管理,要以科学发展观为指导,以服务于国家经济建设、社会发展和维护国家安全利益为中心,以测绘地理信息事业全面协调可持续发展为目标,以全面推进测绘地理信息依法行政为准则,进一步深化体制改革,着力健全机构、强化职能、理顺关系、增强力量,确保测绘地理信息行政管理机构统一、权责一致、分工合理、执行顺畅、监督有力,为测绘地理信息事业发展提供体制保障。进一步加强测绘地理信息法规制度建设,不断完善测绘地理信息法律体系,全面推进测绘地理信息依法行政和法治政府建设,为测绘地理信息事业发展创造良好的法制环境。进一步完善测绘地理信息市场监管机制,强化市场监管职责,妥善处理市场监管与产业发展的关系,着力做好市场管理服务,全面履行测绘地理信息工作统一监管职能,为测绘地理信息事业发展营造健康的测绘地理信息市场环境。

一、测绘地理信息行政管理体制建设

(一)历史与现状

从1956年国家测绘总局建局,经过近30年的机构职能调整,到20世纪80年代,我国逐步建立起中央、省、市(地、州)、县四级测绘地理信息行政管理体制。

1.测绘地理信息行政管理机构历史沿革

1)国家测绘局的历史沿革

1956年1月23日,第一届全国人大常委会第三十一次会议批准成立国家测绘总局,作为国务院直属机构,履行七项职责。1957年1月,国家测绘总局由国务院第三办公室划归国家建委掌管;4月,更名为中华人民共和国国家测绘总局。1958年,国家测绘总局由地质部代管,职责范围不变,保留在国务院的建制。1969年,国家测绘总局被撤销。1973年,国家测绘总局重建,仍属国务院建制,归国家建委领导。1982年,改称国家测绘局,原有职能和任务不变,并入城乡建设环境保护部。1988年,国家测绘局由建设部归口管理。1993年,确定为由建设部归口管理的副部级国家局。1998年,改为由国土资源部管理的国家局,为主管全国测绘工作的行政机构。2009年政府机构改革中,国家测绘局作为国土资源部归口管理的国家局,在职责上进一步得到了加强。在原有职责的基础上,明确和强化了应急测绘保障、地理信息获取与应用监管、地理信息共建共享等方面的职能。

2)地方各级测绘行政管理机构沿革

1962年,经国务院批准,各省、自治区、直辖市先后设立了地方测绘管理机构,后改为测绘管理处,属地方建制,业务上受国家测绘总局领导。

历经 1969 年至 1973 年被撤销的空白期后,1973 年至 1975 年,各省、自治区、直辖市相继恢复重建了测绘局(处),以原国家测绘总局直属的三个分局为基础重建的陕西测绘局、黑龙江测绘局、四川测绘局属国家测绘总局与地方双重领导,其余各省、自治区测绘局属地方领导,北京、上海、天津三个直辖市设立了测绘管理处,归地方领导。后北京、天津测绘行政管理职责改由市政府规划部门负责;上海市测绘行政管理职责改由上海市规划部门归口管理的测绘管理办公室负责;重庆市改为直辖市后,由重庆市规划局负责本辖区测绘行政管理职责。1998 年,中央进行政府机构改革,此后,地方各级测绘管理体制更加多样化,大多数归口到国土资源和规划(建设)系统。

20 世纪 80 年代起,部分省级测绘管理部门在市(地、州)设立派出机构,如测绘管理组(处),受省级测绘管理部门委托管理本辖区测绘业务,后这些派出机构的测绘管理职责逐步移交市(地、州)政府,省级测绘管理部门派出机构随之撤销。2002 年以前,虽然法律没有明确市县的测绘行政管理职责,但不少地方的市、县政府都设有管理本地区测绘工作的部门。

2. 测绘地理信息行政管理机构设置现状

1)现行法律对测绘地理信息管理机构设置的规定

2002 年 8 月 29 日第九届全国人大常委会第二十九次会议通过的《测绘法》第四条规定:"国务院测绘行政主管部门负责全国测绘工作的统一监督管理。国务院其他有关部门按照国务院规定的职责分工,负责本部门有关的测绘工作。"

"县级以上地方人民政府负责管理测绘工作的行政部门(以下简称测绘行政主管部门)负责本行政区域测绘工作的统一监督管理。县级以上地方人民政府其他有关部门按照本级人民政府规定的职责分工,负责本部门有关的测绘工作。"

"军队测绘主管部门负责管理军事部门的测绘工作,并按照国务院、中央军事委员会规定的职责分工负责管理海洋基础测绘工作。"

2）测绘地理信息行政管理机构设置现状

一是国务院测绘地理信息行政管理机构设置。国家测绘局现已正式更名为国家测绘地理信息局，归口国土资源部管理，设办公室、规划财务司、国土测绘司、法规与行业管理司、地理信息与地图司、科技与国际合作司、人事司七个内设机构，进一步明确了地理信息管理职能。

二是省级测绘地理信息行政管理机构设置。省级测绘主管部门相继更名，多个城市成立了测绘地理信息局或地理信息局，普遍增加了内设机构和领导干部职数，部分省级机构还恢复了正厅建制或对干部实行了高配。在职能方面，新增或强化了地理信息管理、测绘地理信息公共服务、地理国情监测以及地理信息产业发展指导等。

从设置方式上来说，省级测绘地理信息行政管理机构分为有独立设置的机构和部门内设机构两类，其中有独立或者相对独立设置机构的有21个，约占全国省级测绘地理信息行政管理机构的68%；在国土资源部门或者规划部门内设置相应职能部门的有10个，约占全国省级测绘地理信息行政管理机构的32%。

从编制性质上来说，省级测绘地理信息行政管理机构有16个属于行政机构，约占全国省级测绘地理信息行政管理机构的51.6%；有15个属于事业单位，根据地方性法规授权或者由省级人民政府明确授权行使测绘地理信息行政管理职责，约占全国省级测绘地理信息行政管理机构的48.4%。

三是市级测绘地理信息行政管理机构设置。全国设区的市（地、州）中，设立测绘地理信息行政管理机构或明确测绘地理信息行政管理职能的有316个，约占市、地、州总数的95%。有86%的市级测绘地理信息行政管理机构设在国土资源部门，有14%设在建设或者规划部门。

四是县级测绘地理信息行政管理机构设置。全国县（市、区）中，设立测绘地理信息行政管理机构或明确测绘地理信息行政管理职能的有 2 453 个,约占县(市、区)总数的 86%。有 94% 县级测绘地理信息行政管理机构设在国土资源部门,有 6% 设在建设或规划部门。

(二)存在的突出问题

1. 测绘地理信息管理机构设置问题

1)测绘地理信息管理机构设置模式不统一

省级测绘地理信息行政管理机构设置从机构性质、级别和归口管理部门可分为九种模式:国家测绘地理信息局直属局同时兼省测绘地理信息行政主管部门、省国土资源厅管理的副厅级行政局、省政府直属事业单位赋予行政管理职能、省国土资源厅管理的正厅级(或副厅级)事业局、直辖市规划主管部门归口管理的事业单位授予测绘地理信息行政管理职能、直辖市规划主管部门行使测绘地理信息管理职能内设测绘地理信息管理机构、省国土资源厅加挂省测绘地理信息局牌子、省(区)国土资源厅履行测绘地理信息管理职能、国土资源厅管理的正处级测绘地理信息事业局履行测绘地理信息管理职能。省级测绘地理信息行政主管机构多样,多数不直接归属国家测绘地理信息行政主管部门,而是由省级政府、国土资源部门,或规划主管部门管理。市、县测绘地理信息管理部门同样分属国土资源、建设、规划等多个部门管理。测绘地理信息管理机构设置模式不一,一定程度上造成了测绘地理信息管理职能薄弱、测绘地理信息行政执法和市场监管效率较低。

2)市、县级测绘地理信息行政管理机构不健全

全国仍有约 5% 的市、14% 的县既未设立测绘地理信息行政管理机构,也未明确测绘地理信息行政管理职能;已经设立测绘地理信息行政管理机构或者明确测绘地理信息行政管理职能的,大部分设在国土、建设或规划部门,内设一个科或与其他科合署办公,仅有 1~2 个人来承担测绘地理信息管理方面的日常事务,或无专职、专业测绘地理信息行政管理人员,这些使测绘地理信息管理职能履行几乎处于空白。

2. 测绘地理信息管理职责交叉问题

测绘地理信息部门与建设、规划等部门之间存在部门职责交叉问

题,如工程勘察资质中还包括工程测量,建筑工程质量检测资质中还包括沉降观测等。这些问题造成多头行政,使测绘地理信息行政管理相对人无所适从,在增加了行政管理相对人负担的同时,加大了行政管理成本,浪费了行政资源,同时也降低了测绘地理信息行政管理的权威性。权责不一,有的部门只行使测绘地理信息行政管理的权力,却不承担相应的行政责任,测绘地理信息行政管理问责制、测绘地理信息行政执法责任制、测绘地理信息行政管理监督机制等都难以有效发挥作用;行政效率低,测绘地理信息行政管理职责交叉,造成了部门间协调困难,互相推诿,管理扯皮,严重影响了测绘地理信息行政管理效率,也影响了政府形象。

3. 测绘地理信息行政执法主体问题

一是执法主体的不合法。45%的省级、16%的市级和21%的县级测绘地理信息管理机构属于事业单位,不符合《测绘法》的规定和国务院关于全面推进依法行政的基本要求。

二是执法力量薄弱。缺乏相对独立的测绘地理信息行政执法机构,省级测绘地理信息行政执法机构大都设在业务处室,无专职执法人员和专项执法经费;市、县级测绘地理信息行政主管部门普遍存在执法职责不明确、人员编制不到位、执法经费不落实等问题。

4. 测绘地理信息管理职能层级划分及运行机制问题

国家级测绘地理信息行政主管部门职能明确,有具体的公共服务和监管职责。单独设立测绘地理信息局并由省政府直属或归口国土厅管理的省级测绘地理信息部门,职能明确,内设机构健全,中心工作突出,各职能部门分工负责,围绕测绘地理信息工作协调运转,一般能达到全面履行职责的效果。测绘地理信息职能归属到国土厅的,一般仅在厅内设1~2个测绘地理信息行政管理业务处,进行测绘地理信息行政管理工作的人员配置、经费安排相对较弱,测绘地理信息行政管理职能难以得到全面有效的履行。测绘地理信息行政许可事项过于集中在省级测绘地理信息行政主管部门,市、县级测绘地理信息管理部门行政审批事项少,职能和具体监管措施缺失,执法力量薄弱,且由于缺乏管理人员,市、县级测绘地理信息管理部门对测绘地理信息统一监管的积极性不高,导致公共服务和市场监管严重缺位,市、县级测绘地理信息管理部门作用发挥不充分。测绘地理信息管理事权层级划分不合理,导致测绘地理信息管理运行机制不畅。

(三)面临的新形势和新要求

党的十七大提出要加快行政管理体制改革,十七届二中全会,相继发布了《关于深化行政管理体制改革意见》和《国务院机构改革方案(草案)》等,提出要建设服务型政府,着力转变职能,理顺关系,优化结构,提高效能,形成责权一致、分工合理、决策科学、执行顺畅、监督有力的行政管理体制。党的十八大要求深化行政体制改革,健全部门职责体系,建设职能科学、结构优化、廉洁高效、人民满意的服务型政府。这是测绘地理信息行政管理体制改革的大背景、大环境,并对测绘地理信息行政管理体制改革指明了新方向。

李克强同志在视察中国测绘创新基地时强调,测绘地理信息是经济社会活动的重要基础,是全面提高信息化水平的重要条件,是加快转变经济发展方式的重要支撑,是战略性新兴产业的重要内容,是维护国家安全利益的重要保障。"五个重要"从战略和全局的高度,深刻阐述了测绘地理信息工作的极端重要性,体现了党中央、国务院对测绘地理信息工作的高度重视,测绘地理信息事业面临难得的发展机遇期。测绘地理信息事业的快速发展需要完善的体制机制保障,但目前,测绘地理信息体制还不能适应高速发展的需要,主要体现在:

一是测绘技术手段、生产方式和成果形式发生的巨大变革、地理信息服务与应用的发展、测绘业务范围的持续拓展,传统测绘的概念已远远不能涵盖当前的测绘工作,测绘管理的对象和内容也随之发生了根本性变化。地理信息方面的统筹协调和监督管理任务越来越繁重,地理国情监测、地理信息工程建设、导航与位置服务、互联网地理信息服务、地理信息产业发展等需要引导和规范。因此,需要通过更名来统一测绘地理信息系统的机构名称,带动测绘地理信息行政管理职能的完善。

二是"构建智慧中国、监测地理国情、壮大地信产业、建设测绘强国"的总体战略,对测绘地理信息机构建设提出了更高要求。随着地理国情监测、数字城市建设等业务的深入开展,由测绘地理信息管理机构设置模式不一造成的地理信息资源难共享和难整合、由测绘地理信息管理机构级别低造成的地理国情信息难发布等问题日益明显,需要适当调整测绘地理信息部门的横向归属和纵向组织结构。通过机构独立、提升级格等方式,理顺测绘地理信息行政管理体制,完善测绘地理信息资源共享机制和地理国情监测机制,更大限度地发挥测绘地理信息为政府决策和管理服务的能力。

面临这些新形势、新要求,测绘地理信息部门要以党的十八大精神为指导,深入贯彻落实科学发展观,把测绘地理信息行政管理体制改革放在经济社会发展和国家行政管理体制改革的全局中通盘考虑,坚持继承与创新相结合,以"更名、独立、升格"为基本思路,全面推动测绘地理信息行政管理体制改革。

(四)发展目标

到2030年,建立起基本统一、主体合法、职能落实、事权清晰的测绘地理信息行政管理体制,即建立和完善国家、省、市、县四级机构,形成模式基本一致的测绘地理信息行政管理体系,各级测绘地理信息管理机构权责清晰、运转协调、办事高效。目标主要包括行政主体明确合法,县级以上地方各级政府均有主管测绘地理信息工作的相应部门,测绘地理信息管理机构均纳入行政机构序列;机构设置相对独立,省级和市级测绘地理信息管理机构独立或者相对独立设置,县级测绘地理信息管理机构设置因地制宜;职能配置科学合理,各级测绘地理信息管理机构职能明确、配置合理,市、县级测绘地理信息管理机构职能得到强化;编制人员落实到位,地方各级测绘地理信息管理机构的编制及专职管理人员数量合理,岗位明确,经费落实,各项职责得到充分履行。

(五) 主要任务

1. 推进测绘地理信息行政管理机构建设

根据测绘地理信息行政管理体制建设的基本思路和目标,按照"转变职能、理顺关系、优化结构、提高效能"的原则,突出省级和市(地、州)级测绘地理信息管理机构建设,省级测绘地理信息行政主管部门参照国家测绘地理信息局的模式,理顺隶属关系,按正厅规格设立独立或相对独立的测绘地理信息局;在市(地、州)级争取设立独立或相对独立的测绘地理信息局,并成立事业性质的机构,负责测绘地理信息相关工作;在县级人民政府履行测绘地理信息行政管理职能的部门加挂测绘地理信息局或者测绘管理办公室的牌子,经济发展较快、测绘地理信息需求较旺的县级城市,可设相对独立的管理机构。要通过规划制定和实施,不断增强市、县级测绘地理信息行政主管部门的力量,提升依法行政的能力。

2. 明确国家测绘地理信息行政管理机构职能

国家测绘地理信息局是主管全国测绘地理信息事业的行政机构,主要履行以下重要职责。

(1)起草测绘地理信息法律法规和部门规章草案,拟订测绘地理信息事业发展规划,会同有关部门拟订全国基础测绘规划,拟定测绘地理信息行业管理政策、技术标准并监督实施。

(2)负责基础测绘、国界线测绘、行政区域界线测绘、地籍测绘和其他全国性或重大测绘地理信息项目的组织和管理工作,建立健全和管理国家测绘基准和测量控制系统。

(3)拟订地籍测绘地理信息规划、技术标准和规范,确认地籍测绘成果。

(4)承担规范测绘地理信息市场秩序的责任。负责测绘地理信息资质资格管理工作,监督管理测绘成果质量和地理信息获取与应用等测绘活动,组织协调地理信息安全监管工作,审批对外提供测绘成果和外国组织、个人来华测绘,组织查处全国性或重大测绘违法案件。

(5)承担组织地理国情监测、提供测绘公共服务和应急保障的责任。组织、指导地理国情监测以及基础地理信息社会化服务,审核并根据授权公布重要地理国情信息数据。

(6)负责管理国家基础测绘成果,指导、监督各类测绘成果的管理和全国测量标志的保护,拟订测绘成果汇交制度并监督实施。

(7)承担地图管理的责任。监督管理地图市场,管理地图编制工作,审查向社会公开的地图,管理并核准地名在地图上的表示,与有关部门共同拟定中华人民共和国地图的国界线标准样图。

(8)负责测绘地理信息科技创新相关工作,指导测绘地理信息基础研究、重大测绘地理信息科技攻关以及科技推广和成果转化,开展测绘地理信息对外合作与交流。

3. 合理确定省级测绘地理信息行政管理机构职能

省级测绘地理信息行政管理机构是主管省、自治区、直辖市行政区域内测绘地理信息事业的行政机构,主要履行以下重要职责。

(1)贯彻执行国家测绘工作方针、政策和法律、法规,起草地方测绘地理信息法规、规章,制定规范性文件。

(2)组织制定本省(区、市)测绘地理信息事业和基础测绘规划和年度计划,管理并审查各部门的航空摄影与遥感计划。

(3)组织协调省级基础测绘、地籍测绘和其他全省(区、市)性或重大测绘地理信息项目的实施。

(4)负责本省(区、市)测绘地理信息行业统计与分析工作。

(5)管理本省(区、市)内地方测绘地理信息行业的标准化工作,审批、发布地方独立测绘基准,根据授权管理全省(区、市)测绘地理信息行业的计量工作。

(6)负责管理本省(区、市)各种地图的编制出版和更新工作,审查向社会公开的地图,组织和管理本省(区、市)行政区划界和省(区、市)内各种界线的测绘。

(7)承担规范本省(区、市)测绘地理信息市场秩序的责任,负责本省(区、市)测绘地理信息资质资格监督管理,负责甲级测绘地理信息资质的初审和乙丙丁级测绘地理信息资质申请的审查和颁证以及测绘地理信息资质的年度注册工作;组织本省(区、市)测绘地理信息行业职工的岗位培训和知识更新,组织全省(区、市)测绘地理信息行业的中、高级测绘地理信息专业技术职务资格的审定工作,根据国家规定监督管理本省(区、市)注册测绘师;监督管理本省(区、市)的测绘成果质量;依法审批外国组织、个人来省(区、市)从事测绘地理信息工作;组织查处全省(区、市)性和重大测绘地理信息违法案件。

(8)承担本行政区域内国情地理信息监测的责任,开展本行政区域内的地表变化监测、地理信息统计分析等工作。

(9)承担组织提供测绘公共服务和应急保障的责任,组织本省(区、市)测绘地理信息基础设施的建设,负责建立和完善省(区、市)级基础地理信息系统,承担本省(区、市)地理信息共享的协调工作,审核并根据授权公布省(区、市)级基础地理信息数据。

(10)指导和监督全省(区、市)各类测绘地理信息资料的归口管理,完善和严格执行测绘地理信息资料保密安全使用制度,负责本省(区、市)属于国家涉密基础测绘成果的审批和对外经济、文化、科技交流和合作中所需提供的测绘资料的审批;制定测量标志保护维修工作规划、计划并组织实施,管理和组织维护全省(区、市)测量标志。

(11)组织协调全省(区、市)重大测绘地理信息科技项目攻关、新产品开发,归口管理全省(区、市)对外测绘地理信息科技、经济合作交流和测绘地理信息重点项目引进(包括技术和仪器设备)的审批工作,组织测绘地理信息科研成果的鉴定、评奖、交流和推广工作,指导本省(区、市)测绘地理信息学会、测绘地理信息行业协会工作。

4. 强化市、县级测绘地理信息行政管理机构职能

市、县级测绘地理信息行政管理机构是主管市、县行政区域内测绘地理信息事业的行政机构,主要履行以下重要职责。

（1）贯彻执行国家和省（区、市）的测绘地理信息法律、法规、规章、规范性文件，制定本行政区域的测绘地理信息规范性文件和行政性措施。

（2）组织管理本行政区域的基础测绘工作，会同本级政府其他有关部门组织编制本行政区域的基础测绘规划，会同本级政府发展计划部门编制本行政区域的基础测绘年度计划，组织实施本行政区域的基础测绘规划和年度计划。

（3）会同本级政府土地行政主管部门编制本行政区域的地籍测绘规划，组织管理本行政区域的地籍测绘。

（4）承担本行政区域内地表变化监测的责任，开展本行政区域内的地表变化监测、地理信息统计分析等工作。

（5）承担组织提供测绘公共服务和应急保障的责任，负责建立和完善本级基础地理信息系统，审核和发布本级基础地理信息数据，管理本行政区域的基础测绘成果，建立并依法做好测绘成果的提供服务，承担本行政区域地理信息共享的协调工作。

（6）会同有关部门依法监督管理本行政区域的测绘地理信息市场，负责本行政区域内测绘地理信息资质资格监督管理，根据上一级测绘地理信息行政主管部门的委托授权负责测绘地理信息资质的初审；依法对使用本级政府财政资金的测绘地理信息项目和使用本级政府财政资金的建设工程测绘地理信息项目提出立项意见；监督管理本行政区域的测绘成果质量；依法查处测绘地理信息违法案件。

（7）监管本行政区域地图的编制、出版、展示、登载，开展国家版图意识的宣传教育，根据上一级测绘行政主管部门的委托授权协助做好公开地图的审定工作。

（8）依法做好本行政区域测量标志保护工作。

（9）组织本行政区域内测绘地理信息行业职工的岗位培训和知识更新。

(六)配套措施

健全测绘地理信息管理体制,是测绘地理信息事业发展的重要支撑条件,必须统筹安排,狠抓落实。

(1)研究出台完善测绘地理信息行政管理体系的指导性意见。由于行政管理体制建设政策性强,涉及面广,国家测绘地理信息局应会同中央机构编制委员会办公室等部门,深入调研,总结经验,找准入口,把握全局,就地方各级测绘地理信息行政主管部门机构的设计、职能划分、人员编制、层级关系等提出一个可操作的指导性意见,以指导全国测绘地理信息行政管理体制建设工作。

(2)推进测绘地理信息行政管理体制建设。国家测绘地理信息行政主管部门加强对地方测绘地理信息行政管理机构建设的指导和支持,按照设立机构、加挂牌子、明确行政性质、增加人员编制的方法和思路,继续推动省级测绘地理信息行政主管部门机构建设。争取在下一轮省级政府机构改革中加大对测绘部门的指导支持力度,理顺省级测绘地理信息管理体制。地方各级测绘地理信息行政主管部门要总结测绘地理信息管理体制建设方面好的典型,推广成功经验。通过中央和地方的共同努力,上下联动,稳步推进测绘地理信息管理体制建设。

(3)积极争取各级政府的重视和支持。各级测绘地理信息行政主管部门要以实施重大测绘地理信息项目为抓手,以满足政府、部门、公众对测绘地理信息日益增长的现实需求为动力,推动测绘地理信息管理体制建设。今后一个时期,要通过整合系统内外的资源力量,加快构建数字中国,积极开展地理国情监测,充分彰显测绘地理信息在服务领导决策、服务经济发展、服务社会民生方面的重要作用。通过项目带动,促使各级政府加大对测绘地理信息工作的重视和支持,对测绘地理信息管理机构设置、人员编制等予以保障。

(4)落实测绘地理信息行政管理机构建设责任制。国家测绘地理信息局要将省级测绘地理信息管理体制建设纳入贯彻落实科学发展观年度考评办法,省级测绘地理信息行政主管部门要加强市县测绘地理信息管理体制建设,并纳入市县测绘地理信息管理目标考核责任制,确保市县测绘地理信息管理体制运行高效。

二、测绘地理信息法制建设

(一)发展现状

近年来,我国测绘地理信息法律体系逐步完善,各级测绘地理信息行政主管部门依法行政的能力有了较大的提高,测绘地理信息依法行政和法制宣传工作取得了明显成效,为测绘地理信息事业的健康有序发展奠定了良好的法制基础。

1. 测绘地理信息法律体系不断完善

测绘地理信息法律体系包括专门的测绘地理信息法律法规以及其他与测绘地理信息活动有关的各类法律法规。测绘地理信息法律体系由法律、行政法规、地方性法规、部门规章、地方政府规章和规范性文件等不同层次的法律文件构成。新中国成立60多年来测绘地理信息法制建设经历了从无到有、从粗到细、从初步建立到逐步健全、发展、完善的过程。目前,已形成了以《测绘法》为核心,包括《中华人民共和国地图编制出版管理条例》《中华人民共和国测绘成果管理条例》《中华人民共和国测量标志保护条例》《基础测绘条例》4部行政法规、33部地方性法规、6个部门规章、近200部地方政府规章以及规范性文件在内的测绘地理信息法律体系,为测绘地理信息事业的健康发展提供了良好的法律支撑。

(1)法律。测绘基本法律为《测绘法》。1992年12月28日,第七届全国人大常委会第二十九次会议审议通过了《测绘法》,1993年7月1日开始施行。该法的实施对规范我国当时的测绘活动和测绘管理、促进我国的测绘事业发展,起到了非常重要的作用,成为我国测绘事业发展进程中一个重要的里程碑。2002年8月29日,第九届全国人大常委会第二十九次会议审议通过了《测绘法》修订案,并于2002年12月1日起施行。新修订的《测绘法》确立了四级测绘行政管理体制,强化了基础测绘管理、测绘市场准入管理、测绘成果管理、测量标志保护等测绘工作统一监管制度,完善了测绘活动和测绘管理的各项制度措施以及法律责任,对测绘地理信息事业的发展起到了极大的促进作用。

(2)行政法规。测绘地理信息行政法规以《测绘法》规定的原则为基础,分别对测绘的专门领域作出规范。我国已经制定的测绘地理信息行政法规包括《中华人民共和国地图编制出版管理条例》《中华人民共和国测绘成果管理条例》《中华人民共和国测量标志保护条例》《基础测绘条例》。2006 年修订出台的《中华人民共和国测绘成果管理条例》、2009 年出台的《基础测绘条例》标志着我国测绘地理信息法律体系的进一步完善。《中华人民共和国地图编制出版管理条例》已列为国务院 2012 年立法工作计划一档出台项目,《测绘质量管理条例》也已经列为国务院法制办的立法储备项目。

(3)地方性法规。全国各省、自治区、直辖市依据《测绘法》,结合本地实际,先后制定了 33 部地方性测绘地理信息法规,成为我国测绘地理信息法律体系的重要组成部分。

(4)部门规章。测绘地理信息部门规章是对测绘地理信息法律法规的细化和补充,有《测绘行政处罚程序规定》《测绘行政执法证管理规定》《地图审核管理规定》《重要地理信息数据审核公布管理规定》《外国组织和个人来华测绘管理暂行办法》《房产测绘管理办法》等。近几年来,各省、自治区、直辖市人民政府以《测绘法》、测绘地理信息行政法规和地方测绘地理信息法规为依据,结合本地实际,围绕基础测绘、测量标志保护、地图管理、测绘地理信息项目备案登记等,先后制定出台了近 200 部地方政府规章,在强化地方测绘统一监管、提高测绘服务保障能力和服务水平等方面起到了积极的保障作用。

(5)规范性文件。国家测绘地理信息局先后在测绘地理信息资质、执业资格、测绘地理信息项目管理、测绘成果管理、测绘质量管理等方面制定了一批规范性文件。各省、自治区、直辖市人民政府测绘地理信息行政主管部门也先后制定了大量的规范性文件。这些规范性文件是对我国测绘地理信息法律体系的补充,成为我国测绘地理信息法律体系的组成部分。

2．依法行政工作不断推进

（1）制定贯彻依法行政工作的意见措施。先后印发《关于贯彻落实全面推进依法行政实施纲要的通知》《关于全面推进依法行政进一步加强测绘行政管理工作的意见》和《关于做好市县测绘行政管理职责落实工作的通知》等文件。

（2）认真抓好依法行政责任制组织实施。根据《国务院办公厅关于推行行政执法责任制的若干意见》的要求,各级测绘地理信息行政主管部门结合测绘地理信息行政执法工作的特点与实际,制订实施方案,以法律、法规、规章为依据,明确测绘地理信息行政主管部门的执法职责、权限和程序,落实执法岗位,开展行政执法评议考核,强化责任,监督和规范执法行为,在推行行政执法责任制方面做了大量工作。

（3）开展行政审批清理工作。清理了一批行政审批项目,对保留的行政审批项目,制定了管理办法、内部审批程序、公示表、流程图和行政审批内部监督办法。

3．法制宣传影响不断扩大

测绘地理信息系统上下围绕学习宣传贯彻《测绘法》,有效开展了"四五"、"五五"普法工作,推动了测绘地理信息系统的法制宣传。印发了《国家测绘局、司法部关于加强测绘法宣传工作的通知》《关于深入学习、宣传、贯彻新测绘法的通知》和《关于实施〈中华人民共和国测绘法〉的意见》,编写了《中华人民共和国测绘法释义》《中华人民共和国测绘成果管理条例释义》《基础测绘条例释义》。

4．测绘地理信息执法工作不断加强

国家测绘地理信息局印发了测绘执法证管理、测绘行政处罚程序、测绘违法案件查处备案、测绘地理信息执法依据、测绘地理信息执法文书格式等方面的规范性文件,各级地方测绘地理信息行政主管部门围绕执法责任制、执法依据、执法权限、执法监督方面建立健全了一批规章制度。《测绘法》施行以来,全国各级测绘地理信息行政主管部门十分重视案件查处工作,先后开展了地图市场秩序、涉军测绘、地理信息市场秩序整顿工作,一大批违法违规案件得到依法处理,一些典型案例引起了各方面的关注。2007年以来,共开展各类执法检查11 118次,查处测绘地理信息违法案件2 197件。

(二)经验和问题

1. 测绘地理信息法制建设的经验

(1)法制规划是做好测绘地理信息法制工作的前提。国家和地方测绘地理信息行政主管部门历届领导十分重视测绘地理信息法制工作,把测绘地理信息法制作为加强测绘地理信息工作、依法行政、提高测绘地理信息保障服务能力和水平的重要保证。国家测绘地理信息局先后印发了《测绘"十五"立法规划》《关于2005年至2010年测绘立法工作的指导意见》《全国测绘系统推进依法行政五年规划》等文件,并按照规划的步骤,积极主动做好与法制等政府相关职能部门的协调工作,保证规划实施到位,稳步推进各项测绘地理信息法制工作。

(2)围绕大局是搞好测绘地理信息法制建设工作的基础。多年来,测绘地理信息法制工作紧紧围绕地表变化监测、测绘应急保障、服务民生发展、维护国家安全、促进地理信息产业发展等中心工作,及时研究测绘地理信息发展中存在的问题和出现的苗头倾向,在测绘统一监管、地图市场管理、加强基础测绘、测绘质量管理等方面出台了大量的法律法规政策,努力从法律制度上给以保障支持,有效促进了测绘地理信息法制工作。

(3)强化执法是搞好测绘地理信息法制建设工作的关键。各级测绘行政主管部门深刻认识行政执法工作的重要性,切实加强领导,认真履行执法职责,从加强执法机构和队伍建设着手,按照"权责明确,行为规范,监督有效,保障有力"的要求,稳步推进各项执法工作,取得了可喜的成绩,得到了各级领导和社会的充分肯定。近年来,测绘地理信息系统把测绘地理信息执法作为每年测绘管理的重要内容,做到执法检查经常化、制度化,逐步达到规范化。根据测绘地理信息违法案件的变化,定期开展专项整治工作,如开展的地图市场违法案件专项整治、从事地理信息系统建设单位测绘地理信息资质和使用国家秘密测绘成果专项检查、涉军测绘地理信息项目清查、整顿和规范地理信息市场秩序专项活动等。

2. 测绘地理信息法制建设存在的问题

(1)《测绘法》的配套制度建设滞后,一些制度设计不符合当前测绘工作的实际和今后测绘事业发展的要求。新《测绘法》颁布实施以来,与《测绘法》相配套的法规修订迟迟未能完成,不能很好地与新《测绘法》相衔接,有些新《测绘法》授权由国务院相关部门制定的相应制度尚未出台。一些法律制度操作性不强,如测绘地理信息项目立项征求意见制度和地籍测绘规划编制制度等。有些制度已不适应形势的发展变化,如测量标志义务保管制度难以为继。

(2)对新兴的测绘地理信息服务规范不够及时。如测绘监理等新兴测绘活动失范,通过测绘地理信息手段对地表变化进行监测需要规制,重要地理信息的共建共享相关政策缺乏制度性规范等。

(3)部分行政违法处罚权过于集中,测绘地理信息案件查处的质量不高,行政处罚权、自由裁量权过大。测绘地理信息违法案件的行政调查处罚主要依靠省级以上测绘地理信息行政主管部门,市、县级测绘地理信息行政主管部门的执法积极性不高,能力不强。测绘地理信息行政执法文书的拟制质量有待提高,部分测绘地理信息行政处罚条款上下幅度较大,需进一步细化。

(4)测绘地理信息法制宣传的面还过窄,深度不够。测绘地理信息法制宣传往往注重测绘地理信息系统、测绘地理信息行业内部,向政府领导和相关部门以及全社会拓展不够,宣传的声音不强,影响不大。必须改进方式、创新形式,找准重点和对象,扩大覆盖面,扩大宣传效果,提高宣传渗透力,为测绘地理信息事业发展营造良好环境。

(三)国外发展

国外测绘地理信息法律法规对测绘管理机构、测绘基础设施、注册测绘师等作出了明确的规定,为测绘地理信息体制建设和各项测绘管理工作提供参考依据。

1. 测绘地理信息法律体系建设情况

德国测绘法律体系不仅包括体系严谨的各种法典,还包括大量的单行法规和比较完备的司法制度,德国的莱茵兰—普法尔茨州制定了以《州官方测绘法》为核心,包括《州官方测绘法实施细则》《州官方测绘数据采集办法》《州官方测绘基础地理信息提供和使用办法》等的测绘法律体系,北莱茵—威斯特伦州制定了《州测绘与地籍管理现代化法》,对国土测绘、不动产地籍等内容作出了详细规定。日本的测绘法律体系以《测量法》《海道测量法》《国土调查法》为主,包括《测量法施行规则》《地形调查作业规程准则》《基准点调查作业规程准则》和《地籍调查作业规程准则》等规章。韩国的《测绘法》对基础测绘、公共测绘、测绘执业资格等进行了全面规定。

2. 关于测绘地理信息管理机构、基础设施、注册测绘师等的规定

美国无论是联邦政府还是州政府各部门下属的测绘地理信息机构,都是依法成立的政府机构,其职责由法律明确规定,工作经费纳入财政预算,不允许在市场上与私营企业开展不公平竞争。澳大利亚制定了《昆士兰州测绘基础设施法》。新加坡制定了《土地测绘师法》。

3. 适时制、修订相关测绘地理信息法律法规

结合测绘地理信息事业发展中遇到的各种实际问题,适时有针对性地修订相关法律法规,以保障测绘地理信息法律法规的权威性和有效性,如日本2007年修订《测量法》,增加了基础测绘成果使用以及测量标志保护等方面的内容。适时出台相关法律政策以适应网络地理信息管理的需要,如日本2007年出台的《地理空间信息利用促进法》,澳大利亚在2007年制定的《地理信息版权指导》等。

(四)发展目标

到 2030 年,适应社会主义现代化建设要求的测绘地理信息法律体系基本健全,建立顺畅高效的测绘地理信息行政执法机制,测绘地理信息依法行政全面推进,测绘地理信息统一监管职责全面落实,形成有法可依、有法必依、执法必严、违法必究的测绘地理信息事业发展良好局面。

(五)主要任务

1. 加强测绘地理信息立法工作

(1)修订《测绘法》。随着测绘地理信息事业的迅速发展,新的形势对原有的测绘行政管理体制机制和监管职能提出了新的要求,现有《测绘法》的一些规定已经不符合客观实际或者不能满足这些新的需要,高分辨率遥感影像的统筹管理、地理国情监测等职责需要进一步明确,网络地理信息服务的生产、提供、传输、使用等行为需要相应的制度进行规范,军地测绘部门的职责需要进一步理顺调整,地理信息监管制度、测绘市场交易规则、涉外测绘监管制度等需要进一步完善,在《测绘法》修订过程中对诸如此类的相关条款需要进行进一步补充和完善。《测绘法》修订已列为国务院 2012 年立法工作计划三档研究论证类项目。

(2)制定《中华人民共和国地图管理条例》。根据信息化测绘发展的要求,适应地图制图技术和网络通信技术的发展,在法律上进一步明确对互联网地图服务、导航电子地图和以不同载体表现的各种地图的生产、加工、出版、展示、登载等行为以及地图版权和监督管理等的有关规定,应当加快制定《中华人民共和国地图管理条例》,替代现行的《中华人民共和国地图编制出版管理条例》。该项工作已列为国务院 2012 年立法工作计划一档出台项目。

(3)制定测绘地理信息质量管理法规。《测绘法》关于测绘地理信息质量管理只是确定了测绘成果质量监督管理的主体和测绘成果质量的承担主体,并且仅局限于测绘成果质量。为了规范测绘地理信息质量管理行为、健全测绘地理信息质量管理体系、强化对测绘活动参与各方的质量责任、实行测绘地理信息活动全过程控制、保护用户和测绘地理信息单位的合法权益,应当抓紧制定测绘地理信息质量管理法规。

(4)加强基础测绘设施管理立法。为促进和规范国家现代测绘基准基础设施的建设,要结合《中华人民共和国测量标志保护条例》的修订,尽快立法明确测绘基础设施的建立、保管、维护、使用和迁移以及监督管理等相关制度,重点解决测绘基础设施占地、补偿和更新、维护等相关问题。

(5)加强测绘地理信息资质、资格立法。注册测绘师制度是完善测绘地理信息市场准入、强化测绘地理信息市场管理的重要制度,对于规范执业行为,保证测绘成果质量,具有十分重要的意义。在总结《注册测绘师管理暂行规定》实施经验的基础上,提请上升为国务院法规,将测绘地理信息资质许可制度与注册测绘师制度有效地衔接起来,补充完善注册测绘师管理的相关制度,明确相关法律责任。

(6)推进地理信息资源交换共享及安全管理立法。为实现地理信息资源的有序交换和充分共享利用,满足经济社会各方面的需求,应适时启动地理信息资源交换共享和安全保密的立法。制定地理信息共享方面的行政法规,对地理信息共建共享内容、机制、标准、共享权利义务作出规定。

(7)制定不动产测绘管理法规。不动产涉及人民群众的切身利益,与之相关的地籍测绘、房产测绘、权属测绘在不动产产权的确定和产权纠纷解决中扮演关键角色。现行法律法规中涉及地籍、房产测绘活动的规定过于原则和简单,为强化对不动产测量活动的管理,提高测绘服务民生的能力,应适时制定不动产测绘管理法规。

在加强测绘法律法规制定和修改的同时,及时推进配套的地方测绘法规的制定和修改工作,构建中国特色的统一和谐的测绘法律体系。

2. 强化测绘地理信息行政执法

1）加强测绘地理信息行政执法制度建设

一是深入推行测绘地理信息行政执法责任制。行政执法责任制是规范和监督行政机关执法行为的一项重要制度。根据《国务院全面推进依法行政实施纲要》及国务院办公厅《关于全面推行行政执法责任制的若干意见》,在《全国测绘行政执法依据》和《全国测绘行政执法职权分解》基础上,结合新法规规章的出台实施,及时修订执法依据和执法职权分解,明确划分测绘地理信息行政主管部门的职权,把执法责任层层分解落实到各职能部门及执法人员。逐步将执法任务、标准和程序具体化,明确考核标准和奖惩办法,使依法行政经常化、规范化。要加快执法责任制相关配套制度建设,建立健全执法过错追究制度、廉政勤政制度、执法人员考核奖惩制度,切实做到执法主体到位、保证措施到位,确保法律、法规的正确实施。

二是完善行政执法办案相关制度。按照稳步推进,突出重点的原则,逐步建立、健全测绘地理信息行政执法办案制度体系,提高测绘地理信息行政执法质量和水平。主要包括具体办案制度,强化测绘地理信息市场巡查工作,建立测绘地理信息违法违规案件的举报和快速反应的查处网络,加强重大违法违规案件的协查、督察工作,建立违法违规案件查处的受理、调查取证、案件听证、案件移送和备案、定期通报等制度;执法联动制度,要在属地管理、分工负责的基础上,加强各相关部门间、上下级测管部门和区域间的执法纵向、横向联动,整合执法资源,加大执法力度;执法案卷评查制度,要统一各级测绘行政主管部门执法文书格式,建立规范的行政执法案卷,明确案卷内容,并定期对案卷质量进行检查和评估;执法人员管理制度,包括证件管理、学习培训、错案责任追究等制度,投诉举报受理和举报奖励等制度。

三是健全行政执法监督制度,规范测绘地理信息行政执法行为。切实加强测绘地理信息行政执法监督,实行测绘地理信息行政执法监督的规范化和独立性,确保监督真正有效。加强测绘地理信息系统内部的层级监督机制,强化上级测绘地理信息行政主管部门对下级测绘地理信息行政主管部门的监督,建立、健全经常性的监督机制,探索层级监督的新方式。强化机关内部监督,细化测绘地理信息违法处罚标准,规范执法人员自由裁量权,建立重大案件的集体研究制度,形成执法依据公开、执法职责明确、执法程序规范的执法工作格局,确保执法人员执法行为规范化。主动接受人大、政协和社会对测绘地理信息行政执法工作的外部监督,要加强对行政执法情况的舆论监督。对执法不力、执法不规范以及越权执法、有错不纠和滥施处罚的现象予以舆论曝光。

2)加强测绘地理信息行政执法能力建设

一是增强执法意识。各级测绘地理信息行政主管部门要加强对执法队伍的思想政治教育,树立自觉贯彻依法治国方略、自觉推行依法行政的意识,转变重业务轻执法、重实体轻程序等传统观念,把测绘执法作为加强测绘地理信息法制工作的重要内容,要克服测绘地理信息执法难、难执法的畏难情绪,切实提高测绘地理信息行政执法队伍的整体素质和执法能力,促进测绘地理信息法律法规的贯彻执行。

二是充实执法队伍。进一步加强测绘地理信息执法机构和队伍建设,保证测绘地理信息法律法规所规定的各项测绘地理信息行政执法工作有机构、有人员去实施和完成。省局设立独立的法制(执法)工作机构或加挂法制(执法)机构牌子,配备专业执法人员;市、县可发挥好国土或建设(规划)现有执法队伍作用,将测绘地理信息执法工作纳入其执法体系。进一步增强做好执法工作的责任感、使命感,培育一支心系测绘、业务精通、作风优良、纪律严明、行为规范、监督有效、保障有力、群众满意、政府放心的测绘地理信息行政执法队伍。

三是加大培训教育力度。完善测绘地理信息行政执法人员资格制度,加强对执法人员资格的管理,测绘地理信息行政执法人员必须经过培训并考核合格,颁发行政执法证件后,才能履行执法职责。加大执法人员培训力度,引导执法人员对党和国家重大方针政策的学习,进一步增强政治意识、大局意识,切实增强责任感和使命感,加强自身建设;加强对测绘地理信息法律法规的学习,充分了解测绘地理信息法律法规,了解测绘地理信息执法的程序和办案的基本要求;加强对测绘地理信息知识全方位的学习。

3)提高测绘地理信息行政执法效能

一是深化改革,建立权责明确执行高效的执法体制。建立一个权责明确、行为规范、监督有效、保障有力的测绘地理信息行政执法体制是做好测绘地理信息行政执法工作的前提。按照"主体合法、职责落实、执行顺畅、监管有力"的原则,落实好《测绘法》要求的四级测绘地理信息行政统一监管体制,理顺执法体制,做到职能配置、机构和人员编制三落实。根据《国务院全面推进依法行政实施纲要》规定,进一步深化行政执法体制改革,减少行政执法层次,下移执法重心。对行政行为中发生频率较多、与行政相对人利害关系较为密切的测绘地理信息资质审批、地图审查备案等事项,可适当委托给市、县测绘地理信息行政主管部门实施,提高行政效率和质量。继续深入推行行政执法责任制,落实执法主体,明确执法权限和责任,切实履行好各项法定执法职责。

二是上下联动,条块结合,提高执法的整体效能。建立部门间信息通报、案件移送、配合调查、联合办案等工作机制和跨区域和跨部门执法工作协调机制,相互配合、相互支持、统筹协调各地测绘地理信息执法力量,组织对跨区域的违法测绘案件的查处,形成测绘地理信息执法合力,提高执法工作的整体效能。上级测绘地理信息行政主管部门要加强对基层执法指导,对一些重大违法案件,会同下级测绘地理信息行政主管部门共同研究查处方案、抓好组织实施。对基层在执法过程中提出的问题,及时研究解答。下级测绘地理信息管理部门对执法中遇到的情况要及时请示汇报,上下联动,整合执法力量和资源。

3. 加强测绘地理信息法制宣传

测绘地理信息法制宣传工作是测绘地理信息法制建设的重要组成部分,对于凝聚测绘地理信息行业力量、营造测绘地理信息事业发展良好氛围等具有十分重要的作用。

1)测绘地理信息法制宣传的主要任务

一是坚持长期、全面宣传以《宪法》为核心的法律法规及规范政府行为的法律法规。学习宣传《宪法》以及《立法法》《行政许可法》《行政处罚法》《行政复议法》《国家赔偿法》《公务员法》等法律法规,牢固树立依法行政的观念,强化职权法定、公平公正、程序正当、诚实信赖的基本法律原则,自觉接受群众的监督。

二是抓住重点,开展测绘地理信息法律体系的宣传。加强对以《测绘法》为核心的测绘地理信息法律体系在内的法律法规规章的宣传,使政府部门和社会各界充分地了解测绘地理信息管理工作性质和测绘地理信息管理部门统一监督管理测绘地理信息工作的职能,形成有利于加强测绘地理信息统一监管的社会环境和舆论氛围。

三是宣传与测绘地理信息工作密切相关的法律法规。加强与测绘地理信息工作和生活密切相关的法律法规的宣传教育。抓好安全生产、知识产权、国家安全、保密、军事设施保护等法律法规的宣传教育,开展劳动和社会保障、信访等法律法规的宣传教育,引导测绘职工依法表达自己的利益诉求。

2)加强测绘地理信息法制宣传的主要措施

一是提高认识,加强组织领导,树立测绘地理信息法制宣传工作的新理念。把测绘地理信息法制宣传放在测绘工作的大格局中统筹考虑,切实加强领导,明确责任,狠抓落实。将法制教育纳入工作目标管理责任制,确保工作有人抓、具体事情有人办。

二是加强测绘地理信息法制宣传策划,增强宣传实效。立足推动测绘法制宣传教育新发展,认真做好普法规划的研究制定工作。要在宣传策划上下工夫,在宣传主题上下工夫,在组织素材上下工夫,突出宣传重点,抓好宣传亮点。

三是建立、健全测绘地理信息法制宣传工作联动机制。整合各种测绘地理信息宣传资源,充分利用政务信息、测绘地理信息报刊、测绘地理信息网站在宣传方面的优势,形成宣传合力,扩大宣传效果。

四是曝光测绘地理信息违法典型案件,深化警示教育。充分利用电视、广播、报刊、网络等媒体进行曝光,通过以案说法,对违法案件进行剖析,扩大测绘地理信息法制宣传的受众面、覆盖面和影响力。

三、测绘地理信息市场监管

(一)发展现状

各级测绘地理信息行政主管部门不断加大测绘地理信息市场监督检查力度,积极开展测绘地理信息监管日常巡查和各种专项执法检查,依法查处无资质或超资质范围测绘、测绘成果泄密、违法出版和展示地图、涉外非法测绘等大量违法违规案件,有效地打击了各种测绘地理信息违法行为,有力地维护了测绘地理信息市场秩序。

1. 测绘地理信息市场准入和退出管理方面

1995 年,国家测绘局颁布《测绘资格审查认证管理规定》(国家测绘局 1 号令)开始实行测绘市场准入制度。2008 年起,全国各等级测绘地理信息资质审查、年度注册和测绘作业证实施网上申报、审批和审批公示制度,简化了审批程序,增强了审批的透明度、公信度,测绘市场准入和退出机制更加规范。我国测绘地理信息资质包括甲级、乙级、丙级、丁级,业务范围包括大地测量、测绘航空摄影、摄影测量与遥感、工程测量、地籍测绘、房产测绘、行政区域界线测绘、地理信息系统工程、地图编制、海洋测绘、导航电子地图制作、互联网地图服务等 12 个大项,85 个小项。全国约有 2.2 万家测绘单位取得了测绘地理信息资质,测绘地理信息市场主体管理更加规范。

2. 测绘地理信息成果管理方面

测绘地理信息成果管理机制基本形成。《测绘法》第六章、《中华人民共和国测绘成果管理条例》《基础测绘成果应急提供办法》《国家涉密基础测绘成果资料提供使用审批程序规定(试行)》等,对测绘成果生产、提供、使用以及应对突发事件过程中基础测绘成果快速提供和使用审批等作出了明确规定。《关于进一步加强涉密测绘成果管理工作的通知》针对涉密测绘成果管理制度执行不力、涉密测绘成果的提供使用不规范、随意领用涉密测绘成果甚至丢失涉密航空摄影成果等问题,提出了具体的规范和管理措施,要求测绘地理信息行政主管部门进一步加强统一监督管理,切实规范涉密成果提供使用行为。测绘成果实行分级管理,各级地方测绘地理信息部门负责本行政区内测绘成果的管理和监督,并向上级测绘地理信息部门汇交,2010年国家测绘局与各省级测绘主管部门签订了地理信息共享协议。测绘成果实行分层存储管理,《基础地理信息要素细化分层方案》(试行)已经印发,在国家地理信息公共服务平台等建设项目中得到应用。2011年,国家测绘地理信息局与总参测绘局联合印发了《遥感影像公开使用管理规定》,实现了测绘成果保密与应用管理的重大突破。

3. 测绘地理信息质量监督方面

1987年以来,先后成立了国家测绘产品质量监督检验测试中心和30个省(区、市)测绘产品质量监督检验站后,根据新的现代测绘技术发展和测绘成果检验的需要,重新成立了国家测绘成果质量监督检验中心,进一步增强了其职能。实施《测绘质量监督管理办法》《测绘质量监督抽检办法》《测绘产品质量评定标准》等一系列关于测绘地理信息质量管理的政策和标准,基本建立了测绘质量监督管理体系。持续组织开展了测绘地理信息行业质量普查、工程测量产品行业统检、房产测绘、基础测绘成果和重点测绘工程等测绘质量专项监督检查活动,促进了测绘质量的提高。2006年至2007年,国家测绘局、国家质量监督检验检疫总局联合开展全国重点测绘工程成果质量监督检查,地方测绘管理部门也相继开展了基础测绘项目、房产测绘地理信息项目的质量专项监督检查。

4. 测绘地理信息市场信用体系建设

2012年,国家测绘地理信息局颁布《测绘地理信息市场信用信息管理暂行办法》,界定了测绘地理信息市场信用信息的范围,对测绘地理信息市场信用信息的征集、处理、发布、使用等作出了明确规定,为推进测绘地理信息市场信用体系建设、维护测绘地理信息市场秩序进一步奠定了法制基础。

5. 地图市场监管方面

1995年,各级测绘部门相继设立了专门的地图管理机构,出台了一系列重要规章制度。2001年,国家测绘局、外交部、工商总局、外经贸部、海关总署、新闻出版总署六个部门在全国范围内联合开展整顿和规范地图市场秩序工作。2004年,组织开展地图宣传品和进出口地图产品的专项检查。2005年,国家测绘局牵头与中宣部、外交部、教育部、商务部、海关总署、工商总局、新闻出版总署八个部门,开展了国家版图意识宣传教育和地图市场监管活动。2008年,国家测绘局、外交部、公安部、工业和信息化部、工商总局、新闻出版总署、国务院新闻办公室、国家保密局八个部门联合印发《关于加强互联网地图和地理信息服务网站监管意见》,地图监管深入到互联网地图和地理信息服务市场。通过专项行动,严厉打击地图市场中的各种违法违规行为,提高广大群众的国家版图意识,地图市场秩序有了明显好转。2011年,国家测绘地理信息局印发《关于进一步加强互联网地图服务测绘资质管理工作的通知》,加强对互联网地图服务的资质管理,并组织开展了针对互联网地图上传标注敏感和涉密地理信息以及"不按规定送审、不按审查意见修改、不按要求备案"地图等违法违规行为的"问题地图"专项治理行动,实现了对互联网地图服务网站的实时监控。

6. 测绘地理信息市场巡查方面

国家测绘地理信息局加强测绘地理信息资质监督管理,起草了《测绘资质巡查办法》,逐步建立起事前审查与事后监管相结合的监管模式,提高市场监管效能。该办法已经列入了国家测绘地理信息局2012年立法工作计划,将进一步以法制的形式将测绘地理信息资质巡查工作固定下来。各级测绘地理信息部门加强测绘地理信息资质巡查工作,开展了地图市场和互联网地图日常巡查、测绘地理信息资质巡查

等活动,建立了地理信息市场动态巡查制度。

7. 测绘地理信息市场监管的经验

一是要加强组织领导,做好指导协调。测绘地理信息市场监管是一项综合性、专业性、政策性很强的工作,加强组织领导,做好指导协调是抓好测绘地理信息市场监管工作的主要保证。二是加强队伍建设,不断提高监管能力。测绘地理信息市场监管工作任务繁重,因此必须有一支主体明确、力量精干的执法监管队伍。市场监管的实践证明,凡是测绘地理信息管理机构建设到位,落实了测绘地理信息管理编制、人员、经费的地方,测绘地理信息市场监管工作就开展得卓有成效。三是部门紧密配合,齐抓共管严肃查处各种违法行为。近年来,测绘地理信息行政主管部门联合安全、工商、新闻出版等部门开展多项测绘地理信息市场专项整治活动,查处了一批测绘地理信息违法案件,建立了部门联合执法机制,形成了部门配合,齐抓共管测绘地理信息市场的良好局面。不仅有效打击了各种测绘地理信息违法行为,带动了测绘地理信息行政执法工作,同时还有力地维护了测绘地理信息市场秩序。

(二)存在的问题

1. 市场多头管理和发证依然存在,公平竞争的市场环境有待进一步加强

有的部门在其他的资质管理中包含测绘地理信息资质管理的内容,变相发放测绘地理信息市场准入许可,如工程勘察许可证中含有工程测量资质等。有的社会中介组织变相施行行政许可,违法发放涵盖测绘地理信息业务的证书。一些地方政府其他部门利用手中的行政管理措施,对测绘地理信息项目的发包违法进行干预,甚至搞违反市场公平交易准则的保护和垄断。在测绘地理信息项目招投标和发承包活动中,围标、串标、暗箱操作的现象还比较突出。无资质测绘、超资质超范围测绘、采用压价竞争、挂靠或借用资质证书手段承揽测绘地理信息项目的现象依然存在。

2. 对一些新兴的测绘地理信息活动缺乏有效监管手段,测绘产品质量管理还存在薄弱之处

电子地图、互联网地图的兴起,导致地图生产、传播过程大大缩短。传统的监管方式和手段已经难以适应有效监管的要求;测绘监理、无人飞行器测绘航摄、地理国情监测等测绘业务新领域前景广阔,需要用制度进行规范和引导,而现有的测绘地理信息法律法规中缺乏对这些新兴测绘地理信息活动的相关规范,测绘地理信息行政管理部门对新兴测绘地理信息活动的监管缺乏依据。

3. 市场不规范行为仍时有发生,测绘地理信息市场信用体系建设亟待加强

缺乏统一管理和发布测绘地理信息资质、项目、质量和成果,以及其他与测绘地理信息市场相关信息的平台,对市场信息难以做到即时采集、发布和实时监控,管理部门和市场主体之间的信息交流不充分,市场主体缺信、失信行为时有发生。一是部分测绘地理信息单位行为不规范,恶意压低收费,成果质量低下,不依法履行合同。二是有些测绘地理信息资质单位出卖资质,违法违规收取管理费。有的通过挂靠、无资质或者超资质等级范围测绘、压价承接项目后转包、违法分包。三是对跨省聘用测绘地理信息技术人员的相关资料以及跨省作业的测绘地理信息单位的技术人员、仪器设备、成果质量等监管不到位。

4. 某些领域的涉外测绘活动监管不力

外国人来华测绘的管理制度基本建立,但由于外国人来华测绘往往与科学考察、探险旅游、考古、资源调查等活动相结合,有关合作单位对外国组织和个人来华测绘可能造成的严重后果和危害缺乏足够的认识,对我国的涉外测绘管理法规还缺乏必要的了解,同时在管理上各部门之间还没有形成有效的协调机制,导致了有些领域对外国人来华测绘监管不力。

(三)国外基本情况

1. 对测绘地理信息从业人员进行规定

在许多国家的测绘地理信息法律中,对测绘地理信息专业技术人员的市场准入条件进行了明确的规定和严格的设置。很多国家通过注册测量师制度,加强对测绘地理信息专业技术人员的规范和管理,如日本、澳大利亚、马来西亚、美国、加拿大、德国等,这些国家在其测绘地理信息法规中对测绘地理信息人员从业资格进行了分级,并对从业资格的授予程序、条件、测绘实践、资格考试等都作了严格的规定。

2. 对测绘地理信息业务管理进行规定

很多国家施行在测绘地理信息业务实施前必须通报或登记的制度。除此以外,有的国家还在测绘地理信息业务的日常管理、业务限制、技术人员安排等方面作出规定,最为突出是韩国和日本,测量业者死亡、破产、合并、停业时都要向测绘主管部门报告相关情况;测量业务分包发生损失时,承包人承担连带责任,同分包人一起向发包者作出赔偿。

3. 对测绘地理信息经营活动的监督

一些国家比较注重对生产过程的监督。例如,匈牙利测绘法规定,有关机构对于实行测绘专业监督检查的过程中发现的违反规定收费、质量问题要向监督机构报告。有的国家则比较注重对经营活动的监督。例如,日本测量法规定,测量业者未按规定申报,转包或接受分包测量业务、允许测量业者以外的人承包测量业务,情节严重的,将受到拘留以上刑事处理。

4. 对测绘地理信息成果的管理

《德国下萨克森州测量和不动产地籍法》规定,州地形图在不违背国家利益的情况下可公开发行。取得测量局和地籍局许可的第三方,方可复制和分发航空像片。《日本国土测量法》在测量成果的保管、公开、复制、使用等方面都作出了规定,《韩国测量法》也有类似规定。《波兰测绘法》规定,复制、扩印和分类整理未公开发布的地图、摄影测量材料和卫星照片,须经波兰测绘总局批准。

(四)发展目标

到2020年,建立较为完善的测绘地理信息市场监管体系,全面形成完整灵活、分工明确、运行高效、监管有力的测绘地理信息市场统一监管机制,测绘地理信息市场准入管理、测绘成果质量管理以及地理信息安全管理等规范有效,全面形成统一、公平、竞争、有序的测绘地理信息市场体系,测绘地理信息事业和谐发展的环境基本形成。

(五)主要任务

1. 完善测绘地理信息市场监管机制

通过定期巡查与不定期巡查相结合,重点区域和一般区域相结合,专项检查和日常检查相结合,加强摄影测量与遥感、地理信息系统工程、工程测量、地图编制、互联网地理信息服务等市场活动的监督管理,依法查处无资质或超资质测绘、侵犯地理信息知识产权、恶性竞争、泄密等违法违规案件。加强联合执法监督检查,测绘地理信息行政主管部门要加强与法制、安全、工商、新闻出版等多部门的协作,开展联合执法。建立和完善案件移送制度,做到部门密切配合,齐抓共管,确保测绘地理信息市场监管的全面覆盖。加强对地理信息工程项目招标投标活动的监督管理。完善地理信息成本费用定额和地理信息工程产品价格标准,打击恶性竞争行为。制定地理信息产业统计指标体系,推进将地理信息产业纳入国民经济统计范围,加强地理信息产业相关业务的工商编码工作,规范地理信息企业相关业务的登记注册制度,为产业统计提供基础。

2. 加强市场准入管理

制定科学合理的准入标准,完善测绘地理信息单位进入测绘地理信息市场的准入管理,研究从事地理信息数据的采集、加工、提供以及成果提供使用后的衍生产品或者服务的市场准入政策,将其依法活动纳入测绘地理信息资质管理范围,依法颁发测绘地理信息资质证书。

制定严格的测绘地理信息市场行为规范,明确测绘地理信息市场退出标准和程序。强化对测绘地理信息资质单位的日常监督管理,建立测绘地理信息资质单位管理的档案制度,定期公布测绘地理信息单位依法测绘的情况;加大对测绘地理信息项目承担单位的资质监督检查。加强资质年度注册和日常监管工作的有机结合,对不符合资质条件的单位,依法予以处理,责令其退出测绘地理信息市场。

3. 加强测绘地理信息质量管理

建立地理信息产品质量监理制度,加强对测绘地理信息项目设计、施测和成果的质量监理、检测和监督,使测绘地理信息质量管理贯穿测绘活动全过程。建立、健全测绘地理信息质量管理体系,强化对测绘地理信息单位质量管理体系建设与运行的监督考核,促使测绘地理信息单位自觉规范自身的质量行为,强化测绘地理信息成果质量管理。做好测绘地理信息标准化工作,加强测绘地理信息标准的研究制定和实施监督。加强测绘地理信息质量监督检验,促使测绘地理信息单位树立测绘地理信息质量责任意识,完善测绘地理信息质量管理措施。把测绘地理信息质量监理制度作为加强测绘地理信息质量的重要手段,建立测绘地理信息质量监理市场准入机制,确定测绘监理的范围、内容及效力,明确监理机构的责任,规范测绘监理行为。完善测绘仪器检定制度,加强测绘仪器检定管理。

4. 加强测绘地理信息成果安全管理

完善涉密地理信息采集、处理、提供、使用、登载的安全监管政策和支撑手段。制定涉密敏感地理信息生产管理规范,开发覆盖涉密测绘成果生产、更新、管理与分发全过程的一体化、网络化安全监控系统,建立覆盖全国、多级互动、快速响应的地理信息安全监控平台,提高涉密地理信息的网络化、社会化监督水平。对地理信息相关管理、技术人员定期开展安全和技术支撑培训,全面提升相关人员的地理信息安全意识。制定地理信息成果安全等级规范,解决涉密地理信息处理与服务等关键技术,强化保密技术手段支撑。

5. 健全测绘地理信息市场信用体系

建立和完善从业单位资质与信用信息管理系统,及时发布测绘市场主体的资质与信用信息,接受群众举报,形成全国联网、动态更新的资质与信用管理体系。完善信用激励与惩戒制度,将企业信用状况与招投标、测绘地理信息资质、年度注册、评奖评优紧密挂钩,加强对市场经营主体信用的监督,对长期守法诚信的地理信息企业给予守信褒奖和政策优惠,对有不良信用记录或违法违规的地理信息企业实行失信惩戒、重点监控和资质调控。充分发挥行业协会和中介组织的作用,使之更有效地服务于地理信息产业,形成行业内的自律机制,强化守信意识。

6. 加强涉外测绘活动的监督管理

完善外国人来华测绘的成果管理制度,严格外国人来华从事测绘活动的审批,加强外国人来华测绘成果的汇交。加强对外国人来华测绘有关法律法规的宣传,使相关单位和人员都能够了解外国人来华测绘法律法规的规定,自觉履行法律所赋予的义务。强化外国人来华测绘的监督管理,建立和完善测绘行政主管部门定期监督和国内测绘合作单位日常监督相结合的外国人来华测绘的监督机制。

第10章　测绘地理信息人才队伍建设

党的十八大提出，"要尊重劳动、尊重知识、尊重人才、尊重创新，加快确立人才优先发展战略布局，造就规模宏大、素质优良的人才队伍，推进我国由人才大国迈向人才强国"。测绘地理信息人才资源是推动测绘地理信息事业发展的第一资源，具有基础性、战略性和决定性意义。改革开放以来，测绘地理信息人才资源从相对匮乏发展成基本能够满足测绘地理信息事业发展需要，各类人才在测绘地理信息事业发展中大显身手。同时，当前我国测绘地理信息人才发展总体水平与世界先进水平相比还有较大差距，特别是世界多极化、经济全球化深入发展、科技进步日新月异、知识经济方兴未艾，对人才提出了更高的要求，加快人才发展是推动测绘地理信息事业科学发展的重大战略选择。

要紧密围绕测绘地理信息事业发展需要，进一步实施人才强测战略。统筹推进各类测绘地理信息人才队伍建设，以提高人才综合素质和创新能力为中心，以建设高层次人才、高技能人才队伍为重点，突出培养复合型、创新型、领军型人才，不断优化人才发展环境，抓住培养人才、吸引人才、用好人才三个环节，构建一流测绘地理信息人才队伍，为实现我国从测绘地理信息大国到测绘地理信息强国的转变提供强有力的人才支撑。

本专题分析了国内测绘地理信息人才队伍建设的现状和趋势，研究了测绘地理信息人才工作面临的机遇和挑战，提出了测绘地理信息人才工作的发展目标、重点任务以及配套措施。

一、现状和问题

(一)基本情况

测绘地理信息人才是指从事测绘地理信息管理、教学、科研、生产、服务与经营活动的人才,由党政人才、经营管理人才、专业技术人才和技能人才等共同构成。根据《测绘统计年报》,2001 年至 2010 年测绘地理信息人才队伍发展情况如下。

1. 党政人才情况

各级测绘地理信息行政主管部门和各大测绘地理信息单位的党政人才是贯彻执行党的路线方针政策,推进测绘地理信息事业发展的领导者和组织者,在测绘地理信息事业发展中担负着重要责任,发挥着关键作用。近年来,各级测绘地理信息行政主管部门都大力加强对领导人才的培养和选拔,完善补充后备干部队伍,积极为年轻干部成长创造条件,一大批年轻干部快速成长并陆续走上领导岗位,为测绘地理信息事业的发展注入了新的生机和活力。

公务员队伍中,具有本科学历的干部占主导地位,并呈现干部级别增高、高学历比例增大等特点。从公务员的年龄结构来看,厅局级及以上干部中 46 ~ 55 岁之间的比例最大,县处级干部中 36 ~ 45 岁的比例最大。

事业单位管理人员队伍中,具有本科学历的干部占主导地位,且呈现随着干部级别的增高,高学历干部比例增加的特点。厅级及以上干部年龄在 46 ~ 55 岁的占主导,年龄在 36 ~ 45 岁的处级干部占主导,而在科级及以下干部中,36 ~ 55 岁的干部仍占据着主导地位,比例高达 73.4%。

2. 专业技术人才

(1)测绘地理信息行业专业技术人才队伍整体结构。在现有的测绘地理信息人才中(截至 2010 年年底),建设、水电、土地、测绘系统的测绘地理信息从业人员较多,分别占总体测绘地理信息从业人员的

15.9%、9.7%、8.3%、8.2%,兵器、机械、农业、化工系统测绘地理信息从业人员较少,分别仅占总体测绘地理信息从业人员的 0.06%、0.09%、0.27%、0.38%。2001 年至 2010 年,各行业测绘地理信息专业技术人才获得初级、中级、高级职称的人数依次递减,截至 2010 年,获得高级职称人数仅占各行业全体测绘地理信息从业人数的 9.3%。

(2)测绘地理信息系统专业技术人才队伍。截至 2010 年,本科学历人员所占比例最大,博士研究生学历所占比例最小。自 2001 年至 2010 年,本科学历增加 21 个百分点,而博士研究生只增加了 0.6 个百分点。2001 至 2010 年,30 岁以下的专业技术人员所占比例逐年增加,31～50 岁的专业技术人员总量无明显变化但在年度内所占比重呈递减趋势,56～60 岁的测绘地理信息工作者逐年递增,61 岁以上测绘地理信息工作者逐年递减。2001 至 2010 年,系统内部获得初、中、高级职称的专业技术人员依次递减。取得研究员和教授职称的人员最少,2001 年占全体专业技术人员的 0.3%,2010 年为 1.4%,上升了 1.1 个百分点。

(3)首批考核认定注册测绘师队伍结构。2008 年组织完成了首批注册测绘师考核认定工作,633 名专业技术人员取得了注册测绘师资格,其中地方 504 人,军队 129 人。从学历结构上看,地方经过考核认定的 504 人中,具有博士、硕士、本科、大专、中专学历的专业技术人员分别占人员总数的 6%、17%、67%、3%、7%。从年龄分布上看,地方经过考核认定的 504 人中,60 岁以上、50～59 岁、40～49 岁、36～39 岁、35 岁以下人员比例依次为 2%、22%、71%、5%、0%。首批考核认定的注册测绘师分布在除西藏外的 30 个省、自治区、直辖市,其中,北京 88 人,占总人数的 17%;湖北 65 人,占总人数的 13%;陕西、四川、河南、江苏、天津均约占总人数的 5%;最少的是广西、海南、贵州、安徽,均为 2 人,分别占总数的 0.39%。

3. 经营管理人才

随着地理信息产业的发展,经营管理人才成为测绘地理信息人才队伍中一个重要的组成部分,队伍规模与数量伴随着产业的繁荣而迅速扩大。目前,测绘地理信息经营管理人才主要分高科技企业的经营管理人才和测绘地理信息生产单位的经营管理人才两种。

高科技企业的经营管理人才资源总量随地理信息产业的发展呈增长趋势,形成了一定的人才规模。他们精通市场规律、善于市场运作,是企业发展的中坚力量,在地理信息产业从无到有这个过程中发挥了极其重要的作用。中青年经营管理人员是企业经营管理队伍的主体,基本为大学以上学历,但职称结构不尽理想,获得专业职务任职资格为少数。

测绘地理信息生产单位的经营管理工作,一般都由一把手或一位班子副职分管,即党政领导干部兼任经营管理工作。生产单位下设生产处等部门,统筹协调较大工程项目,具有测绘地理信息专业背景或经营管理专业背景的工作人员是该部门工作人员的重要组成部分,也是生产单位经营管理人才的中坚力量。另外,生产单位的下级单位也有部分人员兼管经营工作,一方面这些人员要组织本单位的测绘地理信息生产、推广应用新技术,另一方面也要对外承揽任务,协助上级生产处等部门开展市场营销或经营管理工作。

4.技能人才

自 1999 年测绘地理信息行业开展职业技能鉴定工作以来,测绘地理信息行政主管部门通过建立技能人才考核评价制度、加强测绘地理信息行业特有工种职业技能鉴定、开展技能人才岗位技能培训等手段,加强了对技能人才的培养力度。截至 2010 年 2 月底,先后有 91 054 人参加了测绘地理信息行业特有职业技能鉴定,85 127 人获得了国家职业资格证书,其中有 16 287 人获得高级技能职业资格,1 022 人获得技师职业资格。

测绘地理信息行业职业技能鉴定工作地域差异很大,经济发达地区鉴定工作开展相对顺利;中西部经济欠发达地区中,有的地区鉴定工作成效显著,有的地区鉴定工作基本未开展;此外,海南省和西藏自治区测绘地理信息行业职业技能鉴定工作尚未纳入国家地理信息测绘局统一管理的范畴。

截至 2009 年年底,通过测绘地理信息行业职业技能鉴定的人员中,工程测量员是测绘地理信息行业从业人数最多的职业,所占比例超过了 2/3;房产测量员是测绘地理信息行业的新兴职业,需求不断扩大,从业人员不断增多;大地测量员、摄影测量员、地图制图员、地图测绘员四个职业都具有专业性强、从业人员相对较少的特点。

参加测绘地理信息行业职业技能鉴定的人员主要来源于社会、企业和学校,特别是各类院校测绘地理信息及相关专业毕业生近几年来成为参加测绘地理信息行业职业技能鉴定的主体,所占比例逐年上升,2007 年院校毕业生占通过鉴定人数的 50.25%,2008 年院校毕业生占通过鉴定人数的 66.85%,2009 年院校毕业生占通过鉴定人数的 71.40%。

(二)存在的问题

测绘地理信息人才队伍建设取得了一定的成绩,但同时也存在测绘地理信息人才总量、人才结构等方面的不足,与党中央实施人才战略的总体要求还有差距,与测绘地理信息事业发展对人才的需求,特别是测绘地理信息保障服务工作与地理信息产业发展的强劲需求相比还存在着较大差距,具体表现在以下几个方面。

1. 各类人才队伍的发展不够平衡

(1)懂经营、会管理的复合型经营管理人才不足。经营管理人才队伍的整体力量相对薄弱,结构不尽合理,多数经营管理人员工作经历和知识结构较单一,缺乏多岗位和复杂环境的锻炼,既熟悉社会主义市场经济规律和世贸组织规则、了解国际惯例、精于国际贸易的外向型人才,又懂技术、会管理、善经营的复合型人才短缺。

(2)高层次专业技术人才,创新型、领军型人才不足。以测绘地理信息系统内部专业技术人员为例,虽然具有硕士研究生学历的专业技术人员占总体从业人员的比例由 2001 年的 1.6% 上升到 2010 年 9.2%,博士研究生由 2005 的 0.4% 上升到 2010 年的 1.0%,但上升的幅度较小,高学历人才依然稀少。具有研究员级职称的专业技术人员、两院院士以及有突出贡献的中青年专家较少。

（3）高技能人才严重不足。目前,全国已通过测绘地理信息职业技能鉴定的技能人才数量为95 118人,已获得了国家职业资格证书的为88 888人,这两个数字与全国40万测绘地理信息从业人员的总量相比,还有很大差距,特别是88 888人中仅有16 853人获得高级技能职业资格、1 022人获得技师职业资格,取得高级技师职业资格的人员尚未出现,拔尖技能人才严重缺乏,还远远不能满足测绘地理信息事业快速发展对技能人才的需求。

2. 人才结构需要优化

近年来,测绘地理信息工作的服务面不断拓宽,测绘地理信息生产已由单一的国家基本图测绘转向多元化生产,测绘地理信息高科技的应用也越来越普遍,对测绘地理信息人员提出了更高的要求。一般而言,一个单位合理的结构应该是各层次人员占适当比例。然而,以测绘地理信息生产单位为例,根据国家测绘地理信息局发展研究中心的调研资料显示,目前管理和专业人员比例偏低,分别占11%和58%,工勤人员比例过大,占31%。在专业技术人员中,初级职称比例大,占45%,这种人员结构比例显然不协调,将直接影响到测绘地理信息生产单位业务的发展和测绘地理信息队伍的建设。

3. 人员素质有待加强

测绘地理信息行业是一个知识含量高、技术密集的行业,整个测绘地理信息行业对高新技术的发展非常敏感,测绘地理信息工作面临的新形势、新任务对广大测绘地理信息员工的素质、能力提出了更高要求。但是,目前一些生产单位人员总体水平偏低,以测绘地理信息生产事业单位为例,调查数据显示测绘地理信息生产单位中中专及以下的学历人员占42%,这些员工学历低,理解能力差,将制约着测绘地理信息高新技术的应用。

为适应新技术的要求,必须加强员工培训工作。但目前一些单位的培训投入费用较低,以测绘地理信息生产单位为例,调查显示

2008 年至 2010 年,培训支出占总支出的 0.5%、0.6%、0.4%,培训投入严重不足。

4.人才分布不均衡

一是东西部测绘地理信息人才分布不均衡。西部测绘地理信息单位与东部单位相比,所拥有的人才无论从数量上还是质量上都存在较大差距。从现有的统计资料来看,测绘地理信息人才主要集中在东部地区,中部和西部地区人才明显较少,即湖北、山东、江苏、浙江、上海、四川、北京、辽宁的测绘地理信息人才较多,广西、贵州、云南、西藏、甘肃、宁夏、新疆地区的测绘地理信息人才缺口大。二是测绘地理信息人才分布与地理信息产业发展不协调。目前,测绘地理信息从业人员的就业方向仍然按照行政、事业、国有企业、民营企业排序,使得优秀的测绘地理信息人才多数涌向了行政事业单位,高新技术企业后备力量得不到及时补充且流动性大。

5.人才知识结构较单一

从现代信息论的观点看,目前的测绘地理信息人才培养模式还局限在本学科、本领域之内,高精尖的人才队伍没有锤炼出来。以测绘地理信息生产单位为例,员工的专业非常单一,传统的测绘地理信息工程专业人员占 71%,使得测绘地理信息工作者在工作中一遇到交叉学科的内容,便感到力不从心,掌握的理论技术知识不能很好地满足构建智慧中国、实现地表变化动态监测的需要。这将阻碍测绘地理信息业务的开展,从而制约测绘地理信息事业的发展。

6.基层人才短缺

市、县级测绘地理信息人才是落实测绘地理信息工作方针政策的"一线部队",但由于测绘地理信息系统组织机构不健全、人员编制偏少、经费不足,使得基层测绘地理信息人才数量不足,且区域分布差异很大,经济发达地区较多,中西部地区较少,同时也造成基层测绘地理信息人才队伍专业素质较低,能力薄弱,难以满足开展测绘地理信息工作需要。

二、机遇与需求

（一）良好机遇

1. 中央的方针政策为测绘地理信息人才队伍建设提供了有力支持

2010 年颁布的《国家中长期人才发展规划纲要（2010—2020 年）》以及召开的全国人才工作会议，为测绘地理信息人才发展规划提供了理论支持。胡锦涛同志强调，切实做好人才工作，加快建设人才强国，是推动经济社会又好又快发展、实现全面建设小康社会奋斗目标的重要保证，是确立我国人才竞争优势、增强国家核心竞争力的战略选择，是坚持以人为本、促进人的全面发展的重要途径，是提高党的执政能力、保持和发展党的先进性的重要支撑。贯彻落实好这个纲要及人才工作会议精神，对全面提高测绘地理信息人才资源能力建设和发展水平，加快实现由测绘地理信息大国向测绘地理信息强国的转变具有重大而深远的意义。

2. 建设创新型国家为测绘地理信息人才队伍建设指明了方向

胡锦涛同志在党的十七大所作的报告中提出的"提高自主创新能力，建设创新型国家"的重要思想，为测绘地理信息人才队伍建设指明了方向。在科技进步日新月异、迅猛发展的新形势下，要实现基本建立测绘地理信息科技创新体系，增强自主创新能力，初步形成地理信息获取实时化、处理自动化、产品知识化、服务网络化、应用社会化的技术体系，基础研究和前沿技术研究取得新突破，部分研究成果达到世界先进水平的科技发展目标，迫切需要大力培养科技领军人才、学术技术带头人、科技新秀和基层技术骨干，实现人才的梯队化发展，为科技进步和自主创新提供源源不断的、强大的人才保障和智力支持。

3. 政策制度的实施为测绘地理信息人才队伍建设奠定了基础

测绘地理信息行政主管部门认真贯彻落实党和国家人事人才工作的方针政策，把促进人的全面发展作为人才工作的出发点和落脚点。

2001年,建立了国家测绘局青年学术和技术带头人制度,制定了《国家测绘局青年学术和技术带头人管理办法》。2006年,在全国测绘人才会议上提出了"人才强测"战略,印发了《关于加强"十一五"测绘人才工作的意见》和《"十一五"测绘教育培训计划》。2007年,制订印发了《注册测绘师制度暂行规定》,在我国建立了测绘职业资格制度。同年,印发了《关于继续做好测绘人才援藏工作的通知》。2009年,制订印发了《国家测绘局科技领军人才管理暂行办法》。2008年颁布了《中共国家测绘局党组关于以改革创新精神加强党建和干部人事工作的意见》。2006年出台了《中共国家测绘局党组关于加强直属单位领导班子建设的意见》,进一步明确了干部队伍特别是领导班子队伍培养选拔工作的主要目标和措施。2011年国家测绘地理信息局印发了《测绘地理信息"十二五"人才发展规划》,为实现测绘地理信息"十二五"总体规划确定的奋斗目标奠定坚实的人才基础。

(二)新的要求

1. 信息化测绘体系建设对测绘地理信息人才队伍提出新要求

党中央、国务院高度重视和关心测绘地理信息工作,十分关注和支持数字中国的建设与应用。胡锦涛同志明确要求测绘部门要"推进数字中国地理空间框架建设,加快信息化测绘体系建设,提高测绘保障服务能力"。温家宝同志和李克强同志也多次对测绘地理信息工作作出批示、提出要求。为加快信息化测绘体系建设、构建智慧中国、监测地理国情,充分发挥测绘地理信息工作的作用,满足社会各界对测绘地理信息的旺盛需求,必须加强人才队伍建设。

2. 地理信息产业发展对测绘地理信息人才队伍提出新要求

计算机技术的突飞猛进、网络技术的日新月异、空间技术的快速发展,使得测绘地理信息事业面临前所未有的机遇,测绘地理信息工作的业务领域、应用范围进一步扩大,服务主体越来越多样化,技术装备的智能化、自动化水平也越来越高。数字城市、互联网电子地图、3G手机、卫星导航和位置服务等应用逐渐在全国各地深入扩展,地理信息产业已成为新的经济增长点,迫切要求加强人才队伍建设,发展遥感技术、全球定位技术、计算机技术、网络通信技术等高新技术,为地理信息产业的发展提供坚强有力的支撑。

3. 转变政府职能对测绘地理信息人才队伍提出新要求

国务院批准印发的国家测绘地理信息局新"三定"规定,新增了加强测绘公共服务和应急保障、监督管理地理信息获取与应用等测绘活动、组织开展测绘地理信息基础研究和推动科技进步与创新等方面的职责,充分体现了党中央、国务院在新的历史时期对测绘地理信息工作的关心和高度重视,必将对我国测绘地理信息事业的健康快速发展产生重大而深远的影响。新"三定"规定不仅带来了管理职责上的新变化,更突出和强化了服务职能,带来了管理思路和管理理念的变化。履行职责、增强效能关键在人,需要通过强化综合素质,提高驾驭复杂局面能力、解决棘手问题能力和协调各方利益能力,努力造就一支想干事、会办事、能成事的测绘地理信息管理人才队伍。

三、发展目标

1. 总体目标

到 2030 年,建立科学化、制度化、规范化的人才队伍建设工作机制、政策体系和信息服务体系,形成尊重知识、尊重人才、鼓励创新和终身教育的良好氛围,造就一支规模适当、结构优化、布局合理、素质优良的测绘地理信息人才队伍,形成人才与事业互为促进、协调发展的良好局面,为测绘地理信息事业科学发展和实现测绘地理信息强国战略目标提供坚强有力的人才与智力支撑。

2. 阶段目标

到 2015 年,党政人才素质能力整体提升,党政后备人才梯队层次分明;中、高级专业技术人才达到专业技术人才总量的 40%;培养和引进 20 名左右创新能力强、发展潜力大的科技领军人才,并力争有 5 人左右达到国际水平的科学家和企业家,形成以青年学术和技术带头人、科技领军人才、两院院士为主体的测绘地理信息科技骨干人才梯队;拥有一支2.5万人左右的注册测绘师队伍;技能人才总量达到15万人左右,高级技能资格水平以上(含高级)的技能人才达到3万人左右,测绘地理信息人才队伍基本适应测绘地理信息发展的需要。

到2020年,具有大学本科以上学历的干部占党政干部队伍的85%以上;高级、中级、初级专业技术人才比例达到10∶40∶50;造就一支德才兼备、开拓创新、结构合理、优势明显的科技领军人才队伍;具有10位左右国际知名的测绘地理信息科学家和企业家,拥有一支3.5万人左右的注册测绘师队伍;培养造就10名左右能够引领中国测绘地理信息企业跻身世界前列的企业家;技能人才总量达到20万人以上,高级技能资格水平以上(含高级)的技能人才达到5万人以上,形成分布更加协调、结构更加合理、适应测绘地理信息事业科学发展需要的测绘地理信息人才队伍。

四、重点任务

(一)统筹推进各类人才队伍建设

1. 加强党政人才队伍建设

按照加强党的执政能力建设和先进性建设的要求,以提高领导水平和执政能力为核心,以中高级领导干部为重点,造就一批善于理政的领导人才,建设一支政治坚定、勇于创新、勤政廉洁、求真务实、奋发有为、善于推动测绘地理信息事业科学发展的高素质党政人才队伍。紧密结合测绘地理信息工作实际,加大理论教育、专业培训和实践锻炼。坚持德才兼备、以德为先的用人标准,坚持民主、公开、竞争、择优选拔人才,将政治敏锐、信念坚定,善于学习、知识丰富,思路开阔、锐意创新,能力出众、群众公认的干部选拔到领导岗位上来。拓宽选人用人渠道,促进优秀人才脱颖而出。注重从基层和生产一线选拔党政人才,加强女干部、少数民族干部、非中共党员干部培养选拔和培训工作。加大干部交流轮岗力度。优化领导班子配备,形成班子成员年龄、经历、专长、性格互补的合理结构。通过轮岗、交流任职、挂职锻炼等方式增加多岗位工作经验,提高后备干部的实际工作能力,加强后备干部队伍建设。完善考核评价指标体系,创新实绩考核手段,改进考核评价方法,提高考核评价的真实性、合理性。

2．强化专业技术人才支撑

以提高专业技术水平和创新能力为核心,以培养高层次人才特别是科技领军人才为重点,进一步优化测绘地理信息专业技术人才结构,打造一支高素质的测绘地理信息专业技术人才队伍。进一步扩大专业技术人才队伍的培养规模,提高专业技术人才创新能力。引导专业技术人才向企业和基层一线有序流动,促进专业技术人才合理分布。采取切实措施,培养造就一批具有世界前沿水平的学科带头人。建设好博士后科研流动站、工作站,加强对青年测绘地理信息科技人才的培育。构建完整的青年专业技术人才培养体系,努力形成优秀青年科学家群体和技术专家群体。改进专业技术人才收入分配等激励办法。根据事业发展和实际工作需要,多渠道、多方式引进各类人才,坚持把大中专毕业生作为专业技术人才队伍的重要来源,做好专业技术人才储备工作。在重大项目实施中培养人才,实现"负责大项目、形成大成果、培养大人才"。面向企业开展工程系列职称评审工作,推进全行业专业技术人员统筹管理、均衡发展。

3．发展经营管理人才

以提高现代经营管理水平和企业国际竞争力为核心,以战略企业家和职业经理人为重点,加快推进企业经营管理人才职业化、市场化、专业化和国际化,加快培养造就一批具有全球战略眼光、市场开拓精神、管理创新能力、社会责任感以及善于挖掘和利用地理信息资源的优秀企业家和高水平的经营管理人才队伍。引进一批科技创新创业企业家和企业发展急需的战略规划、资本运作、科技管理、项目管理等方面的专门人才。加强企业经营管理人才的教育,重点抓好甲级、乙级测绘地理信息资质单位主要负责人的培训,强化效益意识、创新意识、法律意识、信用意识、责任意识和经营管理水平,提高发展策划、市场开拓、业务经营、项目管理的水平,增强驾驭市场、把握商机、应对和化解风险的能力。在干事创业中有意识地发现、培养和选拔有经营潜质的人才,尤其对善于应用和转化测绘地理信息成果的人才,要大胆放到重要岗位上锻炼。努力为经营管理人才创造沟通、交流的机会。

4. 壮大技能型人才队伍

以提升职业素质和职业技能为核心,以技师和高级技师为重点,形成一支具有高超技艺和精湛技能的高技能人才队伍,实现技能人才梯次发展。进一步完善相关部门规章,将技能人才工作纳入法制化轨道。依托职业院校和职业培训机构,开展新技术、新方法、新设备相关内容的技能培训,进一步加强上岗培训和岗位技能培训。重点建设一批适应技能人才培养需求、办学条件好、教育质量高的职业技术学院和中等职业学校,完善职业教育基础设施,发展技能人才培训基地,形成培训各职业类别技能人才的职业教育培训体系。制定高技能人才与工程技术人才职业发展管理办法。广泛开展各种形式的岗位练兵和职业技能竞赛活动。完善高技能人才评选表彰制度,进一步提高高技能人才福利待遇和社会地位,健全测绘地理信息技能人才使用机制。

(二)突出创新型、领军型科技人才培养

围绕提高自主创新能力,以高层次创新型科技人才为重点,努力造就一批世界水平的测绘地理信息科学家、科技领军人才和高水平创新团队。创新人才培养模式,建立学校教育和实践锻炼相结合、国内培养和国际交流合作相衔接的开放式培养体系。依托国家重大科研项目和重大工程、重点科研实验室和国际学术交流合作项目,建设高层次创新型科技人才培养基地。加强核心技术研发人才培养,形成科研人才和科研辅助人才衔接有序、梯次配备的合理结构。加大海外高层次创新创业人才引进力度。建立以企业为主体、市场为导向、多种形式的产学研战略联盟,通过共建科技创新平台、开展合作教育、共同实施重大项目等方式,培养高层次人才和创新团队。改进科技评价和奖励方式,完

善以创新和质量为导向的科研评价办法,克服考核过于频繁、过度量化的倾向。

(三)加强紧缺专门人才培养

为适应信息化测绘地理信息体系建设、数字中国建设及地理国情变化监测的需要,调整优化高等学校学科专业设置,加强专门人才的知识更新培训,加大急需紧缺人才的培养力度。建立急需紧缺人才的开发协调机制,培养不仅拥有对测绘地理信息专业本身通透的了解,又拥有对社会文化较深的了解的测绘地理信息行业创意人才,促进个性化地理信息服务。培养既懂专业又懂市场的地理信息经营师,最大限度地发挥地理信息产品的市场价值。

(四)改善基层人才队伍现状

各省级测绘地理信息行政主管部门在每年的继续教育、岗位培训中,加大对基层测绘地理信息干部的倾斜力度,不断拓宽培训领域,深化培训内容,切实提高基层测绘地理信息人员的素质。通过参观、调研等形式,加强省内、省外基层测绘地理信息工作者的沟通交流,促进本地区基层测绘地理信息工作者工作水平的提高。制定出台地方测绘地理信息人才队伍建设的指导性意见,对基层测绘地理信息人才工作提出标准和规范化要求,指导地方测绘地理信息行政主管部门特别是县市级测绘地理信息行政主管部门加强人才队伍建设。

(五)推进注册测绘师制度实施

严把资格考试及继续教育关。建立科学的注册测绘师能力框架体系,制定行业自律监管体系及检查标准。加强监管队伍建设,促进执业质量和行业职业道德水平的提高。加强注册测绘师制度运行的法律体系建设,制定完善注册测绘师制度的行政性法规。发挥注册测绘师工作委员会的作用,实现对注册测绘师进行自我教育和自我管理。推行注册测绘师执业资格负责制,将测绘行业管理要从以现有的单位资质管理为主逐步过渡到以个人执业资格管理与单位资质管理相结合的市场准入管理机制。加强注册测绘师对各国法律体系、管理制度及行业发展进程的学习,着力培养和形成能够承担国际测绘地理信息业务、符合行业国际化发展要求的高层次专业人才队伍和国际测量师事务所管理人才队伍。与其他国家和地区的注册测量师组织开展合作,为中国注册测绘师取得境外执业资格创造条件。建立与完善体现中国市场环境要求、与国际惯例相衔接的执业资格体系。积极参与国际测量师组织的各项活动,支持和推荐优秀人才到国际组织任职。

(六)实施重点人才培养工程

1. 科技领军人才工程

选拔 20 名左右学术造诣较高、创新能力较强、业绩突出、发展潜力大的高层次优秀人才作为测绘地理信息科技领军人才,依托测绘地理信息重点实验室、工程中心、博士后科研工作站,采取承担重大科研和工程项目和在选题立项、科研条件配备、参加国际学术交流等方面给予倾斜等措施,进行重点扶持和培养。

2. 新世纪人才培养工程

通过完善青年学术和技术带头人制度,重点培养 100 名左右具有国内领先水平、技术造诣较高、自主创新能力较强、能够担当重任的国家级青年学术和技术带头人,培养 300 名左右在有关学科和技术领域起骨干作用的省级测绘地理信息青年学术和技术带头人,培养1 000 名左右在专业技术上崭露头角的基层生产技术骨干。

3. 西部人才培养工程

面向西部进行专业技术人员培训,加大送教上门力度,扩大送教上门范围。积极与有关高校合作,开展面向西部地区单独招收本科生和研究生的工作。建立有利于留住、吸引专业技术人才的收入分配机制,在工资、职务、职称等方面实行倾斜政策,提高津贴标准。

4. 党政人才素质能力提升工程

构建理论教育、知识教育、党性教育和实践锻炼"四位一体"的干部培养教育体系。适应科学发展要求和干部成长规律,开展大规模干部教育培训。通过选送党校、行政学校、高等院校、国外学习和定期举办培训班等形式,组织干部集中学习。

5. 青年后备人才培养工程

采取及早选苗、重点扶持、跟踪培养等特殊措施,在实践中发现人才、培育人才、锻炼人才、使用人才、成就人才。通过轮岗、交流任职、挂职锻炼等方式增加多岗位工作经验,提高后备干部的实际工作能力,保持后备干部队伍的合理数量和结构。

6. 专业技术人才知识更新工程

对专业技术人才进行大规模的知识更新,及时调整继续教育内容和教育范围,加强专业技术人员对地理科学、地质科学、环境科学、城市科学、空间科学、管理科学以及通信技术等相关学科知识的了解和掌握,促进多种知识的融合。

7. 战略企业家培育工程

对优秀企业及优秀企业家进行重点宣传,营造尊重经营者、支持创业者、保护改革者、崇尚干事创业的浓厚氛围。将企业人才队伍纳入测绘地理信息人才评价体系筹考虑,允许企业中的优秀人才参加测绘地理信息科技学术带头人、科技领军人才的评选。

8. 高技能人才振兴工程

完善高技能人才考核评价制度,重点加强职业技能鉴定工作,积极推行职业资格证书制度。加快建立以职业能力为导向、以工作业绩为重点,注重职业道德和职业知识水平的高技能人才评价体系。完善高技能人才合理流动机制和社会保障机制,促进高技能人才科学配置。

9. 国际化人才引进培育工程

通过测绘地理信息高新技术企业、高等院校和科研院所,建立海外高层次人才创新创业基地,集聚海外高层次创新创业人才团队。进一步形成吸引国际测绘地理信息人才的良好环境,争取国际测绘地理信息人才回流。加强双边与多边合作与交流,培养和造就本土国际化测绘地理信息人才。

五、配套措施

（一）加大人才工作投入力度

1. 加大人才工作的投资力度

拓宽人才投入渠道，建立、健全国家测绘地理信息局、单位、社会和个人相结合的多元化人才投入机制。坚持把测绘地理信息人才的培养经费纳入年度预算，建立专门的人才发展专项基金，用于培养和引进高层次专业技术人才、紧缺人才、高技能人才和奖励有突出贡献的优秀人才。人才发展专项基金突出其基金的针对性。同时，要加强对人才投入资金使用的监督管理，切实提高人才投入效益，保障人才队伍建设顺利进行。在重大建设和科研项目经费中，安排部分经费用于人才培训。

2. 完善测绘地理信息人才统计指标体系

建立和完善测绘地理信息人才资源统计指标体系，建立测绘地理信息人才统计制度和分析制度。结合测绘地理信息事业及地理信息产业发展形势，定期分析研究测绘地理信息人才队伍的发展现状、存在的问题，了解资源总量、地区分布和结构情况以及事业与产业发展对人才队伍建设的需求。

3. 搭建人才信息网络平台

建设中国测绘地理信息人才信息网络，建立测绘地理信息人才资源信息采集体系，定期发布测绘地理信息人才的供求信息、政策信息、培训信息以及人才资源开发等其他信息。与高校建立定期联系制度，掌握测绘地理信息专业毕业生情况，建立人才供求联系机制。建立全国统一的、多层次的、分类型的测绘地理信息人才资源数据库。搭建鼓励人才科学合理流动的平台，开展人才测评、择业指导、职业生涯设计，鼓励专业技术人才通过兼职、定期服务、技术开发、项目引进、科技咨询等方式进行柔性流动。

（二）优化人才发展环境条件

1. 营造有利于人才发展的良好氛围

树立"以人为本"的理念，努力营造一个"鼓励人才干事业、支持人才干成事业、帮助人才干好事业的良好制度环境"，积极营造"尊重劳动、尊重知识、尊重人才、尊重创造"的良好舆论环境。确立德才兼备重在实际的选材标准，不拘一格地选人、用人，在更大的范围内招揽贤才。

2. 构建创新人才成长的文化环境

倡导拼搏进取、自觉奉献的爱国精神、求真务实、勇于创新的科学精神和团结协作、淡泊名利的团队精神。大力弘扬热爱祖国、忠诚事业、艰苦奋斗、无私奉献的测绘地理信息精神。倡导学术自由和民主，鼓励探索和创新，激发创新思维，活跃学术气氛，努力形成宽松和谐、健康向上的创新文化氛围。加强科研职业道德建设，开展诚信教育，遏制科学技术研究中的浮躁等不良风气。

（三）完善人才工作机制

1. 完善人才选拔任用机制

以公开、平等、竞争、择优为导向，着力选拔高层次、创新型人才，从关键岗位、重要创新项目上发现能力卓越、业绩突出的拔尖人才，形成培养、吸引和用好各类人才的科学机制和良好环境。对党政人才，不断完善和规范公开选拔、竞争上岗、轮岗交流等制度，切实落实群众的知情权、参与权、选择权和监督权。对专业技术人才，建立按需设岗、按岗聘任、公平竞争、择优聘用的用人机制，实现职务能上能下、待遇能高能低、人员能进能出。对经营管理人才，探索组织选拔与市场配置相结合的选人用人机制，推行竞聘上岗、公开招聘、人才市场选聘。对技能人才，重点通过开展职业技能鉴定和职业技能竞赛来培养和选拔。

2. 完善人才考评机制

建立以能力和业绩为核心的人才考核评价机制，改进人才考核评价办法,建立各类人才评价指标体系。对党政人才,要按照德才兼备、注重实绩、群众公认的原则,以德才素质评价为核心,探索建立体现科学发展观要求的综合考核评价办法。对专业技术人才,以技术创新、管理创新和解决技术难题的业绩和能力为指标,科学准确地评价其履行职责和完成任务的情况。对经营管理人才,以经营业绩、管理效益和管理创新为主要内容,评价其综合管理能力和水平。对技能人才,以技能熟练程度、完成生产任务数量和质量为核心,注重实际操作技能和岗位业绩的考评。

3. 完善人才激励机制

建立、健全与工作业绩紧密联系、充分体现人才价值、有利于激发人才活力和维护人才合法权益的激励机制。落实好机关和事业单位工资制度改革,大力推行聘用制度和岗位管理制度,将人才的收入与岗位职责、工作业绩、实际贡献以及成果转化产生的经济效益直接挂钩。建立向优秀人才、关键岗位、艰苦岗位倾斜的分配激励机制,使一流人才享受一流待遇、一流贡献获得一流报酬。加大表彰奖励力度,大力宣扬作出突出贡献的人才,提高各类测绘地理信息人才的地位和知名度。完善科技创新奖励政策,鼓励专业技术人员从事测绘地理信息新技术、新产品的研发和科研成果的转化,对有突出贡献的技术带头人按照有关规定给予特殊的奖励。坚持精神激励和物质奖励相结合,健全以行政管理部门为导向、用人单位和社会力量奖励为主体的人才奖励体系。

4. 完善人才交流机制

建立、健全以优秀人才科学、合理流动为目标的人才交流机制。逐步突破部门、行业、地域限制,突破身份、学历、职称和专业限制,营造开放的用人环境。对事业发展和岗位急需的高层次人才,实行进出自由的合同制、聘用制、协议制等灵活的人才引进机制。通过“户籍不限,来去自由”的海外人才吸引方式,引进高端人才。充分发挥人才市场在人力资源配置中的基础性作用,促进优秀人才向艰苦边远地区和农村地区的流动,以实现各类测绘地理信息人才在各地区和各行业的有序流动与协调发展。

(四)建立健全人才教育培训体系

1. 加强高等教育

以市场需求为导向,发挥科研院所、大专院校的优势,促进学科建设适应信息化测绘地理信息的需求。丰富高等教育教材内容,提高高等教育教材建设的现代化水平。调整高等教育课程设置、制订合理的教学计划、改善师资结构、加强工程实践训练。重视开展职业技能教育,促进院校毕业生在取得学历、学位的同时获得职业资格证书。本科教育在提高学生综合素质的前提下,注重提高学生的实践能力、创新意识和再学习能力。研究生教育在提高培养规模的基础上,注重加强创新能力、分析问题和解决问题能力的培养。博士研究生教育注重培养科学视野、科研水平、发现问题的能力。加强以重点实验室、工程中心、研究生培养基地为重点的测绘地理信息科技创新平台建设。

2. 发展职业技术教育

打破以传统的公共课、基础课为主导的教学模式,强调满足岗位所需职业能力的培养。结合各职业技术学校特色分类指导,有针对性地制订科学合理的培养目标和培养计划,培养掌握高新技术、实践技能强、有吃苦耐劳精神的技能人才。建立弹性学习制度,推行学分制。建立普通教育与职业技术教育互动和对接的人才培养方式,实现职业资格证书与学历证书并重的突破。制定中、高职技术教育相贯通的人才培养方案,构建和完善职业技术教育人才培养体系。鼓励有条件的企业组织举办职业技术教育和培训机构,强化企业自主培训的功能。积极利用广播电视大学与网络教学资源发展远程职业技术教育,构筑终身学习的网络平台。

3. 优化继续教育模式

分类别、分层次地进行多种形式的培训。提高在职人员学历教育的规模和比重,为更多有实践经验的工程技术人员提供参加专升本、工程硕士等学历教育的机会。采取关键岗位脱产培训的方式,传授行业最新动态和最新成果。指导各级测绘地理信息行政主管部门进行岗前业务培训,配合地方党组织、政府加大对各类测绘地理信息人才的培训。对政治素质好、有发展潜力的党政后备干部人选,对高层次专业技术人员,对具有经营管理潜质的管理人员,对高级技能人才,本着"缺什么、补什么"的原则,开展相应的继续教育培训。

4．加强科学技术交流和国际合作

充分利用国际合作机遇,有针对性地选送综合素质好、有培养前途的中青年拔尖人才赴国(境)外或国内知名学府进行培训或研修。积极聘请国外高级专家、学者和国内知名学者进行讲学。支持和鼓励企事业单位开展对外交流合作,引入现代测绘地理信息职业规划制度,提高高层次人才跟踪国际技术前沿、参与国际竞争的能力。培养和储备测绘地理信息国际合作、对外经贸合作所需的各类人才,增强国际测绘地理信息合作队伍的活力。

第11章　测绘地理信息文化建设

国民之魂,文以化之;国家之神,文以铸之。文化是人们通过长期创造思考所形成的产物,是社会历史文明成果的积淀,是国家和民族的血脉、灵魂和生存发展的根基。党的十八大指出,全面建成小康社会,实现中华民族伟大复兴,必须推动社会主义文化大发展大繁荣,提高国家文化软实力,发挥文化引领风尚、教育人民、服务社会、推动发展的作用。

广义的文化着眼于人类社会与自然界的本质区别,着眼于人类卓立于自然的独特的生存方式,是人类在社会历史发展过程中创造的物质和精神财富的总和,包括物质文化、行为文化、制度文化和思想文化等。物质文化是一种可触知的显性文化,指人类创造的各种工具、服饰、日常用品等物质文明。行为文化是人际交往中约定俗成的礼俗、民俗、风俗等行为模式。制度文化是人类在社会实践中建立的各种社会规范。精神文化是人类在社会活动和意识形态活动中长期酝酿升华出来的价值观念、审美情趣、思维方式的总和。

测绘地理信息文化是测绘职工长期实践中逐步形成的、推动测绘地理信息事业发展壮大的先进群体意识,以及在这种群体意识驱动下产生的职工言行和创造的测绘成果。《国家测绘局关于加强测绘文化建设的意见》明确指出:测绘文化是伴随着测绘事业的发展进程产生、发展、积淀而成的,是测绘精神、价值取向、发展理念、行为规范、管理制度和物质成果的集中反映,是测绘行业文明与发展进步的重要标志。

始终贯彻党中央关于建设社会主义文化强国的要求,坚持围绕中心、服务大局,以实践社会主义核心价值体系为主线,以提高测绘地理信息职工思想道德水平和科学文化素质为根本,以增强测绘地理信息行业和单位核心竞争力、促进测绘地理信息事业全面协调可持续发展为目标,大力弘扬中华民族优秀文化,继承和发扬测绘优良传统,吸收现代管理理论,借鉴企业文化精髓,努力建设符合社会主义先进文化发展方向、具有鲜明时代特征和特色的测绘地理信息行业文化,以测绘精神鼓舞职工,以共同愿景凝聚力量,以科学理念引领发展,以测绘品牌提升形象,以文化氛围促进和谐,为中国从测绘大国向测绘强国转变提供强有力的思想保证、精神动力以及人文环境和舆论保障。

一、发展综述

(一)测绘地理信息文化的历史

测绘是一门古老的学科,中华民族几千年漫漫历史长河中,测绘体现在筑城防卫、兴办水利、疏浚漕运、园林楼阁等建设工程之中。《史记·夏本纪》中描写了大禹治水时"左准绳,右规矩"的测量情景。《周礼》记有土圭测量法以及"水地以县和置槷以县"的原始水准测量法。春秋战国时期,管子《地图篇》指出:"凡兵主者,必先审知地图。"两晋初期,裴秀提出世界最早的制图理论,即"分率、准望、道里、高下、分斜、迂直"的《制图六体》。《孙子兵法》十三篇中有《九变》《行军》《地形》和《九地》四篇是论述地理形势与用兵的关系。在《地形篇》中提出:"夫地形者,兵之助也。料敌制胜,计险厄远近,上将之道也。知此而用战者必胜,不知此而用战者必败。"

测绘劳动者对几千年灿烂的中华文明作出了不可磨灭的贡献,涌现出诸多对中国科学技术发展作出卓越贡献的人物。北宋科学家、政治家沈括编著的《梦溪笔谈》,记录了他在加强防务、恢复农耕、兴修水利中对地形地理的研究,被称为中国科学史的里程碑。元代科学家郭守敬在世界上首先提出了"海拔"的概念,设计和监制了多达12种测量仪器,组织进行了规模宏大的大地测量,取得的测绘成果惠及现在。明代著名科学家徐光启师从意大利传教士利玛窦,学习天文、历算、测绘等,主持编写了《测量全义》,集当时测绘学术之大成,为应用西方测绘技术奠定了基础。清朝末年,詹天佑在山区复杂地形施测,主持修建了我国第一条自主勘测设计的京张铁路,因地制宜运用"人"字形线路,大幅减少了开挖土方工程量。长期的测绘实践,对形成中国测绘地理信息文化独特的品性发挥了决定性的作用。测绘职工在观天测地改造自然的实践中形成了严谨求实、尊重规律的科学态度和一丝不苟、精益求精的职业意识,在走南闯北中养成了粗犷豪放、真诚质朴的个性气质,在攀险峰过大川中练就了不畏艰险、吃苦耐劳的献身精神,在经天纬地中塑造了锐意进取、开拓创新的外在形象。测绘职工在测绘生产实践中积累形成了以精神理念、道德取向、制度规则、工作习惯和物质成果等为核心的测绘地理信息文化。

(二)测绘地理信息文化的现状

20 世纪 80 年代初,西方学者对日美企业管理进行对比研究后提出了企业文化建设理论。企业文化在国际 500 强的许多企业中得到壮大并逐渐传入中国。随着社会的发展和各行业改革的不断深入,文化越来越成为影响行业发展的重要因素。1992 年党的十四大报告提出"要搞好社区文化、村镇文化、企业文化和校园文化建设",吹响了中国企业文化建设的号角。春兰、海尔等一批著名企业顺应改革开放的大潮,以企业哲学、企业价值观、企业精神、经营理念引领文化建设的潮头,众多具有行业特色的行业文化,如军旅文化、海洋文化、公路文化、民航文化等百花齐放、争芳斗艳,迎来了一个企业文化建设的高潮。2007 年党的十七大报告提出:"当今时代,文化越来越成为民族凝聚力和创造力的重要源泉,越来越成为综合国力竞争的重要因素,丰富精神文化生活越来越成为我国人民的热切愿望。要坚持社会主义先进文化前进方向,兴起社会主义文化建设新高潮,激发全民族文化创造活力,提高国家文化软实力,使人民基本文化权益得到更好的保障,使社会文化生活更加丰富多彩,使人民精神风貌更加昂扬向上。"2011 年,党的第十七届六中全会通过了《中共中央关于深化文化体制改革推动社会主义文化大发展大繁荣若干重大问题的决定》,进一步强调了社会主义文化建设的重要意义,明确提出了"增强国家文化软实力,弘扬中华文化,努力建设社会主义文化强国"的战略任务。

行业文化是社会主义文化的重要组成部分,在各行各业发展、弘扬职工群众广泛认同、积极参与的行业文化,既是推动事业发展的基本要求,也是建设社会主义文化强国的必然要求。1993 年,上海市测绘院根据党的十四大精神,借鉴企业文化的经验,结合测绘行业的特点,率先提出了建设"测绘文化"的口号,并在 1994 年全国测绘局长会议上作了"测绘文化"建设的交流发言,这是全国测绘行业首次提出"测绘文化"这一名词概念。1996 年 3 月,中国测绘职工思想政治工作研究会在湖南韶山召开研讨会,其主要议题为"如何深入开展测绘文化建设"。1996 年 6 月,国家测绘局印发《国家测绘局"九五"期间精神文明建设规划》,规划明确提出了要"大力推进测绘文化建设"。在测绘事业第十一个五年规划纲要中,明确提出了要"广泛开展群众性的精神文明创建活动和测绘文化建设"。此后,国家测绘局连续几年把加强测绘文化建设这项重要任务写进了工作要点,全国测绘系统许多单位结合测绘行业和测绘职工特点,开展了富有成效的测绘文化建设。2008 年,国家测绘局在测绘系统开展了测绘文化与和谐单位建设调研工作。2009 年 3 月,国家测绘局在贵阳召开了测绘文化建设座谈会。2009 年 6 月,国家测绘局印发了《关于加强测绘文化建设的意见》(以下简称《意见》)。2009 年 11 月,为了推动《意见》的落实,国家测绘局召开全国测绘系统测绘文化与和谐单位建设交流研讨会,进一步明确了近期开展测绘文化建设的重点任务。为了进一步贯彻党的十七届六中全会精神,2011 年 11 月,国家测绘地理信息局党组印发了《关于加强学习贯彻党的十七届六中全会精神的意见》,提出要以文化建设引领测绘地理信息事业科学发展,大幅提升测绘地理信息文化软实力。2012 年,国家测绘地理信息局下发了《关于进一步开展测绘地理信息文化建设有关工作的通知》(简称《通知》)。《通知》要求,各部门各单

位要进一步加深对十七届六中全会精神的理解,进一步提高对推动社
会主义文化大发展大繁荣重要意义的认识,把加强测绘地理信息文化
建设放在推动测绘地理信息事业长远发展的大局中来谋划、推动,进一
步开展好文化建设有关工作。

十几年来,测绘文化建设蓬勃开展,全国各地涌现出了一批在测绘
文化建设上各具特色、富有成效的测绘单位,如铸造了"热爱祖国、忠
诚事业、艰苦奋斗、无私奉献"的精神丰碑、被国务院授予"功绩卓著、
无私奉献的英雄测绘大队"称号的国测一大队,以能力建设为核心、通
过测绘文化增强单位整体实力的四川测绘地理信息局,以视觉形象系
统建设为抓手、通过测绘文化提升品牌形象的北京市测绘设计研究院,
以人文关怀为中心、通过测绘文化建设推动职工与单位共同发展的天
津市测绘院,以新闻宣传、文体活动和测绘科普教育为载体、通过测绘
文化建设提高社会认知度的新疆维吾尔自治区测绘地理信息局,以团
结凝聚职工为目标、通过测绘文化建设提升单位幸福指数的江西省测
绘地理信息局,以创新行政理念为重点、通过测绘文化建设提高依法行
政水平的福建省测绘局,以及整体规划、分步推进,树立典型、以点带
面,不断扩大测绘文化影响力的贵州省国土资源厅和牢固确立"文化
立业、哲学思辨"指导方针、通过测绘文化引领三个文明建设取得突出
成绩的上海市测绘院等。

(三)测绘地理信息文化的内涵

全国测绘地理信息系统多年的探索和实践表明,测绘地理信息文
化融合在测绘行政管理、测绘科研生产、测绘经营管理、测绘应用服务、
测绘队伍建设等各个方面,为促进测绘地理信息事业发展提供了坚强
的思想保证、精神动力和智力支持。测绘地理信息文化作为测绘地理
信息行业文明的重要标志,已经成为社会主义先进文化的重要组成部
分。主要内容包括以下几个方面。

1. 以忠诚奉献为核心的测绘精神

测绘以获取地表自然和人文地理要素的位置和属性信息为目标,

是各项基础建设的前期性工作。测绘职工在长期的野外工作中已习惯了吃苦耐劳、默默无闻。以国测一大队和刘先林院士等模范群体和杰出人物为代表的新中国几代测绘人,在长期的测绘地理信息生产中传承了"热爱祖国、忠诚事业、艰苦奋斗、无私奉献"的测绘精神,支撑和鼓舞着几代测绘人为推动测绘地理信息事业发展攻坚克难、锐意进取,为社会主义现代化建设作出积极贡献。

2. 以"快、干、好"为特征的工作作风

当今时代测绘地理信息科学技术发展瞬息万变,地理信息多样化服务需求剧增,只有抢抓机遇,才能做出成效。测绘工作者面对新时期、新环境、新要求不断调整工作重点、工作节奏,锐意拼搏、真抓实干、追求卓越,形成了以"快、干、好"为特征的工作作风。在"快"中体现了测绘速度,在"干"中传承了测绘精神,在"好"中树立了测绘品质,在"快、干、好"的工作作风中不断取得事业的新成绩。

3. 以"三个服务"为宗旨的发展理念

测绘地理信息作为一项基础性、保障性工作,其成果广泛服务于各级党委、政府的中心工作以及信息化建设、经济发展方式调整、高新技术产业发展、人民日常出行娱乐等方面。测绘地理信息工作的性质决定了测绘地理信息工作必须要以全面服务为宗旨,才能最大限度地满足国家、社会和人民对地理信息成果不断增长的需求。测绘人在这一宗旨的引导下,逐渐树立了"服务大局、服务社会、服务民生"的事业发展理念,并将其贯穿于测绘地理信息事业发展的始终,成为了推动事业不竭发展的原动力。

4. 以求真务实为准则的职业操守

测绘地理信息工作对成果的精确性与标准性有着十分严格的要求,全行业在工作中形成了一整套完善的测绘技术标准、操作规程、规范图式,确保测绘过程的严谨与测绘成果的质量。测绘职工经过长期的磨炼、培养和熏陶,形成了以求真务实为基本要求的职业操守。经过数代测绘职工的实践与提炼,测绘地理信息行业逐步形成了具有测绘

地理信息特点,能教育、指导并约束测绘职工行为的准则和道德规范,2004 年,国家测绘局制定了《中国测绘职工职业道德规范(试行)》。

5. 与科技进步相适应的业务素质

测绘是一项技术密集型工作。从古代的尺、绳、准、表、矩,到现代的 GPS、全站仪、电子水准仪、超站仪、航空航天卫星遥感系统,测绘使用的装备水平直接受光学、电子、精工、航空等行业水平的制约或影响,测绘技术水平的发展直接反映了社会科技水平的发展。自古到今,测绘人在测绘地理信息生产中因地制宜、与时俱进,不断提高科学文化素质,掌握先进的科学技术,不断适应并有力推动了测绘地理信息科技的发展进步。

(四)测绘地理信息文化的特性

1. 测绘地理信息文化的内在统一性

对测绘地理信息工作本身而言,测绘地理信息文化体现了基础与前沿的统一。测绘地理信息是经济社会发展和国防建设中的一项基础性工作,测绘获取的成果直接应用于国防建设、各行各业和人民群众。测绘地理信息又是引领科技潮流的一项前沿性工作,随着科学技术的进步与创新,高分辨率对地观测系统、遥感影像快速处理系统、地理信息网络化服务系统等高端技术逐渐普及,测绘地理信息正在从数字化测绘地理信息技术体系向信息化测绘地理信息技术体系迈进。成果的基础性与技术的前沿性在测绘中得到了统一。

对测绘地理信息事业发展而言,测绘地理信息文化体现了管理与服务的统一。测绘地理信息成果事关国家主权、国防安全,加强测绘成果的保密安全管理一直是测绘地理信息工作的重点。随着经济社会的不断发展,新生的地理信息产业和逐渐壮大的测绘行业,对测绘管理工作提出了更高要求。与此同时,公共管理部门、企事业单位和人民群众对测绘产品的依赖程度不断提高,社会各界对加强测绘公共服务的呼声越来越高。成果管理的严格保密要求与成果应用的广泛开放要求,并存于测绘地理信息事业的发展之中。

对广大测绘地理信息职工而言,测绘地理信息文化体现了内敛与开放的统一。测绘地理信息工作的前期性、艰苦性,要求职工必须默默无闻、甘于奉献;测绘地理信息数据的唯一性、精确性,要求职工必须精益求精、追求卓越。这样的工作性质和要求导致了职工工作时中规中矩,性格比较内敛。同时,测绘地理信息工作的科技性特点和测绘地理信息成果服务广泛性的需求,又要求职工培养更加开放的发展观念和勇于尝试的创新精神。内敛与开放在测绘地理信息职工身上得到了有机统一。

2. 测绘地理信息文化的历史发展性

测绘地理信息文化是渐进的,逐步积累。作为具有悠久历史的工作,测绘地理信息从古到今经历了几千年的历史变迁,工作特性和人的观念都发生了翻天覆地的变化。测绘地理信息文化记载了其中的每一个脚步,体现了测绘地理信息发展的悠久历史。建设测绘地理信息文化,必须尊重历史积累,在继承中辩证吸收,在吸收中发扬光大,使测绘地理信息文化更具传承性。

测绘地理信息文化是开放的,海纳百川。测绘地理信息文化从价值取向、发展观念、工作理念等角度对测绘地理信息事业发展提供指引,蕴涵于测绘地理信息事业的各个方面,需要体现基础与前沿的统一、管理与服务的统一、内敛与开放的统一等特点。建设测绘文化,必须坚持开放的理念,融合其他社会科学,借鉴现代管理先进理论,使测绘文化更具指导性。

测绘地理信息文化是发展的,与时俱进。作为社会主义先进文化的重要组成部分,测绘地理信息文化不可能脱离经济社会的发展与变革,不可能游离于测绘地理信息事业的发展之外。建设测绘地理信息文化,必须与时代发展趋势相呼应,与事业发展要求相呼应,建立与社会主义核心价值体系相适应的价值观念,培育与科学发展观要求相吻合的发展理念,开展与测绘职工需求相呼应的文化活动,使测绘地理信息文化更具时代性。

（五）测绘地理信息文化建设的重要意义

1. 测绘地理信息文化建设是贯彻落实党的十八大精神的重要举措

一个国家、一个民族，没有先进文化的积极引领，没有人民精神世界的极大丰富，没有全民族创造活力的充分发挥，就不可能屹立于世界先进民族之林。党的十八大明确指出，文化是民族的血脉，是人民的精神家园。全面建成小康社会，实现中华民族的伟大复兴，必须推动社会主义文化大发展大繁荣，兴起社会主义文化建设新高潮，提高国家文化软实力，发扬文化引领风尚、教育人民、服务社会、推动发展的作用。测绘地理信息文化是社会主义文化的重要组成部分。因此，必须站在认真贯彻落实党的十八大精神的战略高度，在集中精力谋发展的同时，把测绘地理信息文化建设看做是测绘地理信息事业发展布局中的重要组成部分，并将其摆上重要议事日程，一手抓测绘地理信息事业发展，一手抓测绘地理信息文化建设，推动测绘地理信息软实力与硬实力相互促进，相得益彰，共同发展，共同提高。

2. 测绘地理信息文化建设是推动测绘地理信息事业又好又快发展的必然要求

任何一项事业的成长，都离不开其特有文化的渗透与滋养。有文化气息和文化力量的事业，才会是充满生机与活力的事业。测绘地理信息事业同样如此。近几年，测绘地理信息工作作为经济社会发展和国防建设的一项基础性工作，在加强基础测绘、推动自主创新、促进成果利用、强化统一监管、抓班子带队伍以及精神文明创建等方面都取得了可喜成绩，这与高度重视测绘地理信息文化建设、充分发挥文化的支撑与引领作用密不可分。当前，测绘地理信息工作越来越受到党中央、国务院的重视和关心，越来越受到社会各界的理解和支持。测绘地理信息迎来了良好的发展机遇期。与此同时，更多的挑战和更高的期待随之而来，测绘地理信息工作站在了一个新的历史起点。面对新形势新任务，迫切需要通过加强测绘地理信息文化建设来进一步增强干部职工的归属感、认同感、责任感和使命感,激发干部职工的传承力、凝聚力、战斗力和创造力。要通过加强测绘地理信息文化建设,不断提高干部职工的思想道德素质、科学文化水平和开拓创新能力,不断用积极健康、和谐向上的文化来熏陶和引导干部职工,使不同岗位、不同职务、不同年龄、不同知识层次的干部职工具有共同的奋斗目标、价值理念、精神追求和职业操守,从而推动测绘地理信息事业又好又快发展,永远保持旺盛而持久的生命力。

3. 测绘地理信息文化建设是加快测绘地理信息生产服务方式转变的客观需要

在世界高新技术飞速发展和社会需求不断变化的情况下,国际测绘的发展正经历一场以地图生产为主转向以地理信息综合服务为主的重大变革。我国测绘地理信息虽然已经实现了由传统测绘地理信息向数字化测绘地理信息的整体转化,但当前也面临着由按照一定规范的测绘地理信息产品生产为主,向按需提供地理信息服务的战略转变,并且提出了"数字中国"、"智慧中国"、"数字城市"、"智慧城市"等一系列宏伟目标。未来一个时期,测绘地理信息保障服务将从测绘地理信息产品生产向空间信息服务扩展、由数据提供向网络服务转变、由测绘地理信息产品部门化向测绘地理信息产品社会化发展。文化以观念形态在潜移默化中制约着人们对是非的判断、对美丑的评价、对荣辱的辨析,制约着人们的各种行为。面对测绘地理信息生产服务方式的跨越式变革对测绘地理信息干部职工观念转变、素质增强等方面提出的更高要求,需要发挥测绘地理信息文化的价值引领、思想保障和理念指导作用,通过加快测绘人观念和素质的转变,加快实现测绘地理信息生产服务方式的转变,通过测绘地理信息文化的变革创新,推动测绘地理信息事业的变革创新。

4. 测绘地理信息文化建设是满足广大干部职工日益增长的精神文化需求的必然选择

随着测绘地理信息事业的不断发展,测绘地理信息职工的技术装备、办公环境、住房条件、工资收入等都得到了很大改善和提高。在物质生活得到一定满足的同时,测绘地理信息职工对于精神文化的需求越来越旺盛,大家渴望代代相传的测绘地理信息优良传统和作风得到传承和光大,渴望丰厚的测绘地理信息文化资源得到整合和利用,渴望业余文化生活更加丰富多彩,渴望测绘地理信息题材的文化产品不断涌现,渴望文化消费、文化服务更加经常化、多样化。高举测绘地理信息文化大旗,搭建文化建设的舞台,丰富人们的精神生活,增强人们的精神力量,已成为测绘地理信息职工的共同愿望和追求。必须尊重职工的利益需求和价值取向,把握职工对文化的新期待、新要求,形成人人参与测绘地理信息文化建设、测绘地理信息文化建设成果人人共享的良好局面。

二、总体要求

(一)发展目标

1.总体目标

到 2020 年,建立内涵丰富、特色鲜明的测绘地理信息文化体系,实现测绘地理信息文化建设与测绘地理信息事业发展和谐统一、单位的全面发展与个人的全面发展和谐统一,形成个人全面发展保障有力、职工幸福指数显著提高、行业整体形象大幅提升、推动科学发展更加有力的良好局面。

2.阶段目标

其中,到 2015 年,测绘地理信息职工的理想信念更加坚定,道德素质明显提高,文化品位不断提升,文化生活更加丰富多彩,精神面貌更加昂扬向上。测绘地理信息单位的环境明显改善,管理水平明显提升,队伍凝聚力和战斗力进一步增强。测绘地理信息文化产品比较丰富,测绘地理信息科普基础设施更加完备,中国测绘品牌和"天地图"民族文化品牌基本形成,测绘地理信息行业整体形象提升。测绘地理信息发展理念更加科学,发展方式进一步优化,创新能力、竞争能力和服务保障能力全面提高,服务型、开放型、创新型测绘地理信息建设取得良好成效。

（二）主要内容

加强精神文化的提炼、制度文化的创新、行为文化的倡导和物质文化的构建,内强素质,外塑形象,分步骤实现测绘地理信息文化战略目标;以文化人,以文兴业,不断增强测绘地理信息文化软实力,不断提升中国测绘地理信息事业发展后劲。

（1）加强精神文化建设。紧随时代发展,不断提炼、总结、创新测绘精神和发展理念,通过观念创新带动制度创新、管理创新、科技创新和文化创新,将测绘精神、发展理念、主流价值渗透到测绘地理信息事业发展的各阶段、各方面、各环节以及行业的各个单位、各个岗位,变成广大测绘职工的共同意愿和自觉行动。

（2）加强制度文化建设。建立健全保障和促进测绘地理信息事业科学发展的体制机制、推动测绘地理信息事业科学发展的政策法规和符合科学发展要求的规章制度、操作规程、行为规范,形成思想统一、机制完善、队伍稳定、管理科学、协调有序、充满活力的良好氛围和内部秩序,为实现测绘地理信息事业又好又快发展提供强大的制度支撑。

（3）加强行为文化建设。加强测绘地理信息职工思想道德建设和职业道德建设,通过行为规范和职业操守的倡导,建立起相互支撑、和谐友好的人际关系和人文环境。通过长期不懈的文化熏陶、文化感染、文化滋养和文化教育,帮助职工实现自我定位、自我约束、自我实现乃至自我超越,继续发扬"快、干、好"的工作作风,使测绘职工的工作热情和创造才能永续持久,在测绘地理信息事业的发展中实现自我价值和自我发展。

（4）加强物质文化建设。加强基础设施建设,优化美化工作环境,营造浓厚的文化氛围,树立良好的行业形象。加强测绘报纸、网站、期刊以及测绘地理信息科普基地、博物馆等文化宣传载体和平台建设,开发多元化文化产品。构建统一的视觉识别系统,形成独具特色的"中国测绘"文化品牌,增强测绘地理信息事业的社会影响力,提升测绘地理信息发展竞争力。

三、重点任务

在测绘地理信息行业树起"文化立业、文化兴业"的旗帜,使测绘地理信息文化贯穿于测绘管理、测绘科研、测绘生产、测绘服务等各方面和各环节,推动测绘地理信息文化建设落地开花,为测绘地理信息事业科学发展提供坚强有力的思想保障和精神支持。

(一)弘扬测绘精神,铸就测绘地理信息之魂

测绘精神是测绘地理信息事业兴旺发达的内在支撑。测绘精神既蕴涵着以爱国主义为核心的民族精神,又蕴涵着以改革创新为核心的时代精神。发展和弘扬测绘精神,是一项长期而艰巨的任务,伴随测绘地理信息事业的整个发展进程,不可能毕其功于一役。要紧密结合时代特征和测绘地理信息事业发展的要求,总结凝练不同时期测绘地理信息精神的新内涵、新特点、新表达。要在加强社会主义核心价值体系教育的过程中,不断加强测绘地理信息精神教育,用精神熏陶人、感染人、塑造人,让精神代代相传,历久弥新。

(二)树立先进理念,引领事业发展

要实现测绘地理信息事业又好又快发展,必须以科学发展观为指导,不断把握发展规律,创新发展理念,转变发展方式,在经济社会发展大局中去谋划和推动测绘工作。要着眼于加快实现由测绘大国向测绘强国的转变,牢固树立依法行政的理念,坚持公开透明、廉洁高效,提高测绘地理信息行政的公信力和执行力;牢固树立尊重科学的理念,坚持实事求是、求实求精,提高测绘地理信息服务保障水平;牢固树立诚实守信的理念,坚持合法经营、公平竞争,提高企事业单位的信誉度;牢固树立以人为本的理念,坚持仁爱真诚、团结和谐,提高事业发展的凝聚

力;牢固树立创新求变的理念,积极营造鼓励创新、宽容失败的良好环境,激发各类人才的创造力,积极推动观念创新、制度创新、科技创新,提高测绘地理信息服务能力和水平。

(三)培养职业道德,强化职业操守

职业道德建设是职工思想道德建设的重要内容。要修订《中国测绘职工职业道德规范》,并广泛宣传,进一步明确职工在职业活动中应该遵循的行为准则,使测绘地理信息职工懂得什么是必须提倡的,什么是坚决反对的。要通过形式多样的宣传手段和宣传方式,切实提高职工对职业道德规范的认知度,力争做到人人皆知,耳熟能详。要把职业道德教育纳入到测绘地理信息单位职工的思想道德教育格局中,作为职工教育培训的重要考核内容。要通过开展测绘地理信息战线道德楷模评选表彰活动,宣传先进典型的感人事迹和优秀品质,让广大干部职工学有榜样、赶有目标。

(四)创建学习型组织,培养创新型职工

学习是提高干部职工科学文化素质的必然途径。要大力开展"创建学习型组织、争做创新型职工"活动,提倡"学习工作化、工作学习化",营造和形成重视学习、崇尚学习、坚持学习的浓厚氛围,牢固确立全员学习、终身学习的理念。深入贯彻中央《关于推进学习型党组织建设的意见》,按照科学理论武装、具有世界眼光、善于把握规律、富有创新精神的要求,提出科学的创建思路和科学的创建途径。倡导共享型学习、约束型学习、导向型学习、思辨型学习、互动型学习等多种学习方式,增强整体学习效果。建立更富激励作用的教育管理办法,激发职工的学习积极性和工作创造性。健全有效的学习制度,加大职工培训经费投入力度,使测绘职工的学习能力不断提升、知识素养不断提高,使共产党员的先锋模范作用充分发挥,使各级党组织的创造力、凝聚力、战斗力不断增强。

（五）立足测绘地理信息题材，多出文艺精品

文艺作品是民族精神的火炬，是人民奋进的号角，对于充实精神世界、提高生活质量、舒缓心理压力、促进社会和谐，具有"润滑剂"和"减压阀"等独特作用。十七届六中全会提出"创作生产更多无愧于历史、无愧于时代、无愧于人民的优秀作品，是文化繁荣发展的重要标志。必须全面贯彻为人民服务、为社会主义服务的方向和百花齐放、百家争鸣的方针，立足发展先进文化、建设和谐文化，激发文化创作生产活力，提高文化产品质量，发挥文化引领风尚、教育人民、服务社会、推动发展的作用。"测绘工作者以四海为家、为山河作注的工作性质，熏陶出了其特有的情怀和气质，锻炼出了其特有的意志和品质。创作测绘地理信息文艺作品要时刻以"二为"和"双百"为方针，不断满足干部职工多层次、多方面、多样化的精神文化需求，并以传统测绘地理信息再到数字化测绘地理信息再到信息化测绘地理信息的巨大变化为脉络，以测绘地理信息职业特点为背景，鼓励创作更多形式的测绘地理信息题材文艺作品，以便更好地发挥回顾历史变迁、讴歌测绘精神和改革创新精神、弘扬主旋律、陶冶情操、愉悦身心的作用。力争在"十二五"期间推出测绘地理信息题材的"五个一"优秀作品：一部好的戏剧、一部好的电视剧（或电影）、一部好的图书（社会科学方面）、一批好的理论文章（社会科学方面）和一组好歌。

（六）丰富地图产品，寓文化于服务

地图是测绘地理信息的终端产品，是人类认识世界、了解世界、改造世界的必备工具。地图是测绘地理信息产品文化的典型反映，承载着人类文明的发展史，折射出一个国家和地区的政治、文化、经济、交通、旅游、地名等变化发展，要深入开展地图文化的研究，从地图的起源与发展、地图的介质与工艺、收藏与典故等多方面挖掘地图的历史价值和文化价值，不断丰富地图的文化特性和文化内涵，展示地图文化的深厚底蕴。此外，地图也是科教、旅游、收藏、娱乐等方面的重要服务产

品。要不断丰富地图种类,创新表现形式,在体现国家主权的前提下,实现法定性与可读性的有机统一,在不断传扬测绘地理信息文化的同时,服务实际、服务生活、服务群众,满足不同层次人群对地图文化的精神与物质需求。

(七)编撰测绘地理信息史鉴,建设文博工程

以史鉴今、资政育人。要成立专门机构、组织专门力量,切实做好中国现代测绘地理信息史丛书和测绘地理信息年鉴的编纂工作。要注意收集、整理宝贵资料,完整、准确、系统、科学地展示测绘地理信息事业的历史和现实,翔实记录测绘地理信息事业发展进程中的重大事件、重要人物、重大活动,求实存真、详今略古。要鼓励各地因地制宜地开展地方测绘地理信息史志丛书和测绘地理信息年鉴编纂工作,争取纳入地方志序列。要更加主动、更加积极地争取相关部门支持,传承测绘地理信息历史,弘扬测绘精神,彰显测绘地理信息文化。

(八)加强测绘地理信息科普,宣传测绘地理信息知识

科普工作是文化建设的重要内容,有利于引导人们弘扬科学精神、传播科学思想、宣传科学方法,提高人们的科学文化素质。要充分利用中国测绘科技馆、中国测绘博物馆等场所,加强测绘地理信息科普宣传和教育。坚持开展国家版图意识教育,策划、编制、出版一批形式活泼、通俗易懂的测绘地理信息科普读物。以国家大地原点等测量标志、测绘仪器、测绘成果为主要内容,充分发挥测绘地理信息专家学者优势,定期开展测绘地理信息科普活动。切实提高各地测绘地理信息政务网站的宣传教育功能,开辟专门栏目,普及测绘地理信息科普知识。以全国定向越野比赛、测绘夏(冬)令营等活动为载体,努力打造测绘地理信息科普品牌,为宣传和普及测绘知识发挥积极作用。

(九)打造测绘品牌,提升测绘地理信息形象

打造群众耳熟能详的测绘品牌是测绘地理信息文化中物质文化建

设的重要内容。2009 年,温家宝同志为中国测绘创新基地亲书"中国测绘"四个大字。要以国家测绘地理信息局为核心,在全国地级市以上测绘地理信息主管部门所在建筑物亮出"中国测绘"四个大字。要精心设计"中国测绘"视觉识别系统,积极建立具有中国测绘特色的、辐射全系统、全行业的、应用于办公用品、技术装备、基础设施、地理信息产品、衣着制服等各方面的统一标志,树立测绘地理信息整体形象,打造中国测绘地理信息品牌。"天地图"的建成使中国人有了自己的权威地理信息服务网站,要以此为契机,将其打造为民族文化品牌,进一步提升测绘地理信息的传播力和感染力。要按照环境整洁化、园林化、艺术化要求实施环境改造,营造更具温馨氛围和文化气息的办公环境,提升测绘地理信息单位与测绘地理信息行业的外在形象。评选表彰行业文明单位,树立测绘地理信息文化建设典型。

第 12 章　测绘地理信息发展战略保障

实现测绘地理信息科学发展,必须进一步提高测绘地理信息领域改革开放的水平,加快发展理念的转变。为适应测绘地理信息由数字化向信息化快速发展的需要,要根据我国完善社会主义市场机制的要求,构建保障和促进测绘地理信息科学发展的管理、投入等新机制、新模式,加快测绘地理信息法制化步伐,消除影响和制约测绘地理信息科学发展的制度性障碍。加快测绘地理信息"走出去"战略的实施,全面提升测绘地理信息服务保障经济社会发展的能力和水平。

一、创新测绘地理信息发展理念

根据我国经济社会发展的总体形势和测绘地理信息发展实际,按照党的第十八大提出的全面建成小康社会、加快推进社会主义现代化建设的总体要求,坚持以科学发展为主题、以加快经济发展方式转变为主线,树立大测绘理念,加快测绘地理信息转型发展,转变传统的注重测绘地理信息成果生产的发展思路,树立按需测绘的理念,形成注重测绘地理信息成果综合应用服务的发展机制,促进测绘地理信息职能的拓展和地位的提升。

(一)以大测绘发展理念统筹测绘地理信息发展

随着科学技术的发展,测绘地理信息成果开发应用的技术门槛越来越低,推动测绘地理信息的发展呈现全民化的趋势,极大地提升了测绘地理信息的社会影响力和认知度。测绘地理信息已经渗透到经济社会的方方面面,吸引着越来越多的行业参与测绘地理信息的建设和发展,其内涵和外延得到了进一步的提升和拓展。为适应这一发展形势,必须加快转变观念,从大处着眼谋划测绘地理信息发展。一是注重测绘地理信息的全面发展,注重加强基础测绘、生产组织队伍建设、法规制度建设、科技与装备建设等,为经济社会发展提供测绘地理信息公共服务的同时,更加注重培育、发展和壮大地理信息产业。二是注重全国测绘地理信息协调发展。从国家战略的高度着眼于测绘地理信息工作,加强全国测绘地理信息的统一规划。要统筹国家测绘和区域测绘、基础测绘事业和地理信息产业协调发展,积极推进测绘与相关部门公益性信息的共享,完善军地测绘融合发展机制。同时根据国家主体功能区规划的战略要求,注重区域发展的差异性,加强对地方测绘地理信息工作的指导,特别是要加强中西部经济欠发达地区测绘地理信息工作的支持力度,促进全国测绘地理信息的协调发展。三是进一步拓展测绘地理信息的职能。适应现代技术和经济社会高速发展的需要,落实和强化《测绘法》《基础测绘条例》《国务院关于加强测绘工作的意见》等法规政策文件以及关于测绘地理信息部门对遥感、定位、地理信息获取、处理及应用等行为的管理职能。

(二)以按需测绘发展理念促进测绘地理信息协调发展

测绘地理信息工作要始终坚持服务社会、服务民生、服务大局的宗旨,紧紧围绕党和国家中心工作及全面建设小康社会的战略目标,不断强化服务理念,拓展测绘地理信息保障服务的广度和深度。现代测绘地理信息工作正在逐步由数据获取、处理、管理和服务向获取、处理、管理、分析和服务转变,根据这种转变统筹考虑测绘地理信息部门现有的资源、技术和人力等基础,形成从需求出发,安排测绘生产等新的理念和机制,促进测绘地理信息协调、可持续发展。注重满足促进科学发展、转变经济发展方式所需服务,满足政府信息公开、产业发展等方面的需求,树立主动服务的意识,深入了解各行业、各部门以及社会公众对测绘地理信息的需求,积极开拓测绘地理信息服务的领域,开发好用、适用的测绘地理信息产品。

二、深化测绘地理信息领域改革

贯彻落实国家改革的总体要求,加快经济发展方式转变,根据测绘地理信息事业科学发展的实际需要,加快转变测绘地理信息发展方式,不断深化测绘地理信息领域相关改革,推动发展大测绘、大产业。

随着测绘地理信息的技术手段、生产方式和成果形式的巨大变革,地理信息已成为全社会的普遍需求,地理信息服务与应用迅猛发展。测绘地理信息工作业务范围持续拓展,测绘地理信息管理的对象和内容也随之发生根本性变化,传统测绘的概念已远远不能涵盖当前的测绘地理信息工作,人们对传统测绘的理解与现代测绘的功能和作用已经不相适应。加快转变测绘地理信息发展方式,是经济发展方式加快转变的有机组成部分,是经济发展方式加快转变对测绘地理信息工作提出的客观要求,是深入贯彻落实科学发展观在测绘地理信息工作上的具体体现。根据测绘地理信息工作中内外业一体化、工艺流程简化、多环节集成融合等发展方向以及测绘地理信息业务多样性和专业化需要,转变测绘地理信息发展方式,加快实现测绘地理信息从数据生产型向信息服务型转变,加速形成新的以用户需求为中心的测绘地理信息生产组织方式。结合事业单位改革推进工作,逐步改革不适应信息化测绘发展的体制机制问题。加速建立适用社会主义市场体制要求的、顺应地理信息产业发展趋势的大型地理信息企业集团,加快形成有利于推动测绘地理信息可持续发展的新的测绘地理信息管理运行机制。

三、强化基础测绘规划计划管理

根据《测绘法》《基础测绘条例》的要求和经济社会发展的实际需要,要进一步加强基础测绘规划计划的编制工作。严格编制程序,强化规划计划论证,进一步巩固与有关部门形成的规划工作编制机制,形成国家和地方基础测绘计划有效衔接的机制,确保基础测绘规划的科学性及对政府投资和预算的指导和约束。进一步完善测绘地理信息发展规划体系,探索建立以测绘地理信息总体发展规划和基础测绘规划为主的测绘地理信息发展规划体系,其中总体发展规划的主要任务是定方向、定思路、定重点,编制过程中强调其宏观性、政策性和科学性;基础测绘规划的主要任务是根据总体规划的方向、思路和重点,围绕基础测绘定任务、定项目、定投资,编制过程中强调科学性、指导性和可操作性。

加强测绘地理信息规划实施工作,充分发挥基础测绘规划和年度计划完善的制度优势,通过建立规划、年度计划及项目预算相衔接的机制,确保列入基础测绘规划的任务得到落实,从而促进基础测绘的可持续发展。进一步完善形成基础测绘规划项目库的工作机制,根据基础测绘规划所确定的目标要求,从经费保障、技术可行性等方面对规划项目和相应的工程项目作进一步的论证,并按照完成发展目标的要求,对规划项目进行分类排序,理清需要优先实施的项目,编制规划项目表。在此基础上,建立基础测绘预算项目库,编制规划项目年度实施计划建议,作为编制测绘项目申报指南、项目审批和年度计划及预算编制的依据。前期工作基础较好的基础测绘项目,直接列入年度计划实施,投入较大的重大基础测绘项目通过专项的形式执行。

加强基础测绘规划实施评估。在基础测绘规划实施过程中期和末期,要对规划执行情况进行评估,重点对有关规划发展目标的完成情况进行客观评价,对规划所确定的主要任务和重点项目实施的进度情况、完成质量及产生的效益等进行分析;根据规划实施过程中所遇到的问题,对规划所提出的发展目标和重点任务等事项的科学性和实现的可能性作出客观评价,对规划修编或下一个规划的制定等工作提出建议。基础测绘计划执行情况评估宜由各级测绘地理信息行政主管部门委托中介组织或专业咨询机构承担,确保工作过程的独立性和评估结果的公正性。

四、创新测绘地理信息投入机制

测绘地理信息投入机制是为了保障测绘地理信息又好又快发展、满足测绘地理信息服务经济社会所需要的人、财、物的投入数量、来源以及投入方式等的一个完整的运作机制和管理过程。测绘地理信息投入的结构和来源是多种多样的,以政府部门投入为主导,融合了多源化的市场投入主体。创新测绘地理信息投入机制就是促使投入机制中人、财、物投入比例的合理搭配和来源的多样化。

(一)加大测绘地理信息投入力度

抓住当前国家大力扶持西部等经济落后地区发展这一有利时机,进一步加大对我国经济落后地区测绘工作的支持力度。继续做好边远地区、少数民族地区基础测绘专项补助经费有关工作,加大投入力度,引导地方政府增加基础测绘投入。按照基础测绘分级管理的要求,各级测绘地理信息主管部门要积极与有关部门沟通协调,将基础测绘投入纳入政府财政预算中,建立满足测绘地理信息发展需要的、稳定的公共财政经费投入渠道。围绕测绘地理信息发展总体战略和建设全国"一网一图一平台"的总体部署,系统谋划测绘地理信息重大项目,促进测绘地理信息投入的稳步增加。各测绘地理信息主管部门要根据国务院对地理国情监测的批示要求,推动该项目成为继基础测绘之后测绘转型发展的又一个常态化的业务项目,使之成为推动测绘地理信息投入稳步增加的重要保障。

(二)建立多元化的投入机制

建立和完善国家、省、市(县)级基础测绘的公共财政投入体系,形成财政投入与本地区经济社会发展需求相适应、与国家和地区间的发展战略相匹配、与现代科技发展趋势相协调、与地理信息变化特点相符合、稳定增长的基础测绘投入机制。积极争取发展改革、财政、科技等部门对测绘应急保障、测绘科技创新、测绘与地理信息标准化等方面的投入,形成稳定的合作关系和投入机制。充分发挥市场在资源配置中的基础作用,积极开拓社会资金进入基础测绘的渠道。鼓励企业加大科技投入,吸引社会资金参与测绘科技发展。对于经营性、竞争性的测绘领域,鼓励私人资本、集体资本和国有资本参与测绘建设,形成多元化的经营性测绘投入机制。进一步完善测绘地理信息经费管理制度,强化经费的预算管理和财务管理,健全经费的使用、监管和绩效评估机制,确保财政资金使用效率。

五、深化部门之间的合作与协作

随着服务领域的扩展、服务能力的提升,要与有关部门加强沟通和协调。要创新合作协作机制,不断深化部门间的合作与协作,进一步巩固同国家发展和改革委员会、财政部、国土资源部、科技部、中宣部、外交部、教育部、工业和信息化部、公安部、安全部、商务部、海关总署、工商总局、质量监督检验检疫总局、新闻出版总署、国家保密局、国办秘书局、总参测绘导航局等多个部门,在重大项目立项、基础测绘投入、科技创新、国家版图意识宣传教育、地理信息市场监管、测绘地理信息成果质量监督、安全保密等方面的合作和协作。加强与各级新闻媒体的联系,进一步做好测绘地理信息新闻宣传工作,提升测绘地理信息工作的社会影响力。以业务联系为纽带,拓展与有关部门在海洋测绘、地理国情监测、测绘卫星建设、全球地理信息资源建设等方面的合作,签署责权明确的行政协议,建立跨部门的联席会议制度,逐步形成稳定的协作合作机制。加强与教育部、科技部、中科院等部门的沟通,在人才培养、科技创新、装备建设等方面展开合作,推进测绘地理信息化能力的提升。

六、强化军民测绘地理信息协作

党的十八大再次强调要坚持走中国特色军民融合式发展路子,坚持富国和强军相统一,加强军民融合式发展战略规划、体制机制建设、法制建设。军民测绘地理信息部门要深入贯彻落实党中央提出的军民融合发展重要思想,明确服务国防建设的方针,重点加强军地测绘地理信息协作机制建设,切实推进在测绘基准共建共享、地理信息资源开发利用、科技成果转化以及测绘地理信息保障服务等方面的协作,推动军地测绘地理信息事业共同发展。

(一)加强军民测绘地理信息协作机制建设

军队测绘部门和国家、地方测绘地理信息部门进一步加强协作,共同推进基础地理信息资源建设。加强军民双方测绘地理信息规划计划的协调和衔接,交流规划计划制订思路、情况等方面的信息,促进测绘地理信息任务的统筹协调;共同策划涉及国家和军队全局的重大测绘地理信息项目,推行合作共建和成果共享。建立军地国防测绘动员机制,建立军民应急测绘合作机制。建立测绘地理信息重大项目协作机制,军民联合申请基础测绘重大建设项目,相互支持重大测绘地理信息项目立项建设,开展重大测绘地理信息项目合作共建。加强军民测绘地理信息成果交换共享,建立军民测绘地理信息成果交换共享目录,保障测绘地理信息成果的安全和军地双方互利共赢。

(二)落实军民测绘地理信息重点协作内容

推进国家现代测绘基准体系建设,加强卫星重力探测和航空重力测量合作,重点开展重力数据空白区测量以及加密重力测量,合作开展国家平面、高程以及重力基准等建设。加强北斗卫星导航系统应用协作,推动北斗的应用和产业化发展。加强高分辨率遥感卫星建设与应用协作,科学确定测绘卫星建设的空间布局,共同构建多手段融合、多功能互补的测绘卫星体系。加强地理信息资源建设,联合开展全球地理空间信息基础设施建设项目,建设基础地理信息平台,基本实现国土基础地理信息的定期、全面更新和境外重要地理信息的按需、动态更新。加强军民测绘地理信息科技创新协作,联合发布测绘地理信息科技需求,加快测绘地理信息科技创新成果军民两用双向转移。推动军民测绘地理信息标准化协作,加强军民测绘地理信息标准化组织的交流与合作,共同争取国家、军队有关部门的项目支持,开展相关国际标准的研究和转化,推进军民测绘地理信息标准的通用化。

七、推动测绘地理信息领域国际合作与交流

根据国家"走出去"战略,在继续巩固和发展我国与有关国家政府间、国际测绘地理信息组织间的双边、多边合作的基础上,发展更大范围、更广领域和更高层次的测绘地理信息国际合作。重点加强测绘地理信息科技领域的合作与交流,积极扶植一批外向型测绘地理信息企业。

(一)加强测绘地理信息科技领域国际合作

不断拓宽测绘地理信息对外科技合作与交流的领域和渠道,共同研究和开发测绘地理信息关键技术、核心技术,特别是积极争取和承担测绘地理信息领域的国际科技交流项目。采取合作培养、协作研究等方式,培养一流的国际化测绘地理信息科技人才。鼓励和支持我国测绘地理信息专家学者在国际测绘地理信息组织和机构中任职。积极支持科研机构、高等院校和科技企业等参与全球及区域性测绘地理信息科技合作计划、承担各种科技合作项目以及与世界知名测绘地理信息科研机构、大学和跨国企业成立联合实验室、研发中心或进行其他形式的科技合作。在引进、消化、吸收国外先进技术和管理经验的基础上,强化自主创新,形成拥有自主知识产权的科技成果。

(二)积极"走出去"开拓国际市场

积极推动测绘地理信息企业"走出去",通过与国际合作共建重大工程项目和参与国际地理信息产业市场竞争,培育一批大型与地理信息产业相关的企业。进一步加强引导,依托重大项目和工程,加强对国际上应用广泛、影响较大的地理信息标准的跟踪研究,努力提高我国在国际地理信息标准制订中的话语权。制定促进地理信息企业参与多种形式国际科技合作、承担国外重大测绘地理信息工程、培育形成大型企

业集团、参与国际市场竞争等方面的政策措施,有效促进地理信息产业强国建设,全面提升我国测绘地理信息的国际竞争力和影响力。

八、加强测绘地理信息宣传工作

测绘地理信息宣传工作要坚持团结稳定鼓劲、正面宣传为主的方针,按照"坚定立场、明确方向,服务大局,营造环境,提高能力、引导舆论,关注职工、贴近基层"的原则,紧紧围绕测绘地理信息中心工作,以服务和促进测绘地理信息事业发展为重点,以改革创新为动力,以贴近实际、贴近生活、贴近群众为原则,创新测绘地理信息宣传思路,整合测绘地理信息宣传资源,加大测绘地理信息宣传力度,统一思想,凝聚力量,鼓舞斗志,为测绘地理信息更好更快的发展提供思想保证、舆论支持、精神动力和良好氛围。

(一)进一步丰富测绘地理信息宣传工作的内容

紧密围绕党和国家对新闻宣传工作的总体部署,将宣传党的路线、方针和政策作为测绘地理信息宣传工作的重要内容。积极宣传党和国家关于测绘地理信息工作的方针政策,及时传达党和国家对测绘地理信息工作的指示精神。着重宣传测绘地理信息工作服务经济社会发展的成就,大力宣传测绘地理信息政策法规、重大部署和重点工作。紧密结合测绘地理信息工作的业务特点,以新的视角挖掘测绘地理信息职工生产生活的时代特点,以展示测绘地理信息技术先进性、保障迅捷性、服务广泛性、产品普适性的时代特色为根本,努力推出一批群众喜闻乐见的测绘地理信息名牌栏目、精品文章。积极创作测绘地理信息题材的诗歌、散文、小说、报告文学、歌曲等多层次、个性化、普适性的优秀文学艺术产品,加快推出测绘地理信息题材的电影、电视剧、宣传片、纪录片等大众影视作品,以引人入胜的故事情节、特点鲜明的人物塑造和旋律优美的诗词歌赋,大力宣扬测绘地理信息工作在国家经济建设、国防建设、科学研究和社会发展中的重要作用,展现测绘地理信息工作者开拓进取、勇于创新的时代风采,深入挖掘提炼和全面反映新时代的测绘地理信息文化,彰显新时代的测绘地理信息精神。以中国测绘科技馆为龙头,加大测绘地理信息科普宣传,为提高公民的科学素养服务,为测绘地理信息产品走进千家万户打基础。

(二)着力加强测绘地理信息宣传平台建设

进一步加强对《中国测绘报》《中国测绘》杂志、国家测绘地理信息局政府网站等重要测绘地理信息宣传平台的建设,从内容和形式各方面加强和改进宣传报道,进一步扩大"一报一刊一网"在社会上的影响力。地方各级测绘地理信息部门也要加强门户网站建设,不断丰富和增强网站功能,扩大测绘地理信息宣传覆盖面。进一步加强《中国测绘年鉴》建设,充分发挥"存史、资政、教化"的功能,不断提高其社会影响力。进一步发掘政务信息的沟通、宣传效用,促进测绘地理信息有关政策、发展思路、工作经验等信息的共享和传播。鼓励广大干部职工利用博客、微博等新的信息传播形式宣传测绘地理信息成就、工作动态等,形成群策群力的宣传局面。

(三)不断创新测绘地理信息宣传方式

广泛运用传统媒体和新兴媒体、行业媒体和社会媒体,进一步丰富测绘地理信息宣传手段,改进测绘地理信息宣传方式、方法和报导模式,构建全方位、多层次、宽领域的测绘地理信息宣传格局。整合行业内媒体资源,充分发挥各级测绘地理信息部门公报、简报、报纸、期刊、网站、图书、音像、展览等多种媒介的作用,形成宣传合力和报导强势,提升宣传效果,同时要特别强化利用测绘地理信息部门网站的通知公告、测绘地理信息要闻等栏目,大力宣传测绘地理信息工作进展和成绩成效。广泛借助大众传播媒体宣传测绘地理信息工作,综合运用电视台、广播电台、报纸杂志、移动互联网络、信息报送平台等媒介进行全方位、立体化报道,形成宣传规模和声势,把宣传的受众面从测绘地理信息系统、测绘地理信息行业向全社会拓展,不断扩大测绘地理信息工作的社会影响,切实提升测绘地理信息宣传服务水平。

参考文献

陈俊勇.2008.与动态地球和信息时代相应的中国现代大地基准[J].大地测量与地球动力学,28(4):1-6.

陈俊勇,党亚民,张鹏.2009.建设我国现代化测绘基准体系的思考[J].测绘通报(7):1-5.

道格拉斯.霍姆斯.2003.电子政务[M].詹俊峰,译.北京:机械工业出版社.

邓淑明,胡思仁,曾杉.2004.地理信息网络服务与应用[M].北京:科学出版社.

地方科技工作发展战略研究课题组.2004.地方科技发展的内涵、阶段历程、模式及区域特征[J].中国科技论坛(4):3-7.

范恒山,柏玉霜.2010.基础测绘与宏观调控[M].北京:经济科学出版社.

冯之浚.2002.战略研究与中国发展[M].北京:中共中央党校出版社.

胡鞍钢.2004.中国:新发展观[M].浙江:浙江人民出版社.

李德仁,龚健雅,邵振峰.2010.从数字地球到智慧地球[R].中国地理信息应用报告,北京:社会科学文献出版社.

李建成,宁津生,晁定波,等.2006.卫星测高在大地测量学中的应用及进展[J].测绘科学,31(6):20-24.

李学香.2007.当前我国公共服务的突出问题与对策分析[J].理论观察(1):39-40.

刘先林.2007.我的自主创新之路[J].国土资源通讯(17):65-67.

马凯.2005."十一五"规划战略研究[M].北京:北京科学技术出版社.

美国国家情报委员会.2009.全球趋势2025——转型的世界[M].北京:时事出版社.

宁津生,王正涛.2010.面向信息化时代的测绘科学技术新进展[J].测绘科学,35(5):7-12.

宁津生,杨凯.2007.从数字化测绘到信息化测绘的测绘学科新进展[J].测绘科学,32(2):6-12.

欧文.E.休斯.2001.公共管理导论[M].北京:中国人民大学出版社.

秦启文,等.2004.突发事件的管理与应付[M].北京:新华出版社.

阮于洲,乔朝飞,徐坤,等.2009.关于加强航空摄影统一监管的思考[J].地理信息世界(3):76-78.

沈荣华.2009.分权背景下的政府垂直管理:模式和思路[J].中国行政管理(12):39-46.

沈文周.2004.战略眼光看海岛[J].海洋世界(2):4-7.

徐德明.2009.努力开创测绘工作新局面[J].中华英才,02-13.

徐德明.2010.全面提升地理信息资源开发利用水平[N].经济日报,08-20.

徐德明.2010.按照加快转变经济发展方式要求大力提高地理信息应用水平[R].中国地理信息应用报告.北京:社会科学文献出版社.

徐德明.2011.监测地理国情 服务科学发展[N].人民日报,3-29.

徐德明.2011.提高测绘工作服务经济社会发展的水平[J].求是(5):56-58.

徐德明.2011.大力推动地理信息产业科学发展[R].中国地理信息产业发展报告.北京:社会科学文献出版社.

徐德明.2012.践行科学发展观 铸就测绘新辉煌[N].人民日报,06-11.

徐德明.2012.十八大精神将全面推动测绘地理信息强国建设[EB/OL].[2012-12-03]http://cpc.people.com.cn/18/GB/n/2012/1114/c350828-19576554.html.

徐冠华.1999.全社会要高度关注"数字地球"[N].中国测绘报,1999-04-27.

徐磊,宁镇亚.2007.地理信息社会化服务体系初探[J].中国建设信息(24):74-76.

湛国毅.2009.测绘管理体制改革的建议[G].当代教育.北京:教育科学出版社.

张清浦,苏山舞,赵荣.2008.地理信息保密政策研究[J].测绘科学(1):15-17,21,246.

张志国.2003.信息战略——争夺21世纪制高点[M].北京:军事科学出版社.

郑伟,许厚泽,钟敏.2010.地球重力场模型研究进展和现状[J].大地测量与地球动力学(4):87-95.

《中国测绘史》编辑委员会.2002.中国测绘史[M].北京:测绘出版社.

中央电视台《国情备忘录》项目组.2010.国情备忘录[M].北京:北方联合出版传媒(集团)股份有限公司.

钟耳顺,刘利.2008.我国地理信息产业现状分析[J].测绘科学(1):18-21,246.

周德军.2007.关于地理信息产业有关问题的探讨[J].地理信息世界(3):21-27.

周宏仁.2008.信息化论[M].北京:人民出版社.

后　记

　　2009 年,经国务院同意,由国土资源部、中国工程院、中国科学院、国务院发展研究中心牵头,国务院 27 个部门和单位参加,组织开展了国家可持续发展国土资源战略研究工作。温家宝同志、李克强同志给予国土资源战略研究工作高度重视并做出重要批示。测绘地理信息发展战略研究工作是本次国土资源战略研究工作的重要组成部分。国家测绘地理信息局党组高度重视测绘地理信息发展战略研究工作,成立了由国家测绘地理信息局党组书记、局长徐德明任组长的指导组,由局党组副书记、副局长王春峰任组长的课题组,由中国科学院院士陈俊勇任主任的专家咨询委员会,以及由国家测绘地理信息局各有关司局主要负责人任组长的专题研究组,并在人才、资金上给予有力保障,保证了研究工作的顺利开展。

　　按照中央领导的要求,测绘地理信息发展战略研究的目的是,站在国家战略的高度,深入剖析新时期我国经济社会发展对测绘地理信息保障服务的新要求,总结、分析测绘地理信息事业的发展经验以及面临的机遇和挑战,以世界眼光和战略思维找准测绘地理信息事业的功能定位、战略方向和发展理念,进一步明确发展目标、重点任务和保障措施,勾画未来二十年测绘地理信息事业改革与发展的战略架构。

　　测绘地理信息发展战略研究共分为总体战略研究、基础地理信息资源建设研究、地理国情监测研究等十个研究专题,吸纳了来自主管部门、高等院校、科研机构、企事业单位等 20 多家机构共 100 多位管理、科研、技术人员参加,聘请了国家发展与改革委员会、工业和信息化部、公安部、民政部、中国科学院、中国工程院、武汉大学以及军队测绘部门的专家担任专家咨询委员会委员,为战略研究工作提供了坚实的智力支持。在整个研究过程中,共进行十余次调查研究,邀请数十位院士专家做了发展形势报告,先后召开各类咨询会、研讨会和成果评估会30多次,累计咨询领导和专家约 500 人次,并组织精干力量对国内外测绘地理信息发展差距、测绘强国指标、军地测绘、经济社会发展背景和测绘地理信息需求等问题进行了重点研究。经过两年多的努力,测绘地理信息发展战略研究工作形成了《测绘地理信息发展战略研究报告》以及《重大工程建议》《经济社会需求和测绘地理信息发展背景分析》《测绘地理信息相关问题研究》《关于推进军地测绘融合发展的意见》《国外测绘发展战略规划汇编》等 15 项研究成果,并于 2012 年 6 月通过专家验收。

测绘地理信息发展战略研究工作还得到国家发展与改革委员会、工业和信息化部、国土资源部等部门,以及测绘地理信息行业内外企事业单位与各方面专家的指导和大力支持。在本研究报告出版之际,谨向所有参与、支持和关注研究工作的各界人士表示诚挚的敬意和谢忱!当前,在党的十八大精神指引下,测绘地理信息事业正面临新的形势、新的要求和新的挑战,迎接新的黄金发展机遇期,本研究报告作为测绘地理信息事业发展过程中的阶段性研究成果,难免存在疏漏、错误和不足,敬请读者批评指正。

课题组
二〇一二年十二月十八日